STUDIEN ZUR ANATOMIE UND KLINIK DER PROSTATAHYPERTROPHIE

VON

JULIUS TANDLER
O. Ö. PROFESSOR, VORSTAND DES ANATOM.
INSTITUTS AN DER UNIVERSITÄT WIEN

UND

OTTO ZUCKERKANDL †
A. O. PROFESSOR DER CHIRURGIE AN DER
UNIVERSITÄT WIEN

MIT 121 ZUM TEIL FARBIGEN ABBILDUNGEN

BERLIN
VERLAG VON JULIUS SPRINGER
1922

ISBN-13: 978-3-642-48520-6   e-ISBN-13: 978-3-642-48587-9
DOI: 10.1007/978-3-642-48587-9

Vorwort.

Motto: Habent sua fata libelli.

Vor nun fast 17 Jahren haben Otto Zuckerkandl und ich gelegentlich einer Besprechung über die operative Zugänglichkeit der Prostata erfahren, daß jeder von uns, allerdings von ganz anderen Gesichtspunkten ausgehend, sich mit dem Problem der Prostatahypertrophie beschäftige. Ihn hat die Beobachtung am Krankenbett, mich die Erfahrung am Sektionstisch zu der Überzeugung gedrängt, daß die bis zu jener Zeit geschöpften Erkenntnisse dieser Krankheit bei weitem unvollständige seien.

Längst bestandene persönliche Freundschaft und wissenschaftliche Interessengemeinschaft einte uns von diesem Augenblicke zum Zwecke gemeinsamen Studiums und gemeinsamer Arbeit über das Wesen der Prostatahypertrophie. So sind wir denn durch nahezu 17 Jahre einen Weg gegangen, beide von dem Bestreben beseelt, der Wissenschaft zu dienen, und haben miteinander alle Hoffnungen des Erfolges erlebt, alle Enttäuschungen wissenschaftlicher Irrfahrten erlitten. 1908 haben wir bereits in einer kurzen Mitteilung unsere Ansicht über die Kompression des Ureters durch den Ductus deferens veröffentlicht. Im Jahre 1911 publizierten wir „die anatomischen Untersuchungen über die Prostatahypertrophie", in welchen wir in aller Kürze die Resultate unserer damaligen Erfahrungen mitteilten.

Dann kam der Krieg und mit ihm der völlige Stillstand unserer Arbeit. Fortgerissen aus der Werkstatt gemeinsamer Tätigkeit hat jeder von uns beiden in seiner Art der Heimat gedient. Kaum hatten wir gegen Ende des Krieges von neuem unsere Tätigkeit begonnen, da kam der Zusammenbruch, die Revolution, die wohl den einen an seiner Arbeitsstätte, am Operationstisch ließ, den anderen aber hinauswarf in das politische Leben, um der Republik zu dienen. Erst ganz allmählich mit der eintretenden Beruhigung konnten wir uns wieder zur Arbeit zusammenfinden. In den spärlichen Stunden wissenschaftlicher Gemeinschaftlichkeit war es möglich, unsere Ansichten und Erfahrungen zu sammeln, die Protokolle zu sichten, Teile des endgültigen Manuskriptes festzulegen. Zuckerkandl, den Aufregungen des Tages ferner, übernahm die Zusammenstellung des Manuskriptes und verfaßte, wie ja eigentlich selbstverständlich, den klinischen Teil dieses Buches: Die Symptomatologie und die Operationslehre.

Doch der Krieg und der Zusammenbruch waren an Zuckerkandl nicht spurlos vorbeigegangen, seine Gesundheit hatte gelitten, sein Herz begann zu versagen. Die ahnungsvolle Sorge um die Zukunft, sie war das treibende Motiv für die rastlose Arbeit Zuckerkandls an diesem Buche, dessen Erscheinen er so gerne erlebt hätte. Noch wenige Tage vor seinem plötzlichen Ende haben wir über die damals vorliegenden Korrekturbogen gesprochen, dann endete plötzlich der gemeinsame 17 Jahre lange

Weg, und ZUCKERKANDL ging seines Wegs allein. Wenn ich in ganz ungewöhnlicher Weise in dieser Vorrede das Werden dieses Buches kurz geschildert habe, als die gemeinsame Arbeit zweier Freunde, so geschah dies, um für die Nachwelt die ganz besonderen Umstände festzulegen, unter welchen dieses Buch entstanden ist.

„Habent sua fata libelli" — was immer das Schicksal dieses Buches in Zukunft sein mag, seine Entstehungsgeschichte birgt ein Kapitel tragischen Menschengeschickes. ZUCKERKANDL hat geforscht, gerungen, gearbeitet, die Freude des Erfolges zu erleben, war ihm nicht beschieden. Dem Freunde und dem Mitarbeiter möge dieses Buch ein Denkmal langjähriger gemeinsamer Arbeit und treuer Freundschaft sein.

Die in diesem Buche niedergelegten Befunde und Erfahrungen sind an mehr als hundert Fällen durch Zergliederung gewonnen. Der größte Teil dieser Fälle rührt aus dem Material der ZUCKERKANDLschen Abteilung her, einen Teil verdanken wir Herrn Primarius BRENNER in Linz, und Herrn Professor STÖRK in Wien. Es sei mir gestattet an dieser Stelle in unser beider Namen diesen Herrn herzlichst zu danken.

Ebenso danken wir dem Maler HAJEK, der in gewohnter künstlerischer Vollendung die Originale für die Abbildungen lieferte und der Verlagsbuchhandlung, welche sich bemühte, dieses Buch auszustatten.

Wien, im Dezember 1921.

Julius Tandler.

Inhaltsverzeichnis.

I. Einleitung.

Seit MORGAGNI werden die bei Männern im Alter auftretenden Störungen der Harnentleerung mit Veränderungen der Prostata in ursächliche Beziehung gebracht. Die ersten anatomischen Befunde stammen aus dem verflossenen Jahrhundert; HOME und MERCIER haben die vergrößerte Prostata als mechanisches Hindernis, welches den Ablauf der Harnentleerung erschweren, endlich ganz aufheben kann, zuerst festgestellt.

Der Umstand, daß ähnliche Symptomenbilder auch ohne greifbare Volumzunahme der Prostata vorkommen, hat die mechanische Theorie frühzeitig erschüttert und zur Annahme geführt, daß Veränderungen des Blasenmuskels als Teilerscheinung seniler Involution der Gewebe das primäre Moment für die Auslösung der Störungen sein könnten.

Wissenschaftlich begründet hat diese Theorie durch LAUNOIS und GUYON in der zweiten Hälfte des vorigen Jahrhunderts neuerlichen Ausdruck gefunden. Nach dieser Lehre haben wir es bei Prostatahypertrophie mit einer Erkrankung des ganzen Systems, mit einer, die Blase und die oberen Harnwege in gleicher Weise umfassenden Veränderung zu tun, die durch Arteriosklerose bedingt ist. Die Veränderungen an den Gefäßen führen am gesamten Harnapparate zu einer Vermehrung des interstitiellen Gewebes, wodurch die Funktionen der Prostata, Blase, Harnleiter und Nieren eine Schädigung erleiden. In diesem Sinne ist der ganze Krankheitsprozeß unabhängig von einer Größenzunahme der Prostata und es kann der Prostatismus in höchstem Maße entwickelt sein, auch wenn eine Vergrößerung der Prostata nicht besteht.

Im Anfang durch ihre Einfachheit bestechend, ist diese Lehre bei genauerer Einsicht unhaltbar geworden. War es schon auffallend, daß Gefäßveränderungen eine Hyperplasie der Gewebe veranlassen sollten, so haben weitere Untersuchungen die Lehre vollends zu Fall gebracht. Die Volumszunahme der Prostata ist keine regelmäßige Alterserscheinung, THOMPSON fand in der überwiegenden Mehrzahl die Prostaten nach dem 60. Lebensjahre klein und atrophisch. CASPER hat bei Aortenverkalkung die Gefäße der Prostata nur selten verändert gefunden, andererseits bei normalem Verhalten der Gefäße die Prostata hypertrophiert gesehen, endlich Arteriosklerose dieser Organe ohne Prostatismus beobachtet.

Auch die Erfahrungen bei Prostatektomie haben die Unhaltbarkeit des Begriffes Prostatismus ergeben, denn die Entfernung des mechanischen Hindernisses allein genügt, um alle Erscheinungen schwinden zu sehen. Dann kann man auch bei jugendlichen Individuen oder bei Frauen durch ein chronisches Hindernis bei der Harnentleerung alle Symptome des Prostatismus beobachten.

In anderer Weise erklärt die genitale Theorie das Auftreten hyperplastischer Vorgänge an den Prostaten alter Männer. Experimentell war von LAUNOIS, WHITE u. a. als Kastrationsfolge die Atrophie der Prostatadrüse festgestellt worden. Die so ermittelte Abhängigkeit des Gewebes der Prostatadrüse vom Hoden hat die Theorie gezeitigt, daß es sich bei der Entstehung der Prostatahypertrophie um einen von dem Hoden ausgehenden Reiz handle, der in der senil atrophischen Prostata die noch vorhandenen Drüsenelemente zur Proliferation anrege. Die in Konsequenz dieser Lehre von RAMM und WHITE empfohlene Kastration hatte keine Erfolge. In jüngster Zeit hat SIMMONDS die Prostatahypertrophie als kompensatorische Bildung erklärt, die durch senile Atrophie des Organs veranlaßt sein solle. Die Schleimhautdrüsen der Harnröhre geraten bei zunehmendem Schwund der Prostata in Wucherung und wachsen zu knolligen Bildungen aus. SIMMONDS erinnert als Analogon an die vikariierenden Hyperplasien der Leber, welche im Anschluß an regressive Veränderungen eintreten und das ganze Organ in Form von knolligen Herden durchsetzen.

In geistvoller Weise interpretiert LEGUEU den Prostatismus, unter welchem Begriffe er alle im Raume der oberen prostatischen Harnröhre ablaufenden hyperplastischen Gewebsveränderungen zusammenfaßt. Nach dieser Auffassung sind die als Prostatahypertrophie bekannte Form, dann die sog. Prostataatrophie, sowie die als „contracture du col", von amerikanischen Autoren als „contracture of neck of bladder" bezeichneten Veränderungen das Ergebnis hyperplastischer Wucherungen der verschiedenen Gewebselemente des genannten Harnröhrenabschnittes.

Die Wucherung der adenomatösen Anteile liefert die gewohnte Form der Prostatahypertrophie, während jene der bindegewebigen und muskulären Elemente nur durch Konsistenzveränderungen ohne Geschwulstbildung analoge Störungen hervorrufen. In der Ätiologie aller dieser Veränderungen spielt die Entzündung keine Rolle, dagegen nimmt LEGUEU eine Wirkung spezifischer Hormone an, die in der Zeit, in welcher die Prostata ihre Rolle ausgespielt hat, zur Zeit des genitalen Verfalles also, ihre Wirkung auf die Gewebsbestandteile der prostatischen Harnröhre ausüben.

Manches spricht zugunsten dieser Auffassung, so die Identität in der klinischen Erscheinung von Hypertrophie und Atrophie der Prostata. Ebenso die Tatsache, daß man durch Ausschneidungen der oberen prostatischen Harnröhre in diesen Fällen von Prostatismus ohne Prostatahypertrophie die Harnstauung erfolgreich bekämpft.

Nach CIECHANOWSKY ist die Hypertrophie der Prostata durch chronische Entzündung hervorgerufen. Es handelt sich nach dieser Theorie um eine entzündliche Hyperplasie des periglandulären Stromas, welche die Ausführungsgänge verschließt, zur Erweiterung von Drüsenkomplexen und zur Vergrößerung des ganzen Organs führt. Zunächst ist zu betonen, daß nach CIECHANOWSKY die Veränderungen an den Prostatadrüsen selbst vor sich gehen, während wir wissen, daß diese am Prozesse aktiv nicht beteiligt sind. Die von CIECHANOWSKY beschriebenen Gewebsveränderungen spielen sich in einem neugebildeten Gewebe ab, und nicht in dem präformierten der Prostatadrüse. Die anatomischen Befunde CIECHANOWSKYS sind gewiß richtig, doch haben sie, auf irrigen Voraussetzungen fußend, den Autor zu Fehlschlüssen geführt.

Die Entzündungstheorie gibt keinerlei Erklärung für das makroskopische Verhalten der Prostatahypertrophie, für die geschwulstartige Abgrenzung, für das Beschränktbleiben auf eine bestimmte Zone.

Wirkt ein entzündlicher Reiz dauernd auf die Vorsteherdrüse, so kommt es zunächst zu periglandulären, endoglandulären Infiltraten und solchen des Stromas, hierauf zum Schwund der Drüsen, an deren Stelle fibröses oder fibromuskuläres Gewebe tritt. Auch zystische Erw iterungen und Drüsenneubildung kann man bei chronischer Prostatitis beobachten. Es resultiert aus diesem Prozesse in der Regel eine Verkleinerung der Drüse unter schwieliger Umwandlung, seltener eine Vergrößerung, niemals aber eine geschwulstförmige, abgekapselte Bildung wie bei Prostatahypertrophie.

Daß klinisch zwischen Entzündung und Prostatahypertrophie kein kausaler Zusammenhang besteht, ist frühzeitig schon von CASPER betont worden. Die Gonorrhöe der hinteren Harnröhre führt nicht zur Prostatahypertrophie, sondern in der Regel auf dem Wege chronischer Entzündung zur Atrophie der Prostatadrüse. In Analogie halten wir die schwieligen Veränderungen an hypertrophischen Prostaten für sekundär. Der entzündliche Prozeß läßt an Stelle des Adenomgewebes, nicht an Stelle der Prostatadrüsen schwieliges Gewebe entstehen. Die anatomischen Bilder, der Vergleich mit chronischer Prostatitis, das klinische Verhalten geben uns die Überzeugung von dem sekundären Charakter der von CIECHANOWSKY als Ursache angesehenen Befunde.

Was den Bau der hypertrophischen Prostata anlangt, so besteht sie, wie die Prostatadrüse selbst, aus Drüsenschläuchen in einem fibro-muskulären Gerüste. Man hat die verschiedenen Anteile der Prostatadrüse für das primär wachsende Gewebe gehalten, begreiflich, denn in den entwickelten Geschwülsten war bald der drüsige, bald der faserige Charakter überwiegend ausgeprägt. Nach einer älteren Auffassung geht der erste Anstoß zur Neubildung vom Stützgewebe aus; SOCIN, RINDFLEISCH sehen die Wucherung des perilobären Gewebes für primär an und VIRCHOW spricht von der Prostatahypertrophie als myomatöser Hyperplasie. Gemeinhin wurden rein adenomatöse, fibröse und gemischte Formen der Prostatahypertrophie unterschieden.

Die Untersuchungen jüngerer Zeit geben ein anderes Bild des Gegenstandes. Allgemein wird das Überwiegen der drüsigen Hyperplasie betont. MOTZ hat in 30 Fällen nur einen Fall ohne Drüsenwucherung gesehen, ALBARRAN-HALLE in 100 Fällen 3, PAPIN und VERLIAC in 30 Fällen nur einen. Nach SIMMONDS gibt es praktisch gesprochen nur eine adenomatöse Hypertrophie.

Die Untersuchung einer langen Reihe von eigenen Fällen bestätigt diese Angaben der Autoren. Der drüsige Bau der Prostatageschwulst ist der gewöhnliche, immer wiederkehrende. Wir finden die neugebildeten Drüsen in den meisten Fällen so ausschließlich am Aufbau beteiligt, daß wir, gemäß unserer Auffassung, daß die Prostatahypertrophie ihren Ausgang von rudimentären Drüsen nimmt, die Hyperplasie dieser für das primäre und die Vorgänge am Stützgewebe für sekundär bedingt halten.

Der Unterschied gegenüber den Befunden einer früheren Zeit mag darin begründet sein, daß operativ gewonnene Geschwülste das Material für unsere Untersuchungen geben, während die älteren Autoren, aus Obduktionen ihre Erfahrungen geschöpft haben. Das operative Material repräsentiert jedenfalls frühere Stadien als das am Obduktionstisch gewonnene.

Mit dem Wachsen der Drüsen entwickelt sich Stützgewebe und, wie die ersteren den Typus der Prostatadrüsen imitieren, so ist auch das Gerüst gleich dem der Prostata ein fibro-muskuläres.

Ein Geschwulstelement beeinflußt das andere in verschiedener Form. Bei reger Drüsenneubildung können auch im Gerüste rasche Wachstumsvorgänge bemerkbar sein; zwischen reichlich gewucherten Drüsen bildet das Gerüst dünnere Balken, während bei geringerer Wachstumstendenz oder bei regressiven Veränderungen drüsiger Teile das Stützgewebe breitere Schichten einnehmen wird. So finden wir bald die Drüsen in üppigem Wachstum, bald das Stroma in lebhafter Hyperplasie. Stets aber ist das drüsige Element überwiegend.

Die genannten Wachstumsvorgänge am Stroma müssen wohl unterschieden werden von regressiven Metamorphosen, sekundären Veränderungen, durch welche größere Geschwulstgebiete von fibrösem, fibro-muskulärem oder rein-muskulärem Gewebe substituiert werden; in diesem sind noch Reste von Drüsen sichtbar, oder fehlen bisweilen gänzlich.

Es scheint als ob in den Geschwülsten der Prostata Gewebsneubildung und regressive Metamorphose stetig vor sich gingen. Wir finden neben frisch entwickelten Drüsenlappen zu Spalten komprimierte oder zystisch erweiterte, ältere Drüsenkomplexe. In und um die Drüsen, wie diffus im Stroma, treten Infiltrate auf, die das betroffene Gewebe durch Zerfall oder Organisation in seinem Gefüge völlig ändern. So wird die Mannigfaltigkeit der Bilder erklärlich, wie die verschiedene Deutung, die diese erfahren haben.

Wie über den Aufbau sind auch hinsichtlich der Natur des Prozesses die Meinungen geteilt. Die Auffassung der Prostatahypertrophie als einer echten Neubildung wird auch in gegenwärtiger Zeit von Pathologen, so zuletzt von RIBBERT vertreten. Andererseits erklärt SIMMONDS die fragliche Geschwulst, weil ihr Gewebe keinen vom Mutterorgan differenten Bau aufweist als Hyperplasie.

Wenn Pathologen durch Deutung der mikroskopischen Bilder zu keinem übereinstimmenden Urteil über die Natur der Prostatahypertrophie gelangen können, so werden wir eine Entscheidung in dieser Frage nicht fällen, da auch die Klinik uns diesbezüglich keine Handhabe liefert. Der Name Prostatahypertrophie ist so eingebürgert, daß wir ihn am besten beibehalten. Er läßt sich anatomisch begründen, und der Ausgangspunkt von der Prostatadrüse, wenn auch nur von ganz bestimmten Gebieten derselben ist festgestellt, so daß man die gangbare Terminologie zu ändern keinen Grund hat.

Den Ergebnissen moderner Forschung entsprechen die Termini „periurethrales Adenom", „benigne urethro-prostatische Neubildung", die den Geschwulstcharakter der Prostatahypertrophie als erwiesen annehmen.

II. Ausgangspunkt der Prostatahypertrophie.

Bis in unsere Tage war die Meinung der Anatomen übereinstimmend, daß die Hypertrophie in allen Teilen der Prostata entstehen und bei entsprechender Ausbildung sich auf das ganze Organ erstrecken könne. Die übliche Sektionstechnik, nach welcher Harnröhre und Blase an ihrer vorderen, resp. oberen Wand geöffnet und aufgeklappt werden, gewährt den Einblick von der urethralen Seite und legt die neugebildeten Massen von dieser Seite bloß, während der unveränderte Rest der Prostata vollständig gedeckt bleibt.

Man erhält den Eindruck, als ob das ganze Organ durch die Neubildung ersetzt wäre; da an der Geschwulst zwei seitliche durch die Harnröhre getrennte Hälften und häufig auch ein mittlerer Anteil zwischen beiden wahrnehmbar waren, glaubte man Seiten- und Mittellappen der Prostata verändert vor sich zu haben und sprach je nach der Größe der einzelnen Anteile von einer Hypertrophie aller oder der einzelnen Lappen des Organs. Der in die Blase ragende Anteil wurde mit der anatomischen Portio intermedia, dem Mittellappen, identifiziert, was im klinischen Sprachgebrauch auch heute noch üblich ist.

Wir sind durch anatomische Studien zu anderen Auffassungen gelangt, die auszugsweise in den Jahren 1911 und 1912 mitgeteilt wurden. Während Freyer, Walker die unhaltbare Ansicht vertraten, daß bei Prostatektomie die Prostatadrüse als solche entfernt wird, haben Wallace (1907), Freudenberg (1909) unabhängig voneinander den Nachweis erbracht, daß periphere Anteile der Prostata nach der Operation zurückbleiben, und die Auskleidung der Wunde nach der Exstirpation darstellen. Wir haben diese Tatsache anatomisch festgestellt und gefunden, daß die Prostatahypertrophie ihren Sitz in einem ganz umschriebenen Bezirk der Prostata hat, von der Harnröhre auswächst, bei ihrem Wachstum die Drüse verdrängt und komprimiert, so daß die Geschwulst gewissermaßen als Kern von der zu einer Kapsel gedehnten Prostata umschlossen wird.

Der Umstand, daß wir die Neubildung stets nur auf die Zone Blasenmündung bis Colliculus beschränkt, am Durchschnitte das Feld des Lobus medius immer von der Neubildung eingenommen fanden, ferner, daß diese nach rückwärts die Grenze der Ductus deferentes nie überschritt, und daß wir in der Kapsel die Reste von Vorder-, Seiten- und Hinterlappen stets erkennen konnten, den Mittellappen aber vermißten, hat in uns die Ansicht gefestigt, daß die ganze Gewebsneubildung vom Mittellappen ihren Ausgang nehme, eine Auffassung, die auch darin ihre Stütze zu finden schien, daß der genannte Lappen entwicklungsgeschichtlich als selbständige Bildung erkannt wurde.

Es soll hier gleich erwähnt werden, daß wir die Behauptung von dem ausschließlichen Ursprung der Prostatahypertrophie aus dem Lobus medius auf Grund unserer neueren Untersuchungen nicht mehr aufrecht erhalten, sondern zu der Überzeugung gelangt sind, daß adenomatöse Geschwulstbildung von rudimentären Drüsen des oberen Anteils der prostatischen Harnröhre ihren Ausgang nimmt.

Albarran hat als erster in der normalen Prostata eine zentral und eine peripher gelegene Gruppe von Drüsen unterschieden. Die ersteren befinden sich innerhalb des Ringes des Lisso-Sphinkter und bleiben rudimentär, während die peripheren die entwickelten Drüsenlappen der Prostata darstellen. Motz und Perearnau haben (1905) als Ausgangspunkt der Prostatahypertrophie die genannte zentrale Drüsengruppe angenommen. Die Prostata als solche ist am Neubildungsprozesse nicht beteiligt, sondern verfällt durch Druck von seiten der wachsenden Geschwulst der Atrophie und bildet eine Kapsel, aus welcher die neugebildete Gewebsmasse sich ausschälen läßt.

Trotz dieser grundlegenden Feststellung sind Motz und Perearnau über wichtige Punkte im Unklaren geblieben; sie sprechen noch immer von einer Hypertrophie des Seiten- und Mittellappens und glauben am Querschnitt die von den einzelnen Lappen gebildeten Anteile voneinander abgrenzen zu können, was anatomisch unmöglich ist. Die Befunde von Motz sind von Marquis, Cuneo, Marion bestätigt worden.

Daß die Hypertrophie der Prostata nicht von den ausgebildeten Partien der Drüse, sondern aus akzessorischen Drüsenschläuchen ihren Ausgang nimmt, ist schon 1894 von Jores angenommen worden, doch bezieht sich dieser ausschließlich auf die in die Blase ragenden Vorwölbungen, die sich seiner Ansicht nach an Ort und Stelle aus submukösen Drüsen entwickelt haben.

Die Drüsen der prostatischen Harnröhre sind von Henle 1873 beschrieben worden, ihre Ähnlichkeit mit den prostatischen Schläuchen ist schon von diesem Autor

bemerkt worden. Später wurden ausführlichere Studien über den Gegenstand von
ALBARRAN, ASCHOFF, OBERSTEINER veröffentlicht. Der erste Autor hat zwei
Gruppen von Drüsen unterschieden, eine nahe der Blasenmündung, die andere in
der Hinterwand der prostatischen Harnröhre.

Nach LOWSLEY sind diese Drüsen schon nach der 16. Woche am Embryo nachweisbar. In einer halbschematischen Abbildung von einem 16 cm langen menschlichen
Embryo sind beide Drüsengruppen abgebildet. Die der Blasenmündung haben ihren
Sitz in der Schleimhaut der Blase, während die von ihr getrennte urethrale Gruppe
an der Hinterwand der Harnröhre gelegen ist.

RIBBERT findet auch an der vorderen Wand der Harnröhre Drüsen ähnlicher
Beschaffenheit und stets symmetrisch an beiden Seiten an der unteren Wand der
Harnröhre gelegene Drüsen, die seitlich im Bereiche des Colliculus einmünden. Er
rechnet diese zu den Seitenlappen und hält sie bezüglich der Ätiologie der
Prostatahypertrophie für sehr bemerkenswert. So sind denn in dem begrenzten
Raume, von der Mündung bis zum Colliculus in der Harnröhre allenthalben rudimen-
täre Drüsen nachgewiesen. Bisher als akzessorische, urethrale Drüsen angesehen,
bezeichnet sie RIBBERT ihrem Bau nach als „urethrale, rudimentär gebliebene Prostatadrüsen", eine Ansicht, welche in den Ergebnissen entwicklungsgeschichtlicher
Untersuchungen ihre Unterstützung findet.

Wenn über die Zugehörigkeit der einzelnen Drüsengruppen zur vorderen Kommissur oder zu den seitlichen Anteilen der Prostata kein Zweifel obwaltet, so ist der
Zusammenhang mit dem Mittellappen schwieriger erweisbar. Bezüglich dieses
Lappens sind die Meinungen der Autoren geteilt. Von manchen (ALBARRAN, MOTZ,
PROUST) wird die Existenz des Mittellappens überhaupt geleugnet. Nach MARQUIS
besteht er nur aus jenen kleinen Drüsen, die vor dem Colliculus in der Harnröhrenschleimhaut sitzen. Die verschiedene Ansicht mag darauf zurückzuführen sein, daß
entwicklungsgeschichtlich am Aufbau des Mittellappens Drüsenanlagen in verschiedener Anzahl beteiligt gefunden werden, und daß (GRIFFITHS) der Mittellappen in
der Anlage vollständig fehlen kann.

EVATT, LOWSLEY haben gefunden, daß der Mittellappen von einer eigenen,
selbständigen, von den übrigen Lappen der Prostata isolierbaren Gruppe von Drüsen
seine Entwicklung nimmt. Das von LOWSLEY abgebildete Wachsmodell der Prostata eines neugeborenen Kindes (Abb. 1) zeigt isoliert den Mittellappen und kranialwärts von diesem in der prostatischen Harnröhre Drüsenschläuche, die sich unmittelbar an die voll entwickelten Drüsen des Lappens anschließen. Sie sind in verschiedenen Stadien der Entwicklung stehen gebliebene, kurze gerade Zapfen, kolbige
Bildungen bis längere unverzweigte Schläuche. LOWSLEY meint, daß diese Drüsen-
rudimente mit den früher als akzessorisch bezeichneten Harnröhrendrüsen identisch
sind. Sie gehören entwicklungsgeschichtlich zum Mittellappen und sind
als rudimentär gebliebene Anteile desselben anzusehen.

Was hier für den Mittellappen in überzeugender Weise ersichtlich ist, hat auch
für die übrigen in der oberen prostatischen Harnröhre vorkommenden Drüsengruppen
Geltung.

Den Vorderlappen findet man oft nur aus Drüsenrudimenten bestehend. An den
Seitenlappen sind solche von RIBBERT nachgewiesen worden. Im Bereiche des Hinter-
lappens scheinen rudimentäre Drüsen zu fehlen. Die Gesamtheit der kurzen, in die
muskuläre Wand der oberen prostatischen Harnröhre eingelagerten Drüsen ist nach
dieser Annahme den einzelnen Lappen der Prostata zugehörig. Die an der Blasen-

mündung sitzenden, von ALBARRAN als subzervikale Gruppe beschriebenen
Drüsen kann man dagegen entwicklungsgeschichtlich nicht als zur Prostata gehörig
ansehen. Sie sind ihrer Anzahl und Lage nach inkonstante Sprossungen des Epithels
der Harnblase.

Die rudimentären Drüsen der Prostata sind die Quelle der als Prostatahypertrophie bezeichneten Gewebsneubildung. Diese hat ihren Sitz, ihre
Wurzel in der oberen prostatischen Harnröhre, also ausschließlich in der Zone der
rudimentären Drüsen. Die ausgebildeten Lappen sind bezüglich Hypertrophie als immun zu bezeichnen. Sie werden von der wachsenden Ge-

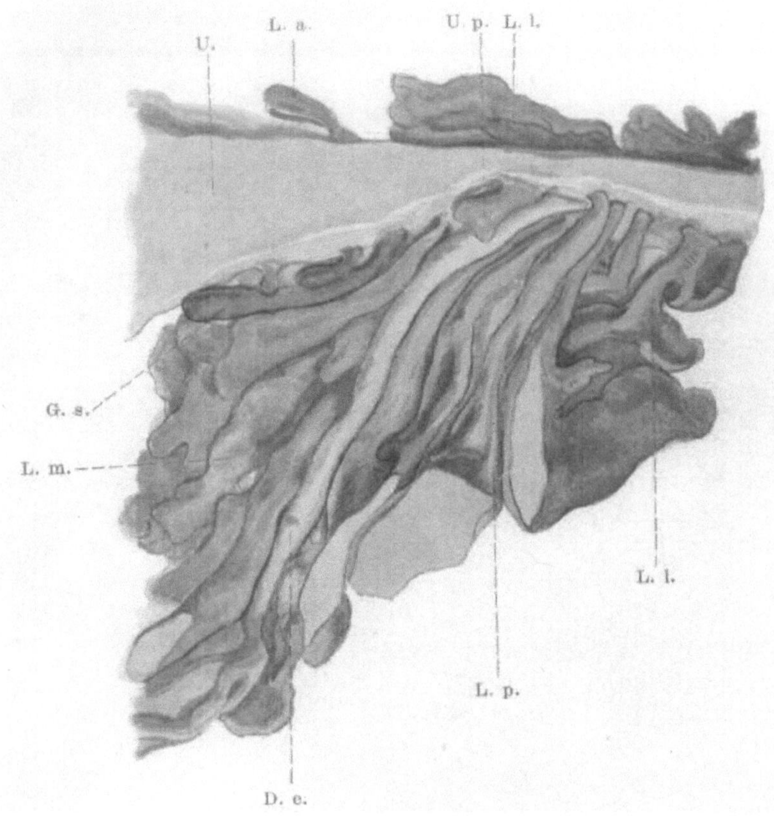

Abb. 1. Sagittalbild der Prostata eines Neugeborenen. Plattenmodell nach LOWSLEY.
D. e. = Ductus ejaculatorius. G. s. = Glandulae submucosae. L. a. = Lobus anterior. L. l. = Lobus
lateralis. L. m. = Lobus medius. L. p. = Lobus posterior. U. = Urethra. U. p. = Utriculus prostaticus.

schwulst an die Peripherie gedrängt. Wenn man erwägt, daß die Gewebsneubildung mikroskopisch dem Drüsentypus der Prostata entspricht, so kann sie,
wenn die entwickelten Drüsen unbeteiligt bleiben, nur von den Rudimenten ausgegangen sein.

Der in Abb. 2 dargestellte Längsschnitt durch die hintere Wand der prostatischen
Harnröhre läßt den Ausgangspunkt eines adenomatösen Knotens vom Charakter der Prostatahypertrophie aus der Schleimhaut, wie die Unabhängigkeit
der ganzen Bildung vom Drüsenapparat der Prostata in deutlichster
Weise erkennen.

Man sieht am Schnitt den Lobus posterior hinter dem der Länge nach getroffenen
Ductus ejaculatorius. Vor ihm, aber außerhalb der Blasenmuskulatur, liegt der
Lobus medius, dessen Ausführungsgänge den Colliculus seminalis durchsetzen.
Vollkommen geschieden vom Mittellappen blasenwärts vom Sphinkter liegt ein Drüsen-
paket, einen kleinen Knoten bildend. Dieser stellt den Beginn der Adenombildung dar.

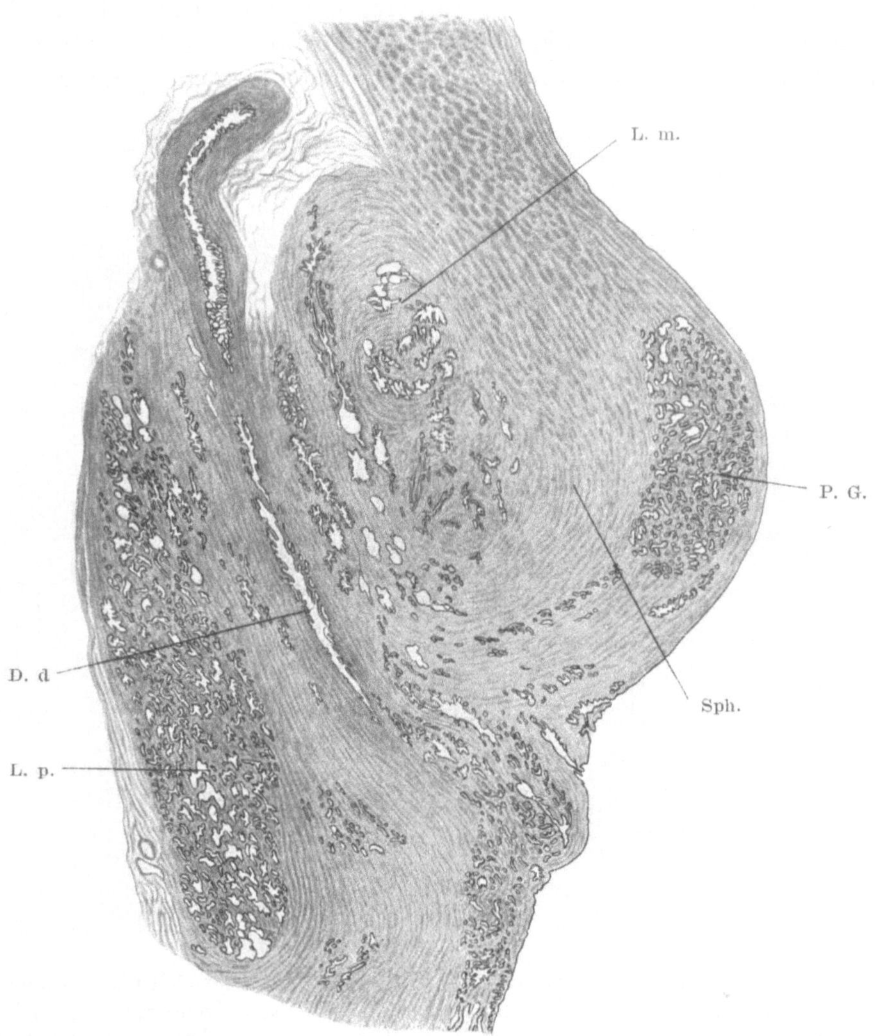

Abb. 2. Frühstadium von Prostatahypertrophie. Längsschnitt durch die prostatische Harnröhre.
(Hinterwand.)
D. d. = Ductus deferens. L. m. = Lobus medius. L. p. = Lobus posterior. P. G. = Prostatageschwulst.
Sph. = Sphinkter.

Bezüglich des Anteiles, den die einzelnen Gruppen rudimentärer Drüsen am Aufbau der Prostatahypertrophie nehmen, wäre zu bemerken, daß es sich oft um
Kombination mehrerer von diesen handelt. Am konstantesten finden wir die zum
Lobus medius gehörenden beteiligt, häufig die seitlich am Colliculus mündenden
Drüsen. Nach vorne zu fehlt die Geschwulstmasse oft gänzlich, ist hier gewöhnlich
schwach entwickelt und nur ausnahmsweise finden wir die Geschwulstentwicklung
ausschließlich auf diese vordere Zone begrenzt.

Die frühere Bezeichnung „Hypertrophie der Seiten-, Vorder- und Mittellappen" ist in dieser Form nicht aufrecht zu erhalten, dagegen ist es durchaus den anatomischen Verhältnissen entsprechend, wenn wir die einzelnen Formen als von den rudimentären Drüsen des Seiten-, des Mittellappens ausgehend bezeichnen, und von gleichmäßiger, ungleichmäßiger Hypertrophie der einzelnen oder aller Teile sprechen.

Was die durch Kompression erfolgende Umwandlung der entwickelten Drüsenlappen der Prostata zur Kapsel anlangt, so ist der Nachweis dieses Vorganges an Seiten- und Hinterlappen, die peripher gruppiert sind, leicht zu erbringen. Im Bereiche des Lobus medius beobachten wir ein zweifaches Verhalten. Entweder ist derselbe restlos durch den neugebildeten Tumor substituiert, oder es hat die von den kurzen Drüsen der Harnröhre ausgehende Bildung den Mittellappen komprimiert und verdrängt, dessen Gewebe zwischen Tumor und Ductus deferens als schmale Schicht sichtbar bleibt.

Im ersteren Falle war der Mittellappen aus rudimentären Drüsen allein aufgebaut gewesen, während im letzteren neben solchen auch entwickelte Teile des Mittellappens vorhanden waren.

An einigen Beispielen sollen diese Beobachtungen erläutert werden. Der erste Fall (Abb. 3) ein häufiger Typus, illustriert die vollständige Substituierung des Mittellappens durch die hypertrophische Masse.

Der basale Blasenanteil ist durch einen in der Prostata sitzenden Tumor so stark gehoben, daß die ganze präureterale Zone mit dem Lig. interuretericum auf die breite Oberfläche der weit in die Blase vorspringenden, kugeligen Geschwulst zu liegen kommt; der Recessus retroureтericus fällt mit dem Recessus retroprostaticus in Eins zusammen. Der sakrale Anteil des durch die Harnröhre geteilten Tumors erscheint am Sagittalschnitt oval, und füllt das Feld zwischen Ductus deferens, Blasengrund und Hinterwand der Harnröhre restlos aus; um den großen, vor der Harnröhre gelegenen Anteil ist eine mächtige Faserschicht als Kapsel angeordnet; hinter dem Ductus deferens und der unteren prostatischen Harnröhre stellt der komprimierte Hinterlappen das Geschwulstbett dar.

Die Harnröhre ist innerhalb des Bereiches des Tumor in die Länge gezogen, im sagittalen Durchmesser erweitert, und gegen den jenseits des Colliculus gelegenen Anteil im stumpfen Winkel abgeknickt.

In dem folgenden Falle (Abb. 4) von subvesikaler Hypertrophie mit Hebung des Blasenbodens und unveränderter Mündung lassen sich die Reste des Mittellappens als komprimierte Platte zwischen Tumor und Ductus deferens nachweisen.

Prostatiker von 65 Jahren mit chronisch kompletter Harnretention, gestorben unter den Symptomen der Urosepsis und Niereninsuffizienz. Klinisch keine Prostataschwellung per rectum nachweisbar. Diagnose auf Prostatahypertrophie ausschließlich aus der Verlängerung der prostatischen Harnröhre gestellt.

Am Durchschnitt (Abb. 4) erscheint die Blase mit ihrem flachen Fundus kranialwärts stark verschoben. Ihre Wandung ist stark verdickt. Das ganze Organ zeigt Birnform, wobei die flache Basis der höher gerückten Prostata aufruht. Die Muskulatur der Blase reicht bis knapp an die Mündung, die, im Niveau der Umgebung gelegen, normal konfiguriert erscheint.

Das Orifizium liegt $2^1/_2$ cm über der LANGERschen Linie (kürzeste Verbindung des unteren Symphysenrandes mit dem vierten Sakralwirbel). Der Harnleiterwulst ist stark ausgeprägt, die Basis der Blase flach ohne Andeutung einer Vertiefung hinter dem Harnleiterwulste.

Die kraniale Verschiebung der Blase ist durch eine, in der Prostata sitzende Geschwulst bedingt, die um die obere prostatische Harnröhre angeordnet und

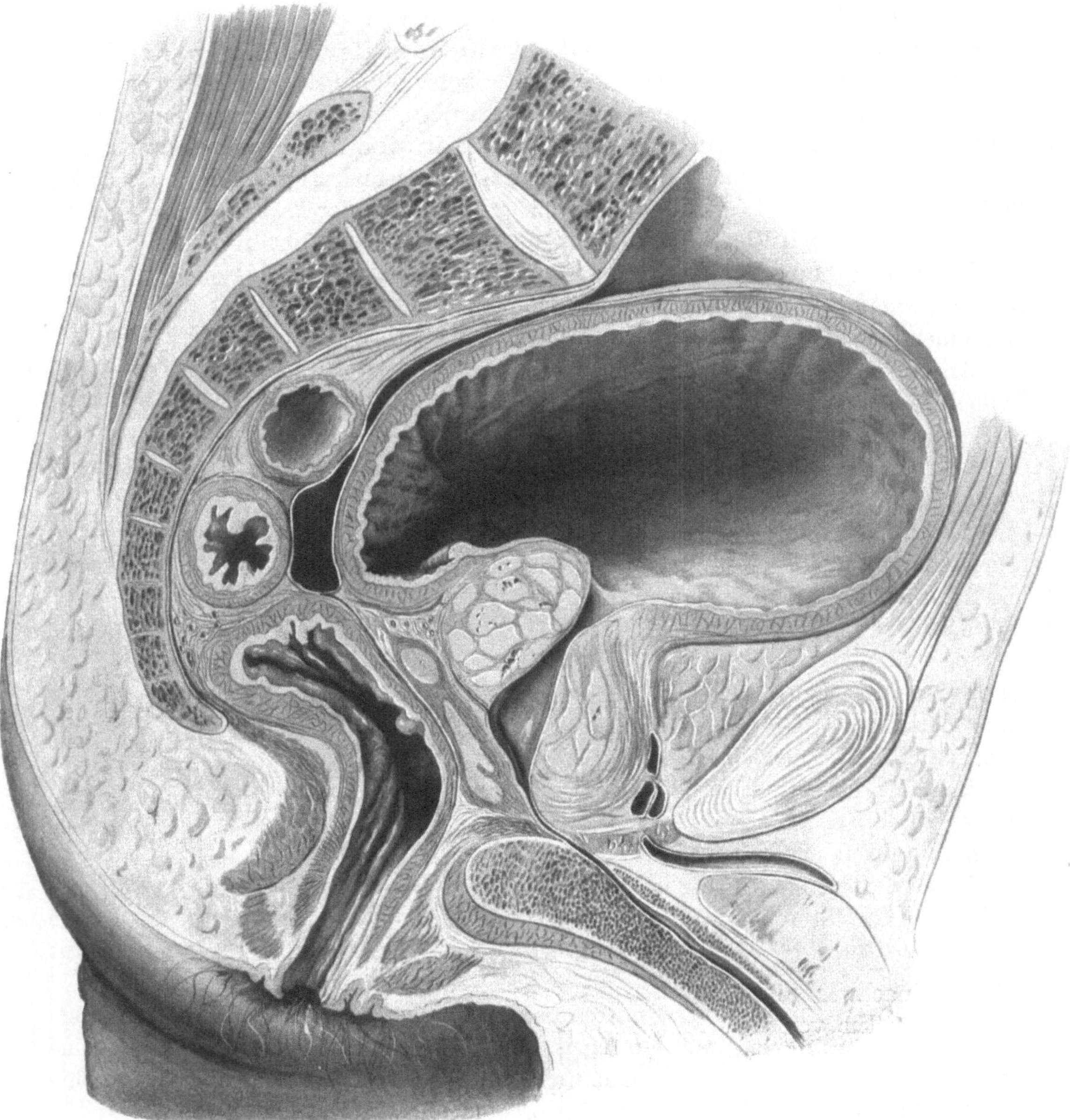

Abb. 3. Vollständige Substituierung des Mittellappens durch die Geschwulst.
Medianschnitt, linke Hälfte.

mit dieser verwachsen, in ungleicher Verteilung diesen Harnröhrenanteil umgibt. An der sakralen Seite mißt die Aftermasse am Schnitte 3 mm, während sie symphysenwärts eine $1^1/_2$ cm dicke Schicht darstellt. Die Masse ist durch Farbe und Konsistenz von der Umgebung scharf geschieden, zeigt knolligen Aufbau und einzelne kleine Hohlräume. Blasenwärts grenzt die Muskulatur direkt an die Kapsel der Aftermasse. Sakralwärts finden wir zwischen Samenblasen resp. Ductus deferens, Blasengrund und hinterer Kontur der Aftermasse, in dem dreieckigen, dem Lobus medius entsprechenden Raume ein faseriges Gewebe, in welchem zahlreiche Hohlräume, verödete Drüsen dieses Lappens sichtbar sind. Kaudalwärts endet die Geschwulst

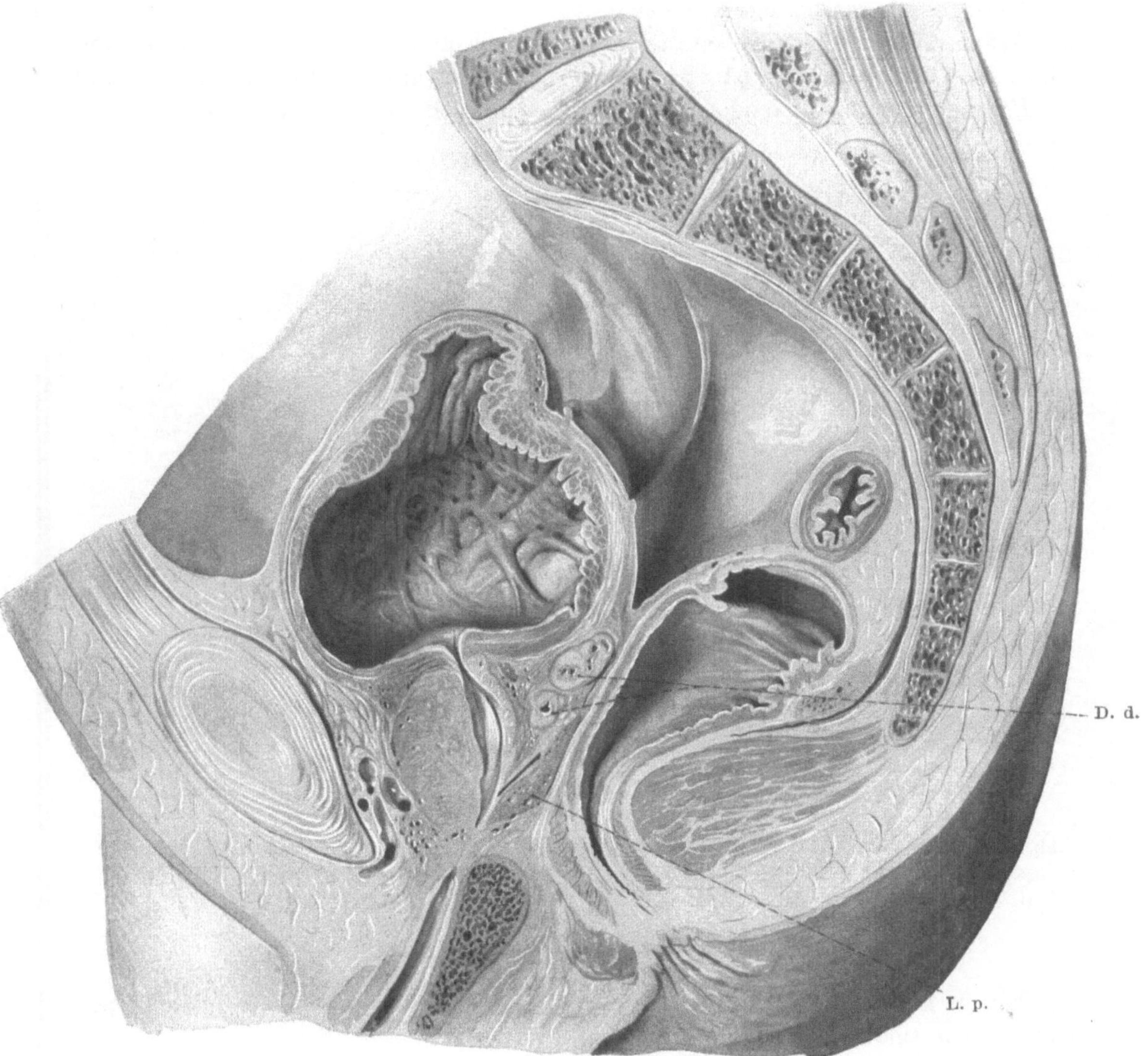

Abb. 4.   Subvesikale Hypertrophie mit Hebung des Blasenbodens.   Medianschnitt, rechte Hälfte.
D. d. = Ductus deferens.   L. p. = Lobus posterior.

in der Höhe des Samenhügels; hinter dem Ductus deferens ist der komprimierte Hinterlappen, von gleicher Beschaffenheit wie der veränderte Lobus medius vorhanden. Der obere Teil der prostatischen Harnröhre ist etwas in die Länge gezogen und gerade gestreckt, sonst unverändert.

Von außen präpariert (Abb. 5), wird die Formveränderung der Blase besonders markant. Ihre breite Basis und die starke sakrale Aussackung sind auffallend. Die äußere Modellierung der Prostata wie ihre Größe erscheinen normal; die Furche zwischen Blase und Prostata ist im Niveau der Blasenmündung gelegen, die Samenblasen kurz, gedrungen, durch den ausgebauchten Fundus der Blase abwärts geneigt. Der Harnleiter ist erweitert, seine Wand verdickt.

In diesem Falle von subvesikaler Prostatahypertrophie ist in der sakralen Wand der Kapsel vor dem Ductus deferens komprimiertes, dem Lobus medius angehörendes Prostatagewebe nachweisbar.

Während es sich in dem eben geschilderten Falle um Prostatahypertrophie handelt, die in toto unter dem Schließmuskel gelegen ist, gibt der folgende Fall (Abb. 6) ein Beispiel von zapfenartig in die Blase eingewachsener Prostatageschwulst, bei

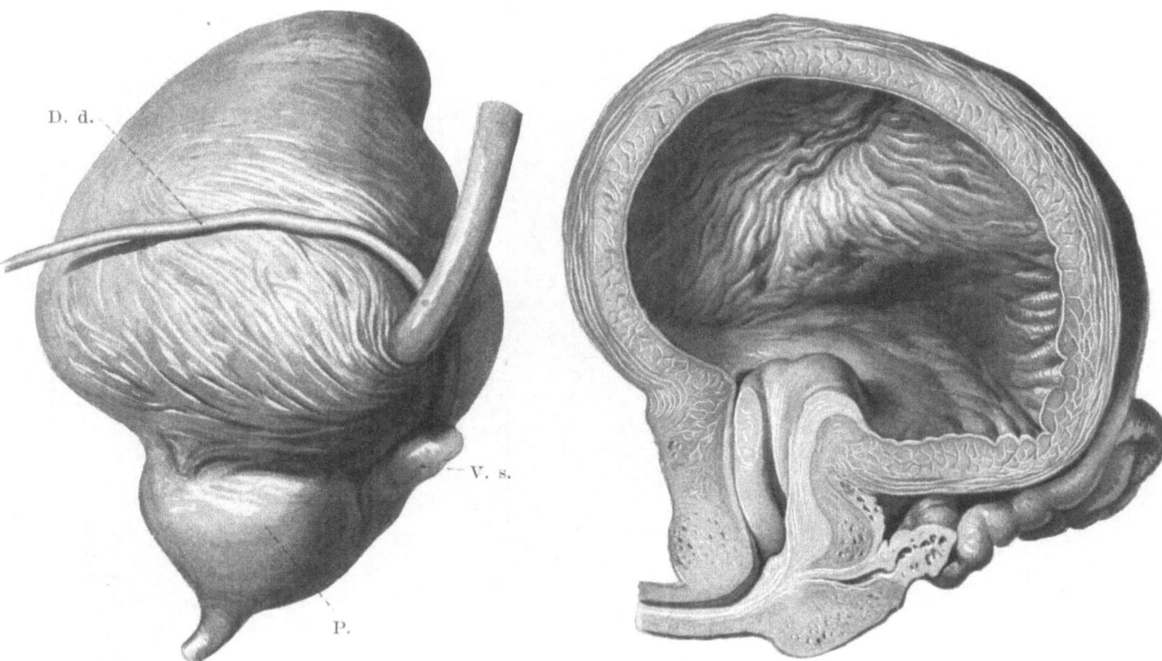

<table>
<tr><td>Abb. 5. Prostata und Blase des Falles Abb. 4
von der lateralen Seite dargestellt.
D. d. = Ductus deferens.   P. = Prostata.
V. s. = Vesicula seminalis.</td><td>Abb. 6.   Zapfenartig in die Blase ragende Pro-
statageschwulst. In der Kapsel Reste des Mittel-
lappens.</td></tr>
</table>

welcher in gleicher Weise in der Kapsel Reste des komprimierten Mittellappens nachweisbar sind.

Starke Hypertrophie der Blasenmuskulatur ohne ausgeprägte Trabekelbildung. Blasengrund und Mündung stark gehoben. Der hinter dem Orifizium gelegene basale Blasenanteil ist breit, flach und stark nach hinten ausgebaucht. Auch die seitlichen, stark gehobenen Anteile des Blasenbodens stellen eine Fläche dar. Die Blasenmündung ist klaffend, von hinten und von beiden Seiten her, von einem mehrfach gelappten, dicken Wulst begrenzt. Nach vorne ist die Mündung durch eine schmale Schleimhautfalte abgeschlossen.

Am Durchschnitt (Abb. 6) sieht man den weit klaffenden oberen Anteil der prostatischen Harnröhre, welcher fast vertikal verläuft und am Colliculus fast rechtwinklig in den unteren Anteil umbiegt.

Die Geschwulstmasse, die mit ihrem obersten Anteil den in die Blase ragenden Wulst bildet, liegt an der Blasenmündung über dem Sphinkter und ist in weiterer Fortsetzung als innere Schicht in ungleicher Ausdehnung um die obere prostatische Harnröhre angeordnet; sie ist an der sakralen Umrandung nur wenige Millimeter dick, seitlich wesentlich stärker und fehlt vorne vollkommen. In der Mittellinie ist sakral von der genannten Geschwulstschicht zwischen dieser und dem Ductus deferens der peripherwärts verdrängte, durch Druck verschmälerte Mittellappen sichtbar. Dieser entspricht in seinem Gefüge vollständig den im gleichen Sinne veränderten Hinter- und Vorderlappen.

Die durch Kompression veränderten Teile der Prostata sind von derbem, faserigen Gefüge; nur zahlreiche Hohlräume weisen auf den Drüsencharakter des Gewebes hin. Diese komprimierten Prostatalappen sind schon makroskopisch scharf von den Geschwulstanteilen unterschieden, die, dichter gefasert, hellere Färbung tragen. Auch histologisch zeigt sich die Differenz der neugebildeten fibro-adenomatösen Masse zu den in typischer Weise durch Druck veränderten Teilen der Vorsteherdrüse.

Von außen präpariert (Abb. 7) ist die Hypertrophie der Muskulatur, die starke Ausbauchung der Blasenbasis nach hinten, nach vorne wie nach den Seiten zu ersichtlich. Durch diese Formveränderung sind die Samenblasen stark nach abwärts gedrängt. Die Prostata ist namentlich im Breitendurchmesser vergrößert.

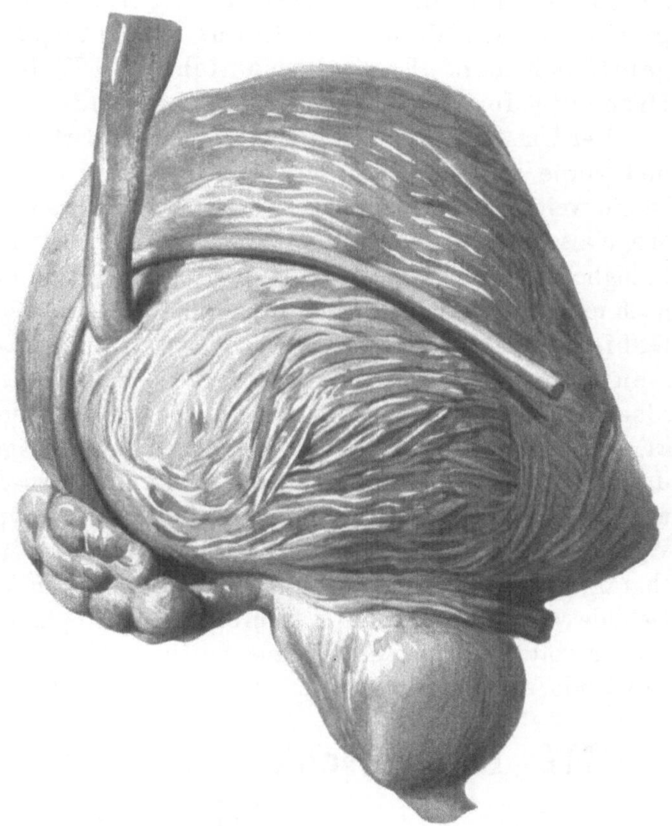

Abb. 7. Lateralansicht des Objektes Abb. 6.

Es handelt sich hier um eine, mit der oberen prostatischen Harnröhre verwachsene, diese halbkreisförmig von der Sakralseite umfassende Geschwulst, die nach beiden Seiten stärker ausladend, mit ihrer oberen Kuppe in die Blase ragt. Die Geschwulst hat die peripheren Anteile der Prostata, sowie den Mittellappen verdrängt.

Der naheliegende Einwand, die Geschwulst sei, namentlich wegen ihrer Relation zum Sphinkter, eine von den Drüsen der Blase ausgehende Form der Prostatahypertrophie, findet seine Widerlegung in dem Umstande, daß wir die prostatische Harnröhre mitbeteiligt und in typischer Weise verändert finden.

Die ausführliche Beschreibung der Fälle von isolierten Veränderungen der Blasenmündungsdrüsen wird zeigen, daß diese gegenüber den von den Urethraldrüsen ausgehenden Geschwulstbildungen so scharfe Unterschiede zeigen, daß es möglich ist, die beiden Gruppen anatomisch voneinander zu sondern.

Es wurde bereits erwähnt, daß wir die seinerzeit ausgesprochene Ansicht vom Ausgang der Prostatahypertrophie vom Mittellappen auf Grund erweiterter Erfahrungen nicht aufrecht erhalten können. Wenn die eben mitgeteilten Fälle, die wir noch durch viele Beispiele ergänzen können, zeigen, daß der Mittellappen gleich den peripher gelegenen Anteilen der Prostata durch die vom Zentrum auswachsende Geschwulst verdrängt und zur Kapsel komprimiert wird, so können nur die rudimentären Anteile des Lappens den Ausgangspunkt der im Felde des Lobus medius gelegenen Gewebsneubildung gebildet haben. Es sind also nicht alle Teile des Lobus medius, die den Ursprung der Prostatahypertrophie bilden.

Der Umstand, daß sich die Geschwulst außerhalb des Mittellappens, auch seitlich und vorne mit der Harnröhre zusammenhängend, fast konstant nachweisen läßt, ist ein weiteres Argument gegen den ausschließlichen Ursprung aus dem Mittellappen. Wenn also RIBBERT neben den peripheren Anteilen der Prostata auch den Mittellappen bezüglich des Ursprungs der Hypertrophie als immun bezeichnet, so müssen wir nach unseren Befunden diesem Standpunkt beistimmen. Wir halten das gesamte Gebiet der in der oberen prostatischen Harnröhre gelegenen rudimentären Drüsen einschließlich der zum Lobus medius gehörenden, also RIBBERTS untere urethralen Prostatadrüsen für den Ausgangspunkt aller Formen der Prostatahypertrophie. Dagegen teilen wir nicht die von JORES zuerst geäußerte, neuerlich von LENDORF wieder aufgenommene Auffassung, wonach die Drüsen der Blasenmündung eine Prostatahypertrophie verursachen können. Während die von den urethralen Drüsen ausgehenden Bildungen anatomisch scharf charakterisierte Typen darstellen, sind die aus den Blasendrüsen hervorgegangenen Gebilde weder ihrem Bau noch ihrer Lage nach einheitlich. Diese sind im Vergleich zur Prostatahypertrophie überaus selten und anatomisch wie klinisch so different, daß beide unmöglich als einer Gruppe zugehörig angesehen werden können.

III. Die verschiedenen Formen der Prostatahypertrophie.

A. Erster Typus.

Als allgemeines Zeichen der Fälle dieser Gruppe gilt, daß die vesikale Harnröhrenmündung durch den in die Blase ragenden Prostatatumor in charakteristischer Weise verändert ist. Die Mündung stellt kein Grübchen dar, liegt nicht mehr im Niveau der Umgebung, sondern ist erhöht auf der Kuppe oder am Abhange der Prostatageschwulst gelegen.

Die in die Blase ragenden Anteile der Prostata können in allen Größen, von ganz kleinen Knötchen an, bis zu apfelgroßen, die Blase bis zur Decke füllenden Geschwülsten, vorkommen. Sie zeigen die mannigfaltigsten individuellen Verschiedenheiten: der Tumor ist bald isoliert, an einem umschriebenen Punkte der Zirkumferenz gelegen, oder er umfaßt die ganze Mündung; er ist symmetrisch, regulär geformt oder unregelmäßig. Bei aller Verschiedenheit der Einzelformen haben wir es mit immer sich wiederholenden Formen zu tun.

Die emporragende Geschwulst ist gegen die Blase entweder durch eine tiefe Furche abgegrenzt, so daß sie gewissermaßen gestielt erscheint, oder sie sitzt mit breiter Basis auf.

In der einfachsten Form überlagert der kleine kugelige Tumor von der hinteren Begrenzung der Harnröhre her die Mündung und deckt sie völlig (Abb. 8). Dann kann man auch bei beträchtlicherer Prostatageschwulst, vor dieser die Blasenmündung in ihrem wirklichen Niveau durch den ausgespannten Sphinkterrand gekennzeichnet, erblicken (Abb. 9).

Die bisher erwähnten isolierten Bildungen sitzen stets an der sakralen Umrandung, und wir finden auch bei ausgebreiteterer Geschwulst diese gewöhnlich sakral-

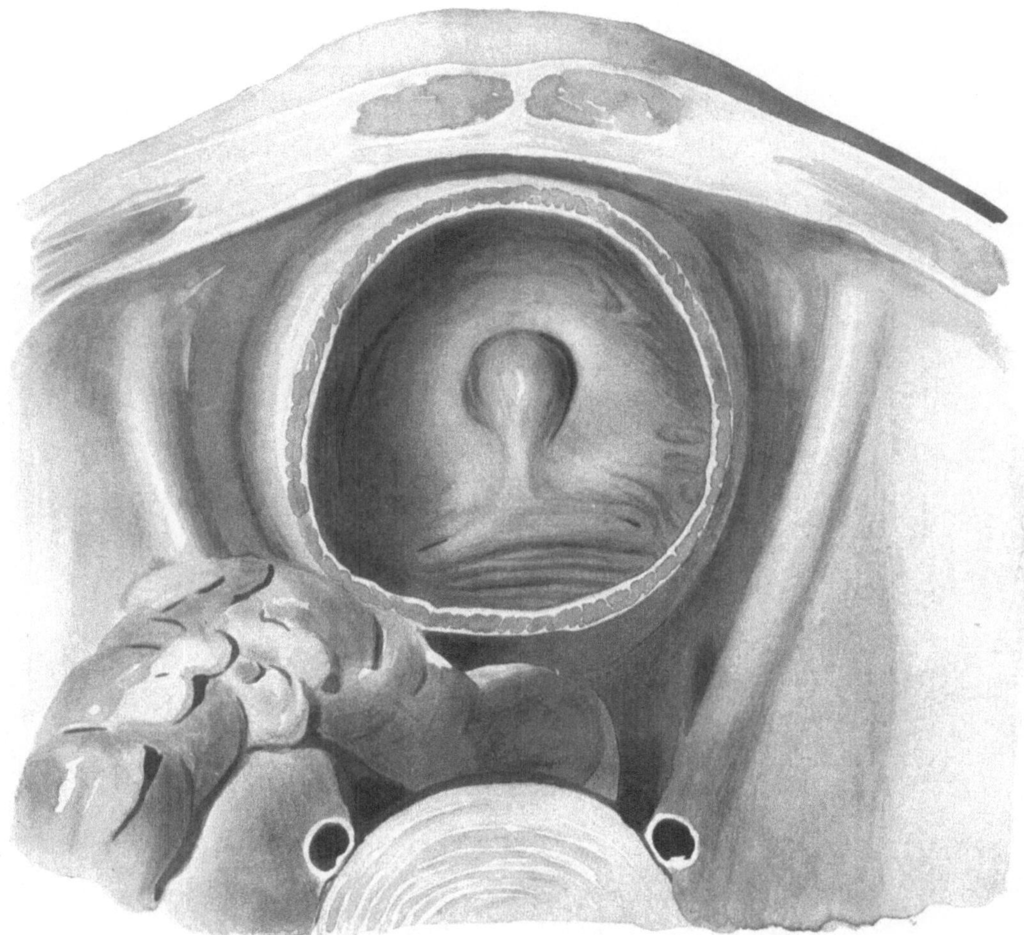

Abb. 8. Zapfenartige Prostatageschwulst das Orificium urethrae deckend. Blase abgekappt, Ansicht von oben.

wärts, der Mitte entsprechend am stärksten ausgeprägt. Nicht selten umspannt die Geschwulst, als derber Wulst, die zu einem sagittalen Spalt umgewandelte Mündung hufeisenförmig, deren vordere Begrenzung durch die Sphinkterfalte markiert wird (Abb. 10).

In anderer Form bietet sich die Mündung dar, wenn die ganze Zirkumferenz derselben von der Prostatageschwulst eingenommen ist. Auch hier ist der sakrale Anteil gewöhnlich am stärksten prominierend, so daß das ganze Gebilde unregelmäßige Kegelform bekommt, und die Mündung auf ihre vordere schräg abdachende Fläche verlagert wird.

Bei den bogenförmig die Blasenmündung von hinten her umspannenden Formen können die seitlichen Anteile die mediane Kommissur an Stärke der Entwicklung so weit übertreffen, daß diese eine quergestellte, klappenförmige Verbindung zwischen beiden Seiten darzustellen scheint.

Die seitlichen Massen (es ist stets nur von den vesikal sichtbaren Prostataanteilen

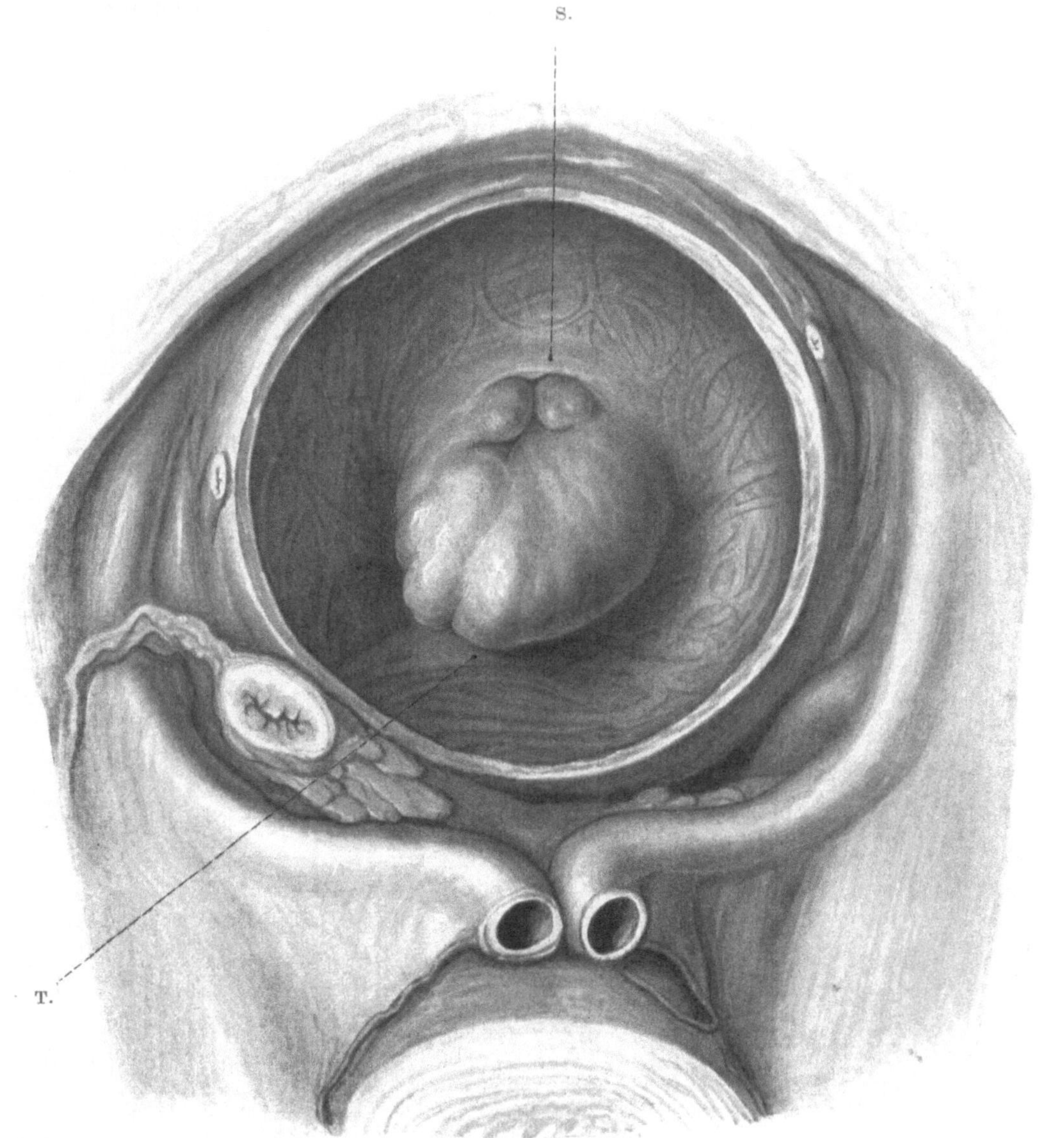

Abb. 9. Prostatageschwulst das Orificium urethrae umgreifend. Blase abgekappt, Ansicht von oben.
S. = Sphinkterrand. T. = Torus interuretericus.

die Rede) sind entweder gleich oder asymmetrisch; bei starkem Überwiegen einer Seite kann der Eindruck einseitiger Hypertrophie der Prostata entstehen (Abb. 11).

In anderen Fällen erscheint die Geschwulst dreilappig, wobei die mittlere hinter dem Orificium urethrae sitzende Erhebung am meisten hervorragt (Abb. 12).

Durch ungleichmäßiges Wachstum der vor, resp. hinter der Blasenmündung gelegenen Geschwulstanteile kann die Mündung der Urethra scheinbar aus ihrer Lage verrückt, der Symphyse oder dem Kreuzbein näher gerückt erscheinen.

Wie viele Formen und Varianten diese vesikalen Tumoren auch zeigen mögen, sie finden ihre Fortsetzung stets nach abwärts, wo sie in einem umschriebenen, bestimmten Anteil der prostatischen Harnröhre wurzeln. Dieser Zusammenhang charakterisiert die ganze Bildung als Prostatahypertrophie.

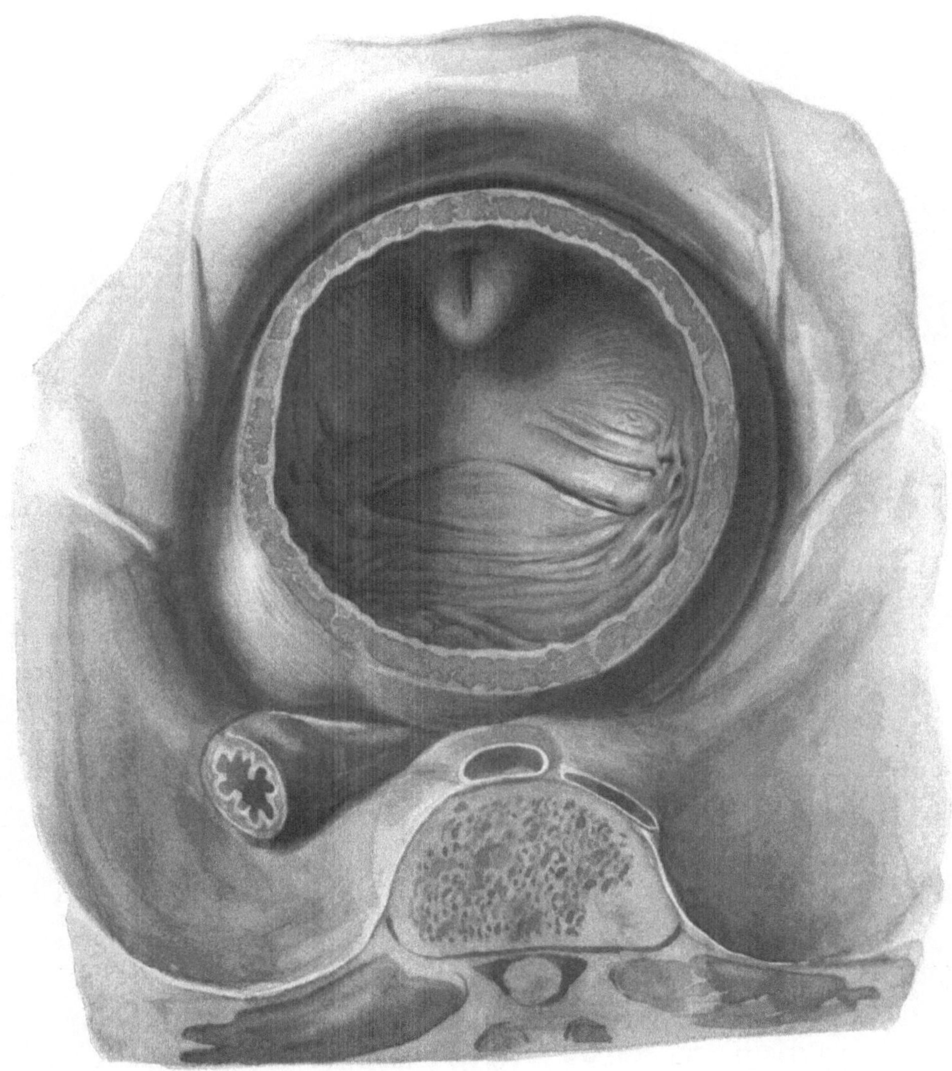

Abb. 10. Blasenportion der Prostatageschwulst, hufeisenförmig die Mündung von hinten her umgreifend.

RIBBERT hält die am Sphinkterabschnitt in die Blase ragenden Geschwülste stets für primär an Ort und Stelle entstanden. Erst bei weiterem Wachstum sollen sich diese mit anderen, im Körper der Prostata entstanden Adenomen zu einem zusammenhängenden Ganzen vereinigen. Unsere Erfahrungen haben uns zu einer entgegengesetzten Ansicht geführt. Wir finden den Ausgangspunkt stets in der Harnröhre, von wo aus die innerhalb des Sphinkters gelegene Geschwulst beim Wachstum nach aufwärts den Sphinkter forciert, und in den Hohlraum der Blase

einwächst. Mit Ausnahme der später zu erwähnenden Geschwulstformen der Blasenmündung, die nicht zur Prostatahypertrophie gehören, haben wir stets auch bei
den kleinsten Formen einen Zusammenhang der Blasengeschwulst mit
der oberen prostatischen Harnröhre nachgewiesen.

Zahlreiche operative Erfahrungen haben diese Tatsache bestätigt, und wir haben
ausnahmslos den erwähnten Zusammenhang gefunden. Wenn sich dies in hundert-
fältiger klinischer Erfahrung wie an der Hand der Präparate ausnahmslos bestätigt,

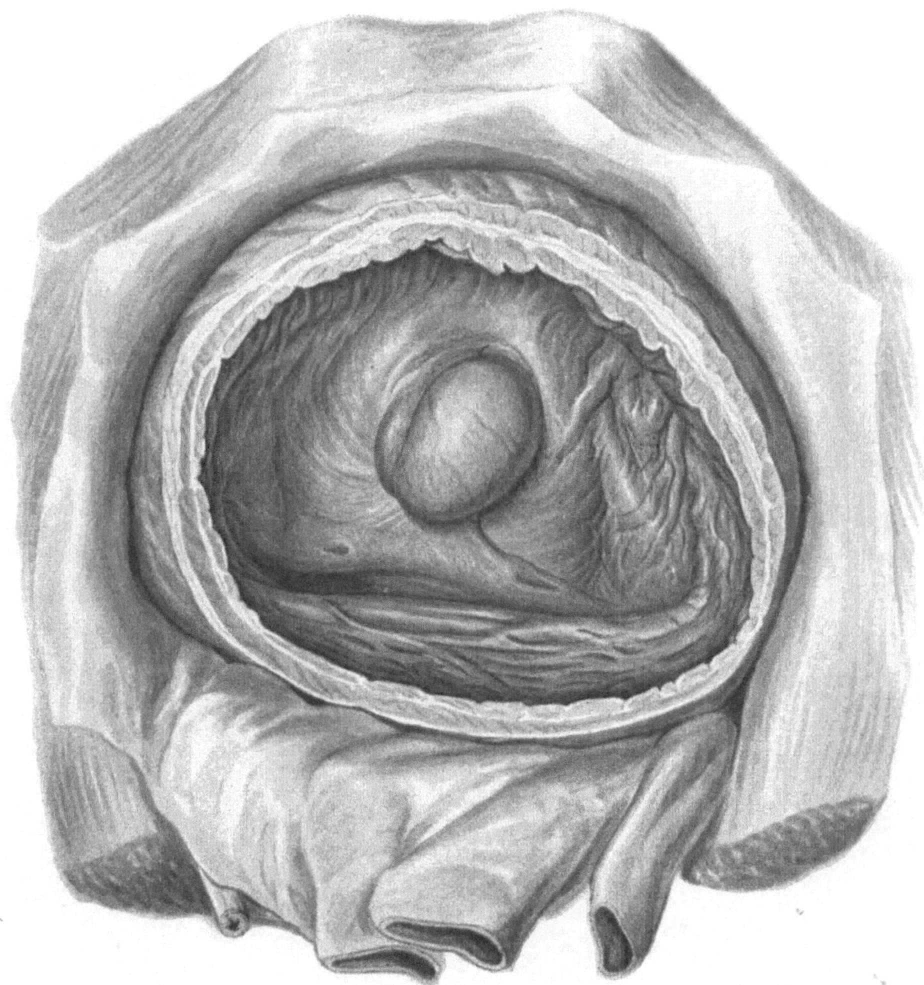

Abb. 11.   Blasenteil der Prostatageschwulst asymmetrisch entwickelt.

so ist der Schluß gerechtfertigt, daß der bei Prostatahypertrophie in der Blase
sichtbare Anteil keine selbständige, dort entstandene Bildung ist, sondern das obere Ende der in der Harnröhre wurzelnden Geschwulst darstellt.

Das Verhalten des Tumors zum Schließmuskel der Blase wird für den
Entstehungsmechanismus zu verwerten sein. Die Frage nach dem Verhalten des
Sphinkter bei diesen Formen der Prostatahypertrophie ist viel erörtert worden, ohne
daß es gelungen wäre zu einer endgültigen Auffassung zu kommen. Erst in der

Ära der Prostatektomie ergab das Studium der ausgelösten Geschwülste, sowie des Wundbettes nach postmortalen Enukleationen diesbezüglich Klarheit.

DITTELS Auffassung, nach welcher die Geschwulstmasse an der Blasenmündung, zwischen Schleimhaut und Muskulatur einwachsend, den Sphinkter allmählich dehnt und verlagert, muß nach unseren Zergliederungen als richtig anerkannt werden. An den enukleierten, in die Blase eingewachsenen Hypertrophien ist stets die Spur des Sphinkterringes in Form einer Einschnürung sichtbar. Ebenso kann man in den Wundnischen nach Enukleation am gehärteten Präparate den Sphinkter als Leiste vorspringen sehen.

Zunächst kommt es entsprechend der stärkeren Entwicklung des sakralen

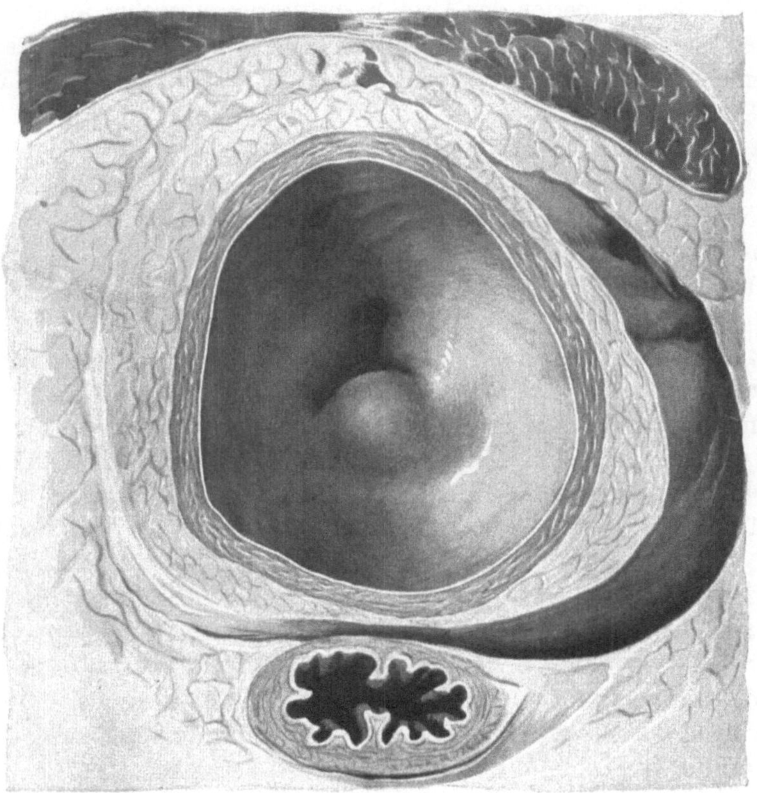

Abb. 12.   Blasenportion der Prostatageschwulst dreilappig.

Geschwulstanteiles zu einer Verdrängung des hinteren Sphinkterhalbringes. Dabei bleiben die vorderen Anteile des Schließmuskels der Form und Lage nach unverändert; durch den in die Mündung eingezwängten Tumor werden die Muskelfasern stark gedehnt, so daß der Annulus urethralis vorne oft als straff gespannte Falte im Niveau der Mündung erhalten bleibt. Die Verdrängung ergibt, daß die Sphinkterebene aus ihrer normalen Lage in eine stärkere Schrägstellung gehoben wird.

Der Sphinkterring setzt der Dehnung größeren oder geringeren Widerstand entgegen, es wird die Einschnürung entweder schärfer markiert oder eben angedeutet sein. Im ersteren Falle erscheint die Geschwulst gestielt, im letzteren ragt sie breitbasig in das Innere vor, und hat oft den ganzen trigonalen Anteil des Blasengrundes zur Bedeckung.

Unter diesen Umständen kann es vorkommen, daß die Fasern des Schließmuskels völlig auseinander geworfen werden, und daß der Muskel als Ringwulst nicht mehr besteht. So wird es erklärlich, daß Socin zu der Auffassung gelangen konnte, daß der Sphinkter von der Geschwulst umwachsen wird, und als solcher nicht mehr existiert.

Wallace hat in seiner monographischen Bearbeitung der Prostatahypertrophie gleichfalls die Verdrängung des Sphinkters durch die wachsende Geschwulst festgestellt. „The dilatation of the sphincter is mechanical" sagt er. Außerdem kennt Wallace den über die Prostatahypertrophie gehobenen, nicht gedehnten Sphinkterring.

Auch Bentley Squier hat die Sphinkterverdrängung bei Prostatahypertrophie festgestellt und an der enukleierten Prostatahypertrophie die Sphinkterfurche als solche erkannt und abgebildet.

Der von der Pars superior der Urethra prostatica ausgehende, den Sphinkterring durchbrechende Tumor verändert natürlich nicht nur Form und Länge des betreffenden Anteils der Harnröhre, sondern auch die Gestalt des Orificium urethrae und dessen Umgebung.

Die Blasenmündung, unter normalen Verhältnissen ein seichtes Grübchen, wird in den vorliegenden Fällen zum Spalt oder klaffenden Krater. Der Finger findet keinen Widerstand am Sphinkter, sondern stößt erst in größerer Tiefe der Harnröhre auf das derbe Hindernis der seitlichen Wände.

Der steil in die Blase ragende Tumor läßt den Blasengrund hinter demselben vertieft erscheinen, während er in Wirklichkeit höher gerückt ist. Die Vertiefung wird sakralwärts durch den Harnleiterwulst, Torus interuretericus, begrenzt. Die hinter diesem vorhandene quere Rinne (Recessus retrouretericus) ist reell, während der zwischen Mündung und Harnleiter gelegene Anteil des Blasengrundes (Recessus praeuretericus Waldeyer, Rec. retroprostaticus) nur eine scheinbare Vertiefung bildet.

Die Muskulatur der verlagerten Blasenwand wird, je stärker die Dehnung durch den Tumor ist, um so dünner, um auf der Höhe der Geschwulst zu einer zarten Zone reduziert zu werden. Hier fehlt die trigonale Muskulatur bisweilen völlig, die gedehnte Wand ist von der Tumoroberfläche nur durch die Submukosa geschieden. Der am hinteren Abhange einer größeren Prostatageschwulst gelegene Wandabschnitt enthält den Sphinkter, was man durch Präparation von außen oder nach Enukleation des Tumors nachweisen kann. Es lassen sich Muskelfasern, die im Bogen nach vorne verlaufen, von hier bis in den unzweideutigen Sphinkterrand an der vorderen Zirkumferenz der Harnröhre verfolgen.

Knapp unter der Schleimhaut liegt das Geschwulstgewebe, eine Kapsel ist am intravesikalen Anteil dieser Formen von Prostatahypertrophie nicht vorhanden. Von da aus kann man bisweilen die Schleimhaut stumpf vom Tumor abheben, einerseits bis an den Beginn der prostatischen Harnröhre, andererseits bis an die Basis des Tumors nach rückwärts und den beiden Seiten zu. Im Bereiche der oberen prostatischen Harnröhre ist die Schleimhaut mit der urethralen Fläche der Geschwulst innig verwachsen; an der Basis des Tumors ist die trigonale Muskulatur mit der oberen Begrenzung der Kapsel fest (Abb. 13) verbunden, hier muß man scharf einschneiden, um die genannte Verbindung von trigonaler Muskulatur und Prostatakapsel zu durchtrennen, wenn man in die richtige Schicht zwischen Geschwulst und Kapsel gelangen will.

Die Harnröhre hat bei dieser Form der Prostatahypertrophie wesentliche Veränderungen bezüglich Länge, Richtung, Form und Lage erfahren. Die Verlängerung der Harnröhre, welche die Strecke vom Colliculus bis an den Sphinkter betrifft, ist, durch den in die Länge wachsenden Tumor bedingt, eine reelle. In ausgeprägten Fällen ist diese Längenzunahme sehr bemerkenswert, und wir konnten in unseren Präparaten die Distanz zwischen Colliculus und Sphinkter bis auf 8 cm und darüber gewachsen sehen.

Durch das Einwachsen des Tumors in die Blase wird die Harnröhre noch über die Sphinkterebene blasenwärts verlängert. Dieser virtuelle Anteil der Harnröhre ist natürlich von Blasenschleimhaut ausgekleidet und reicht vom anatomischen Orificium urethrae blasenwärts. Außer der Streckung und dem Wachstum in die Länge erhält auch die Lichtung der Harnröhre veränderte Form. Das Wachstum der seitlichen Geschwulstanteile hat eine Dehnung im antero-posterioren Durchmesser und die Umwandlung der Harnröhre in einen sagittalen Spalt, der bis zu 3 cm und darüber betragen kann, zur Folge. Am vesikalen Ende klafft das Wurzelstück der Harnröhre oder ist lose geschlossen. Am Übergang zum peripheren Stück der prostatischen Harnröhre, das stets unverändert ist, findet sich oft oberhalb des Colliculus eine ausgeprägte Aussackung. So kommt häufig eine unregelmäßige Flaschen- oder Spindelform der oberen prostatischen Harnröhre zustande.

Die gestreckte **Pars superior urethrae prostaticae**, die unter normalen Verhältnissen nach vorne leicht gehöhlt in aufrechter Stellung fast vertikal verläuft, hat ihre Richtung insoferne geändert, als ihr Längsdurchmesser mehr oder minder gegen das Kreuzbein zu gerichtet ist.

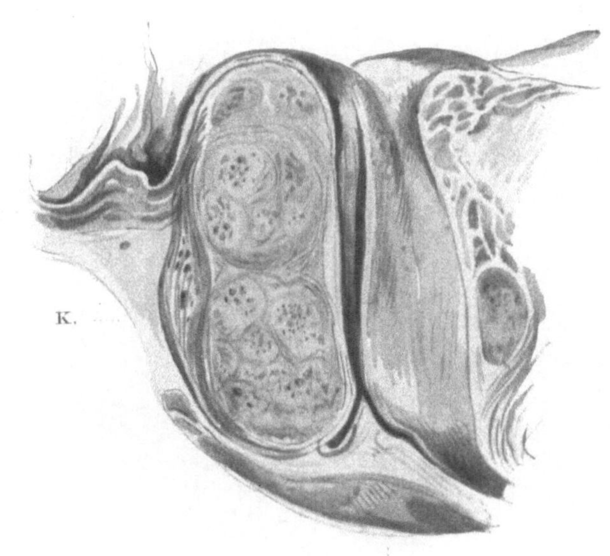

Abb. 13. Verhalten der Kapsel zum Blasensphinkter bei Fällen vom ersten Typus.

K. = Kapsel.   L. p. = Lobus posterior.   S. = Blasensphinkter.

Während normalerweise der Übergang in den jenseits des Colliculus gelegenen Abschnitt der prostatischen Harnröhre ganz allmählich im Bogen vor sich geht, ist in unseren Fällen an dieser Stelle die Harnröhre in stumpfem, bisweilen im spitzen Winkel abgeknickt. An diesem Punkte erfolgt der Übergang der in allen Dimensionen veränderten oberen prostatischen Harnröhre in den normal gebliebenen unteren Anteil ganz unvermittelt.

Seine fixe Anheftung hat der Körper der Geschwulst an der Wand der oberen prostatischen Harnröhre. Wo die neugebildete Masse die Grenze des genannten Harnröhrenabschnittes überschreitet, wird das angrenzende Gewebe nur abgehoben, verdrängt. Die Masse ist an allen diesen Stellen mit der Umgebung nicht verwachsen, sondern aus ihr ausschälbar; es läßt sich die stumpfe Entfernung unter der Blase aus dem Bette der verdrängten Prostatadrüse, und endlich von der Außenwand der unteren prostatischen Harnröhre, wenn der wachsende Tumor sich an diese angelehnt hat, ausführen (Abb. 14).

An Sagittalschnitten gewinnt man über den Zusammenhang des vesikalen Anteiles der Prostatahypertrophie mit dem subvesikalen, intraprostatisch gelegenen, wie über die Veränderungen der Harnröhre lehrreiche Bilder.

Wenn es sich wirklich um Prostatahypertrophie handelt, so ist an die vesikale Geschwulst ein größerer subvesikal gelegener Anteil angeschlossen; der der Blase zugekehrte Zapfen ist der oberste Pol der tief ins Becken sich erstreckenden und innerhalb der Prostata gelegenen Geschwulst; diese steht mit der oberen prostatischen Harnröhre in Verbindung und ist um diese verteilt. Entweder ringförmig vollständig die Harnröhre umschließend oder sie nur halbkreisförmig umgreifend, läßt die Geschwulst an ihrer Sakralseite die mehr oder minder tiefe Sphinkterrinne erkennen. So präsentiert sich die Geschwulst im allgemeinen als walzenförmig, häufig auch als stumpf nach oben sich verjüngender Kegel mit breit ausladender Basis.

Die am Sagittalschnitt sichtbare Harnröhre besteht: aus der reellen Harnröhre, die in der Sphinkterebene ihre obere Begrenzung hat, und aus einem kranial an diese sich anschließenden Anteil, der von dem blasenwärts gewachsenen Tumor gebildet, an seiner urethralen Seite von Blasenschleimhaut ausgekleidet ist, welche der Tumor bei seinem Wachstum abgehoben und verlagert hat.

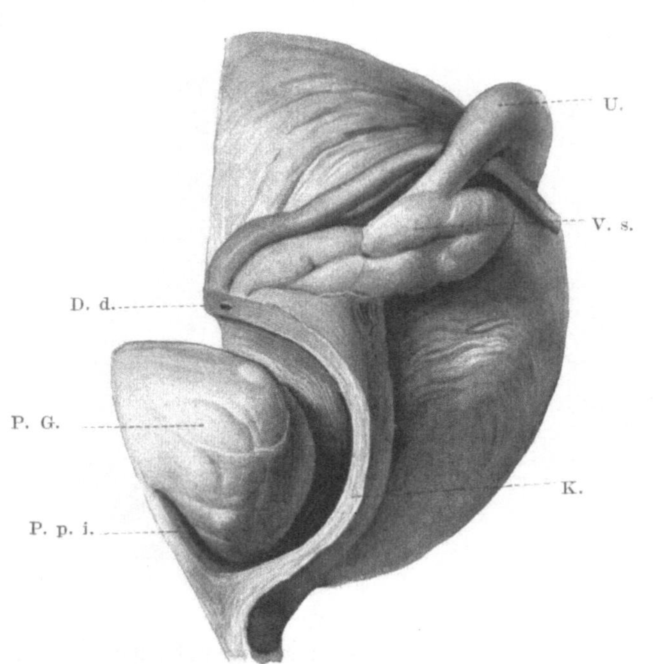

Abb. 14. Verhalten der Prostatageschwulst zur Kapsel und zur unteren prostatischen Harnröhre.
D. d. = Ductus deferens. K. = Kapsel. P. G. = Prostatageschwulst. P. p. i. = Pars prostatica urethrae inferior. U. = Ureter. V. s. = Samenblase.

Am Querschnitt ist die Geschwulstmasse entweder als geschlossener Ring, oder hufeisenförmig, nach vorne zu offen um die Harnröhre angeordnet. Die Ausladung nach beiden Seiten ist am stärksten entwickelt. Die hinter der Harnröhre gelegene Kommissur ist dünn, ebenso die vordere, die häufig ganz fehlt. Ganz ausnahmsweise übertrifft der vor der Harnröhre gelegene Anteil den sakralen an Ausdehnung.

Bei der Präparation von außen wird die Hebung der Blasenmündung sehr deutlich. Man sieht die Grenze zwischen Blase und Prostata von außen her, die unter physiologischen Verhältnissen im Niveau der Mündung gelegen ist, mehr oder weniger tiefer gerückt; die Furche entspricht der eingeschnürten Stelle der Geschwulst, also der Ebene des gedehnten Sphinkter.

Die Objekte dieser Gruppe zeigen, wenn sie als Ganzes ausgeschält wurden, typische Formen mit nur individuellen Verschiedenheiten. Was die Größe anlangt, so kommen alle Übergänge von der Miniaturhypertrophie, die kaum die Größe einer Haselnuß erreicht bis zu den Blase und Becken füllenden Tumoren vor. Auch die kleinsten

Formen können die schwersten Harnstauungen veranlassen. Die ausgeschälten Geschwülste sind entweder tunnelierte Zylinder oder durch eine dorsale, quere Furche in zwei Anteile geschiedene Gebilde, wobei im letzteren Falle der basale Teil stärker

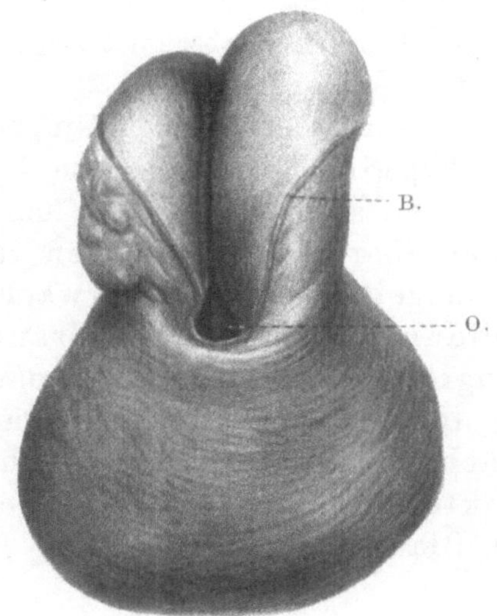

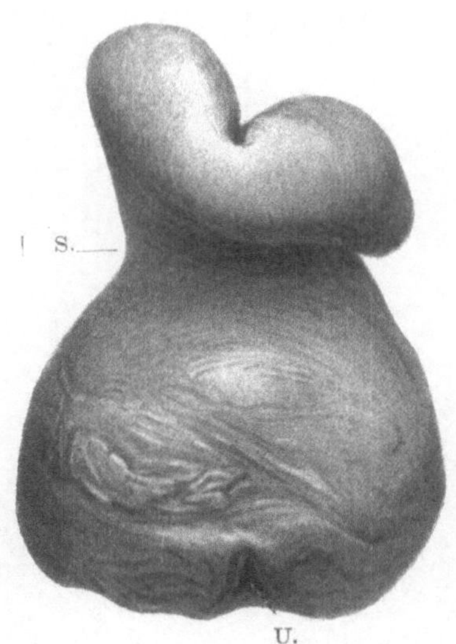

Abb. 15 (Ansicht von vorne). Abb. 16 (Ansicht von hinten).
Abb. 15 und 16. Enukleierte Prostatageschwulst.
B. = Blasenanteil der Geschwulst. O. = Orificium urethrae. S. = Dorsale Sphinkterfurche.
U. = Urethralende.

entwickelt erscheint. Der vesikale obere Abschnitt trägt das veränderte Relief der Blasenmündung. Häufig ist die Geschwulstmasse nicht geschlossen, sondern nach vorne zu offen, wobei gewöhnlich die Geschwulst aus zwei seitlichen und einem

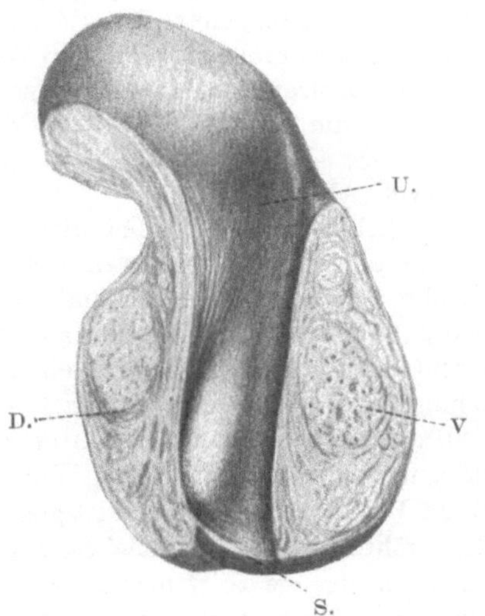

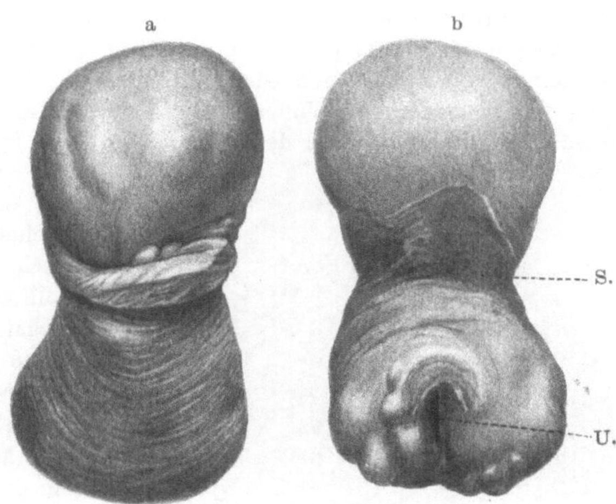

Abb. 17. Enukleierte Prostatageschwulst. Sagittaler Durchschnitt. — D. = dorsaler Teil der Geschwulst. S. = Schleimhautrand. U. = Urethra. V. = Ventraler Teil der Geschwulst.

Abb. 18. Enukleierte Prostatageschwulst, Walzenform, durch Sphinkterfurche (S.) in zwei Anteile gegliedert. a Ansicht von vorne. b Ansicht von rückwärts. U. = Urethrales Ende.

mittleren Anteil zusammengesetzt ist, von welchen der letztere am stärksten vorragt. Die seitlichen Anteile sind rechts und links in Form und Größe gewöhnlich übereinstimmend, doch kommen ungleichmäßige Ausbildungen beider Seiten vor (Abb. 15—20).

Die enukleierte Geschwulst enthält die obere prostatische Harnröhre. Wenn diese ein geschlossenes Rohr bildet, so ist die Schleimhaut im ganzen Umfange, sonst nur in ihren sakralen und seitlichen Anteilen erhalten. Am unteren Pol der Geschwulst, oft sakralwärts gerichtet, ist das Ende der Harnröhre sichtbar. Der in der Geschwulst enthaltene Harnröhrenabschnitt zeigt völlig gestreckten Verlauf (Abb. 17).

Wenn wir das der ersten Gruppe von Prostatahypertrophie Gemeinsame hervorheben sollen, so handelt es sich um eine, von der oberen prostatischen Harnröhre ausgehende, mit ihr verwachsene Neubildung, die, unter Verdrängung der angrenzenden Teile der Prostatadrüse, nach verschiedenen Richtungen auswächst. Durch den gedehnten Sphinkterring dringt der obere Pol in die Blase.

Beschreibung einiger Fälle des ersten Typus.

1. Prostatageschwulst in die Blase eingewachsen, als kleine kugelige Prominenz die Mündung überlagernd. (Abb. 8 und 21.)

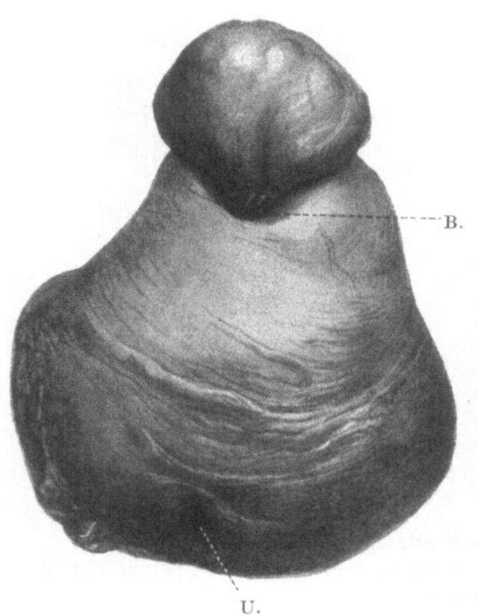

Abb. 19. Enukleierte Prostatageschwulst, Birnform, mit einem blasenwärts gekehrten gestielten Anhang.
B. = Blasenmündung. U. = Urethrales Ende.

Starke Hebung des ganzen Blasengrundes, welcher, in der Höhe des oberen Symphysendrittels gelegen, eine ebene, nur im Recessus retroprostaticus etwas gehöhlte Fläche darstellt. Die Blasenmündung durch eine kugelige Vorwölbung markiert, ist der Symphyse nahe gerückt. Der Torus interuretericus trägt jederseits an seinem plumpen Ende die schlitzförmige Harnleiteröffnung; die seitlichen Schenkel des Blasendreiecks fehlen. Von der Mitte des Harnleiterwulstes zieht eine Falte direkt zu der erwähnten, das Orificium deckenden, kugeligen Prominenz (vgl. Abb. 8).

Am Schnitte (Abb. 21) erweist sich diese als das oberste Ende einer mit der oberen prostatischen Harnröhre an ihrer Sakralwand verwachsenen Masse, die nach abwärts bis an den Colliculus reicht. In ihrem Blasenanteil am dicksten, verjüngt sich die Geschwulst nach abwärts ganz allmählich und endet in ihrer sakralen Hälfte mit einem zugeschärften Rande. An der vorderen Wand ist die Geschwulst gleichfalls an die Harnröhre gelötet, weit mächtiger und am Schnitte kreisförmig; sie zeigt hier alveolären Bau, während der sakrale Anteil von faseriger Struktur ist.

Die obere prostatische Harnröhre verläuft gestreckt von vorne oben schräg nach hinten unten und ist oberhalb des Colliculus gegen den peripheren Teil im rechten Winkel geknickt. Hier ist die Harnröhre etwas erweitert, sonst in ihrer Lichtung unverändert.

Abb. 20. Enukleierte Prostatageschwulst. Typische Form aus 3 Anteilen bestehend, vorne nicht geschlossen.

2. Prostatageschwulst als höckerige breit aufsitzende Geschwulst in die Blase ragend. Mündung vorne im Niveau des Fundus. (Abb. 9 und 22, 23, 24.)

67 jähriger Mann, nach zweitägiger kompletter Harnretention plötzlich gestorben. Polyurie, Diabetes mellitus, Albuminurie.

Blase stark gedehnt, den Beckenraum fast völlig ausfüllend, ragt mit ihrer Kuppe weit ins Abdomen. Nach Abkappung und Einblick von obenher sieht man in der Mitte des stark kranial

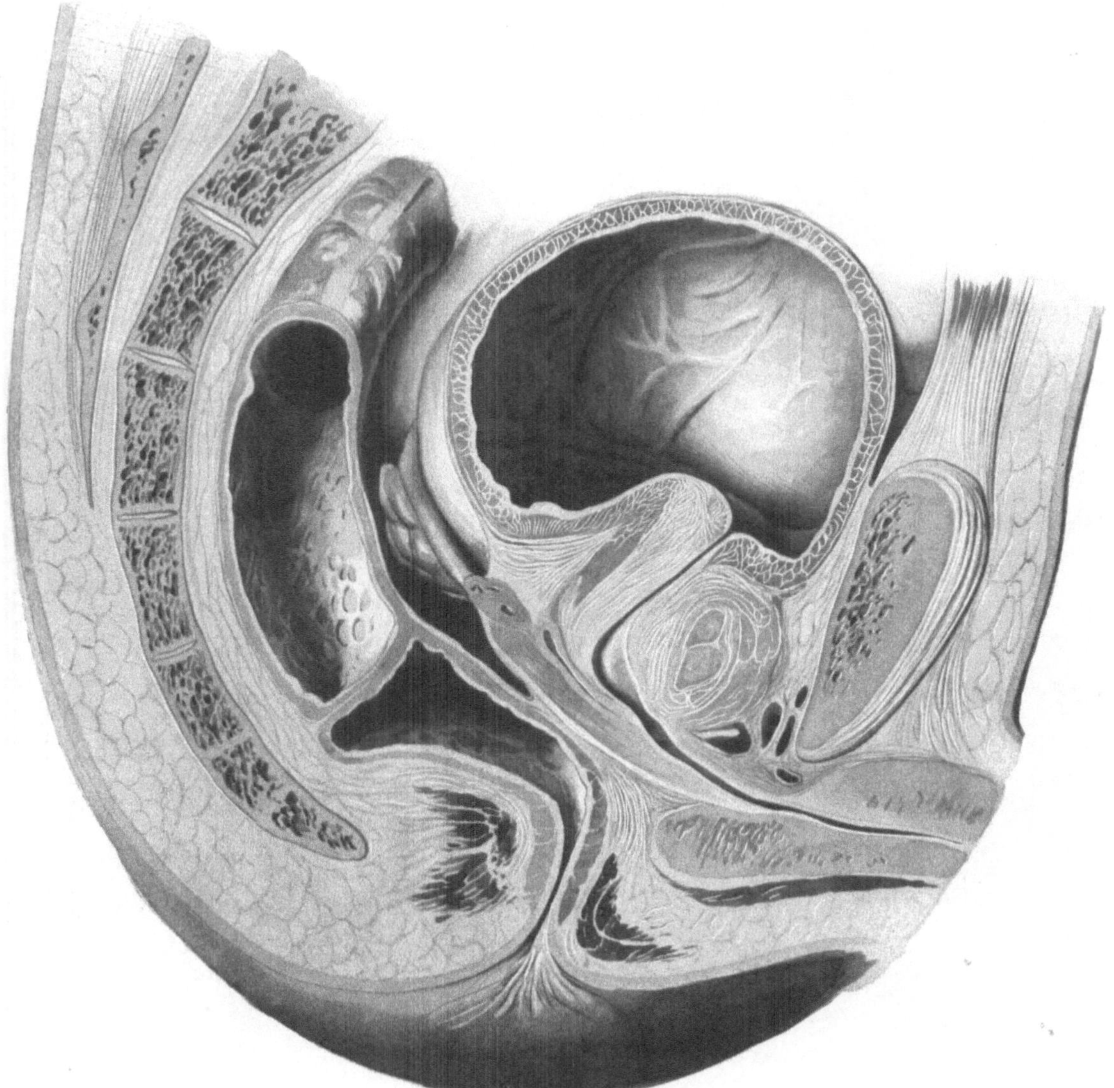

Abb. 21. Prostatageschwulst als kugelige Erhebung das Orificium urethrae überragend. Medianschnitt.

gerückten flachen Blasenbodens eine ca. walnußgroße, breite, kreisförmig aufsitzende, grob-höckerige, mit Schleimhaut bedeckte Geschwulst emporragen, die, sakral am stärksten vor-springend, hier steil aus dem Blasengrunde sich erhebt, nach vorne zu allmählich abdacht und dort, wo sie vorne das Niveau erreicht, die H-förmige Mündung der Urethra trägt, die, vorne von einer quergestellten scharfen Falte begrenzt, seitlich von je zwei, dem großen Tumor angegliederten etwa erbsengroßen kugeligen Erhabenheiten flankiert ist (vgl. Abb. 9).

Am Sagittalschnitte (Abb. 22) sieht man an Stelle der Prostata eine mächtig entwickelte Geschwulstmasse, die scheinbar das ganze Organ einnimmt. Das Verhalten zum Ductus deferens zeigt aber, daß die Veränderung nur den blasenwärts vom Ductus deferens gelegenen Teil der Harnröhre betrifft, während der periphere Abschnitt der Prostata zu einer dünnen Platte kompri-

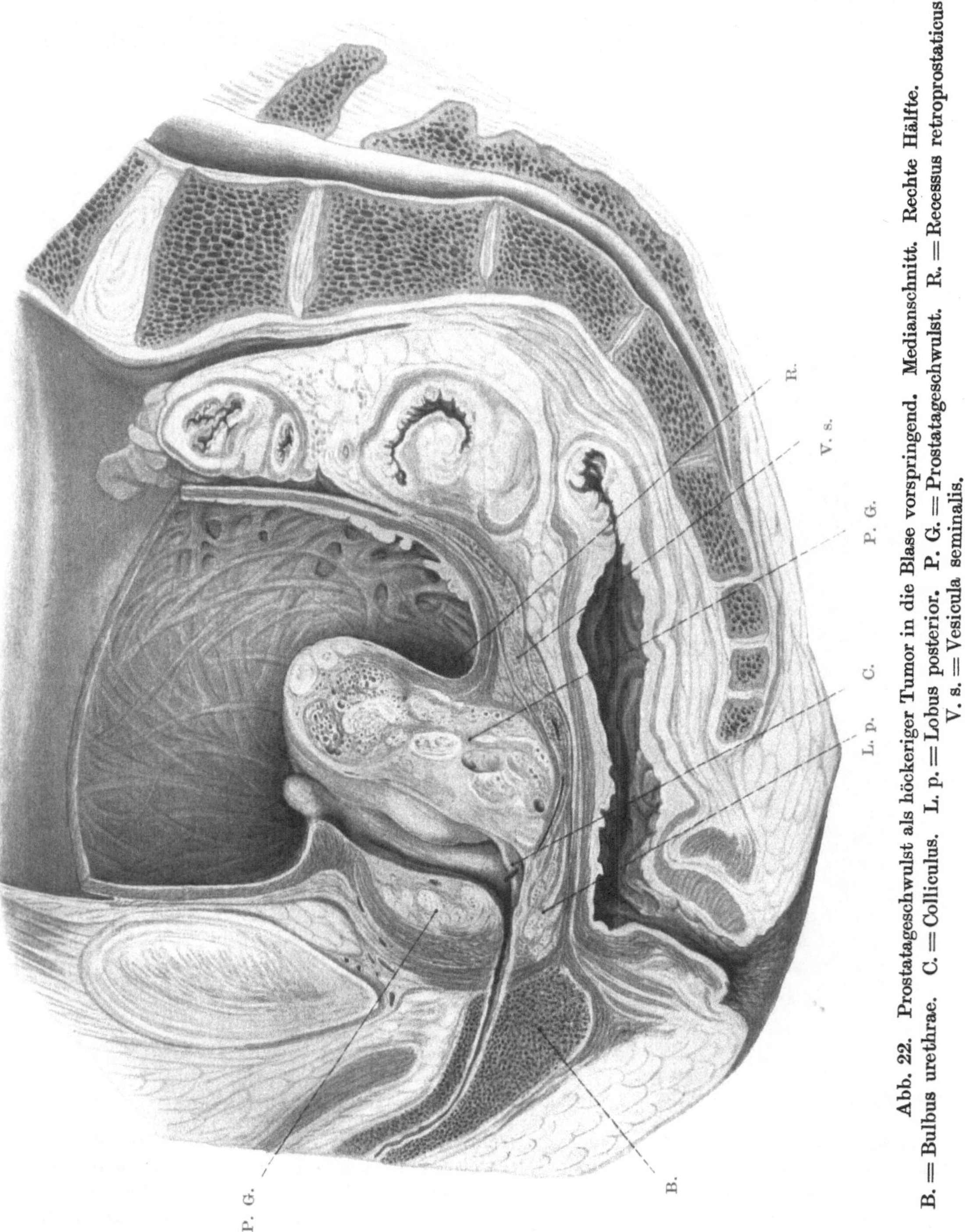

Abb. 22. Prostatageschwulst als höckeriger Tumor in die Blase vorspringend. Medianschnitt. Rechte Hälfte. B. = Bulbus urethrae. C. = Colliculus. L. p. = Lobus posterior. P. G. = Prostatageschwulst. R. = Recessus retroprostaticus. V. s. = Vesicula seminalis.

miert erscheint. Die Geschwulstmasse, mit der oberen prostatischen Harnröhre verwachsen, ist sakralwärts stärker entwickelt und nimmt im Felde vor der Harnröhre nur eine kleine Fläche ein. Die in die Blase wachsende Geschwulst entspricht der oberen Kuppe dieser Geschwulstmasse.

Sie ist auf ihrer Höhe von der dislozierten Schleimhaut des Blasengrundes gedeckt. Am Durchschnitt sind zwischen einem bindegewebigen Gerüst unregelmäßig geformte ovale Läppchen sichtbar, die drüsigen Bau und zahlreiche Zystchen zeigen.

Die Muskulatur der Blase endet an der sakralen Seite etwas über der Stelle, an der der Tumor sich aus dem Blasenniveau erhebt, also tief unter der Fläche der sichtbaren Mündung, die hinten vom Tumor und der abgehobenen Schleimhaut des Grundes gebildet wird, während vorne die beschriebene quere Falte vor der Mündung dem ausgespannten Wulste des Annulus urethralis Waldeyer entspricht. Es ist also der Sphinkterring weit gedehnt, vorne in situ geblieben, rückwärts und an den Seiten um die Basis der Geschwulst geschlungen. Das stärkere Wachstum

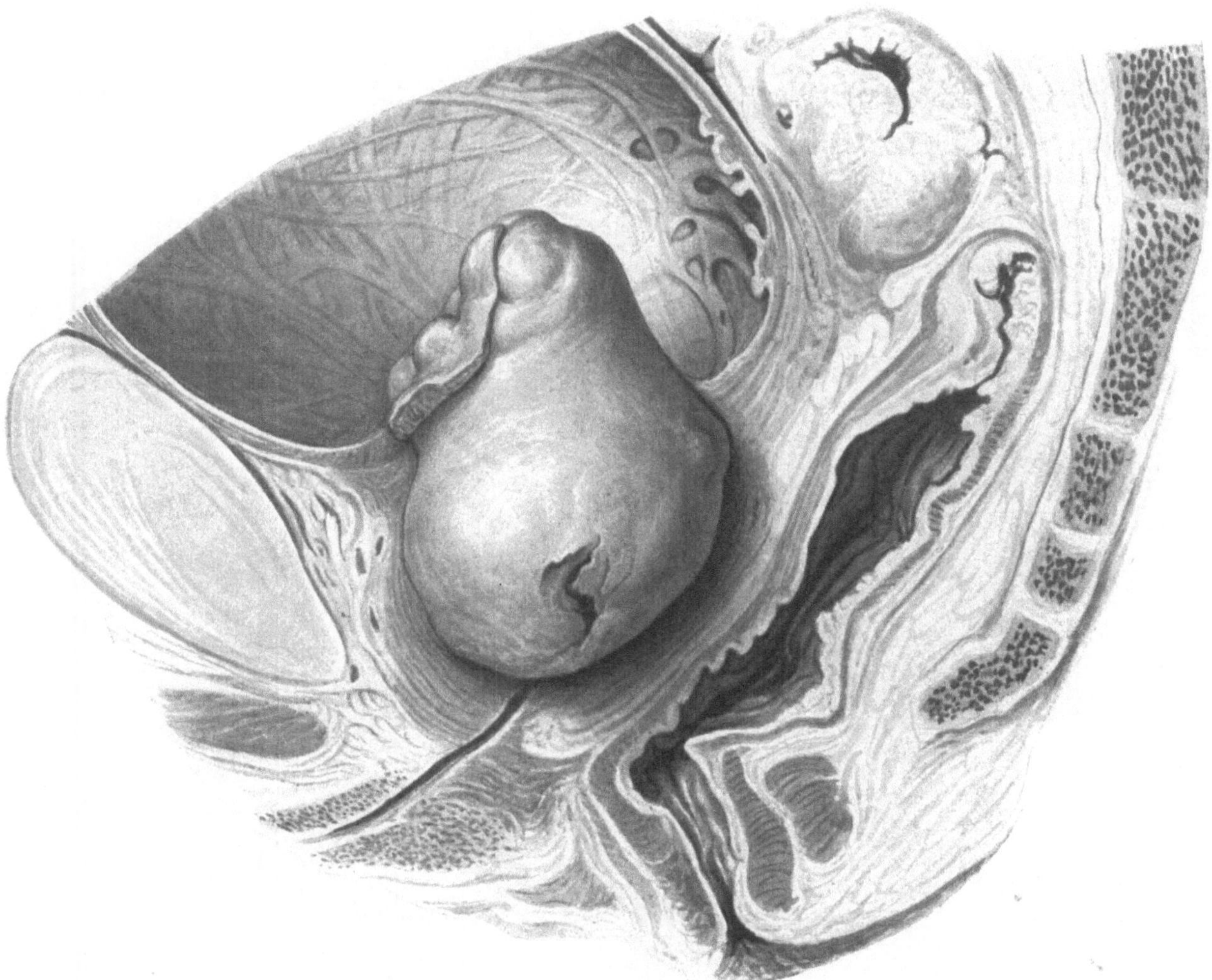

Abb. 23. Objekt der Abb. 22. Die Prostatageschwulst der linken Beckenhälfte wurde ausgeschält und der rechten Beckenhälfte aufgesetzt.

der hinteren und seitlichen Anteile hat diese Verdrängung des Blasensphinkters bedingt. Vorne ist der vom Wachstum nicht betroffene Teil des Ringmuskels in seiner Lage geblieben.

Die prostatische Harnröhre ist in ihrem oberen Anteile, wo sie mit dem Tumor verwachsen ist, stark in die Länge gezogen, in allen ihren Dimensionen erweitert und gegen die Blase zu trichterförmig klaffend. Der Ductus deferens begrenzt nach unten hin die Ausdehnung der Geschwulst; die jenseits des Duktus gelegenen Teile der Harnröhre sind normal geblieben, der Lobus posterior in eine Platte umgewandelt. Die veränderte Pars superior ist gegen die untere prostatische Harnröhre im stumpfen Winkel geknickt, die obere prostatische Harnröhre entspricht in ihrer Richtung von vorne oben nach hinten unten der Curvatura perinei des Mastdarms.

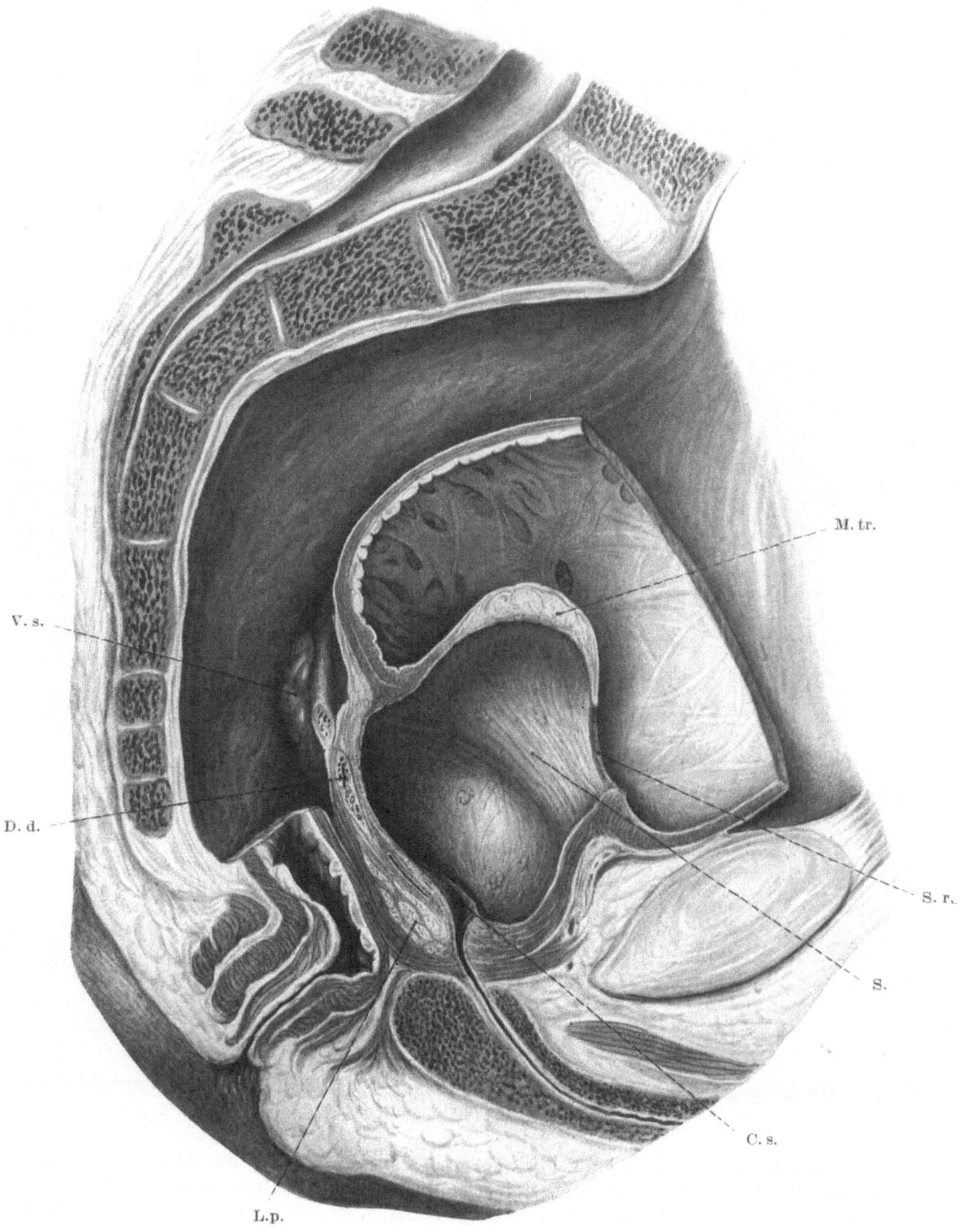

Abb. 24. Objekt der Abb. 22. Linke Beckenhälfte. Die Geschwulstmasse ist enukleiert, die Capsula prostatica samt Sphinkterwulst sichtbar. Medianschnitt.

C. s. = Colliculus seminalis. D. d. = Ductus deferens. L. p. = Lobus posterior. M. tr. = Mukosa des Trigonum mit einem Rest der Geschwulst. S. = Sphinkterwulst. S. r. = Schnittrand in der Blasenschleimhaut. V. s. = Vesicula seminalis.

Die ganze Form der Aftermasse, ihr Verhalten zur Blase wird klarer, wenn man die aus ihrer Kapsel gelöste Geschwulstmasse der zweiten Hälfte in den Sagittalschnitt einfügt (Abb. 23). Man sieht die Birnform mit der basal stärkeren Entwicklung, die Lage des Sphinkters, die unveränderte Beschaffenheit der peripher von der Geschwulstmasse gelegenen Teile der Harnröhre.

An der Nische, aus der die Geschwulstmassen mit der oberen prostatischen Harnröhre entfernt sind, ist der gedehnte Sphinkterring plastisch sichtbar; durch diesen schräg zur vorderen Umrandung der Mündung verlaufenden Ring ist die Wundnische in zwei Anteile, einen vesikalen oberen und einen subvesikalen oder pelvinen unteren Abschnitt gesondert (Abb. 24).

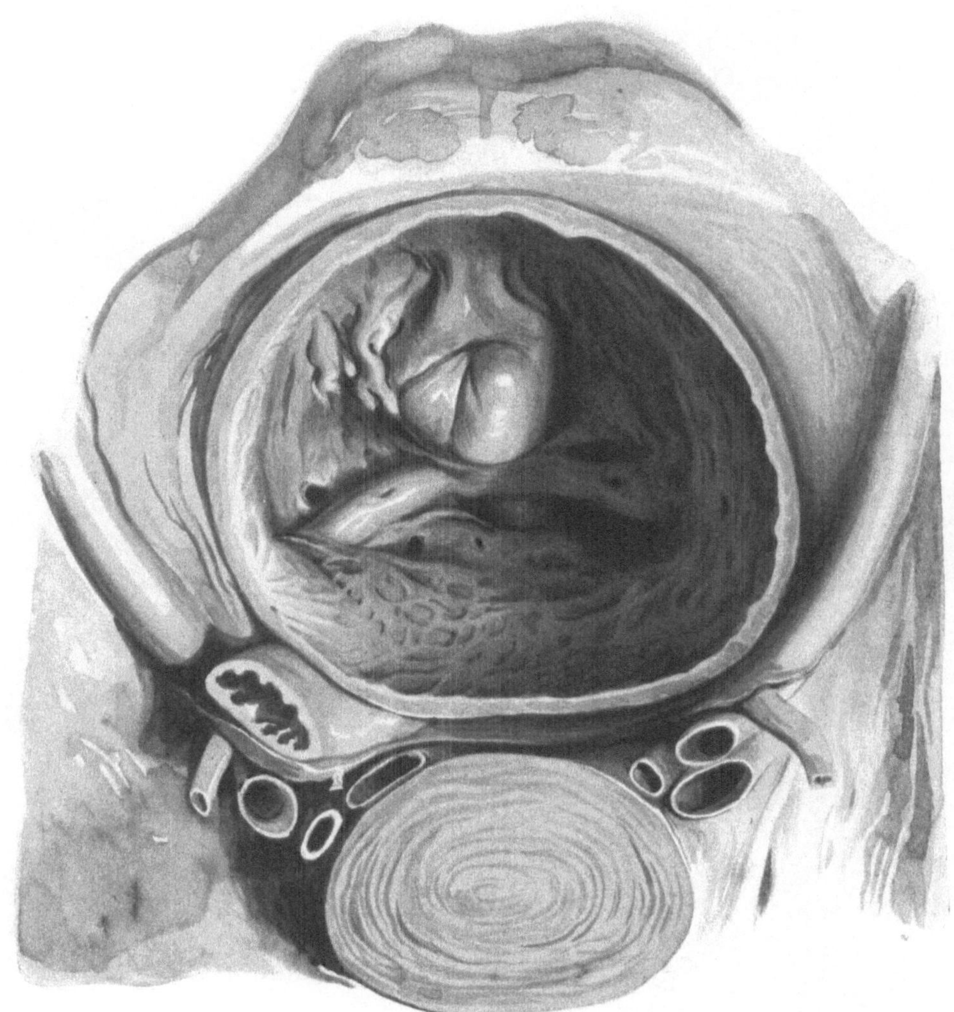

Abb. 25. Zapfenartig in die Blase ragende Prostatageschwulst, die Harnröhrenmündung umfassend. Blase abgekappt. Ansicht von oben.

3. Prostatageschwulst in Form eines breitbasig aufsitzenden, unregelmäßig gelappten Zapfens in die Blase ragend. (Abb. 25, 26.)

70 Jahre alter Mann mit chronisch kompletter Harnretention, Urosepsis.

Stark gedehnte, den Beckenraum fast völlig ausfüllende, weit in den Bauchraum ragende Blase. Von oben her gesehen (Abb. 25) erscheint die der Symphyse nahegerückte Blasenmündung von der Sakralseite her von einem breitaufsitzenden, durch unregelmäßig angeordnete radiäre Falten gelappten Wulst überragt. Die Aftermasse ist sakral am stärksten entwickelt, steigt hier steil aus dem Niveau des Grundes empor und dacht allmählich nach vorne zu ab. Die

klaffende Mündung sitzt vorne am Abhange der Geschwulst. Hinter dem vorragenden Tumor
erscheint der Blasengrund stark vertieft. Die Muskulatur in starker Hypertrophie. Bemerkenswert ist die übermächtige Entwicklung des Torus interuretericus, welcher über die schlitzförmigen Harnleiterostien hinaus, jederseits als starker Wulst bis an die Seitenwand der Blase
reicht. Tief ausgeprägter Recessus retrouretericus.

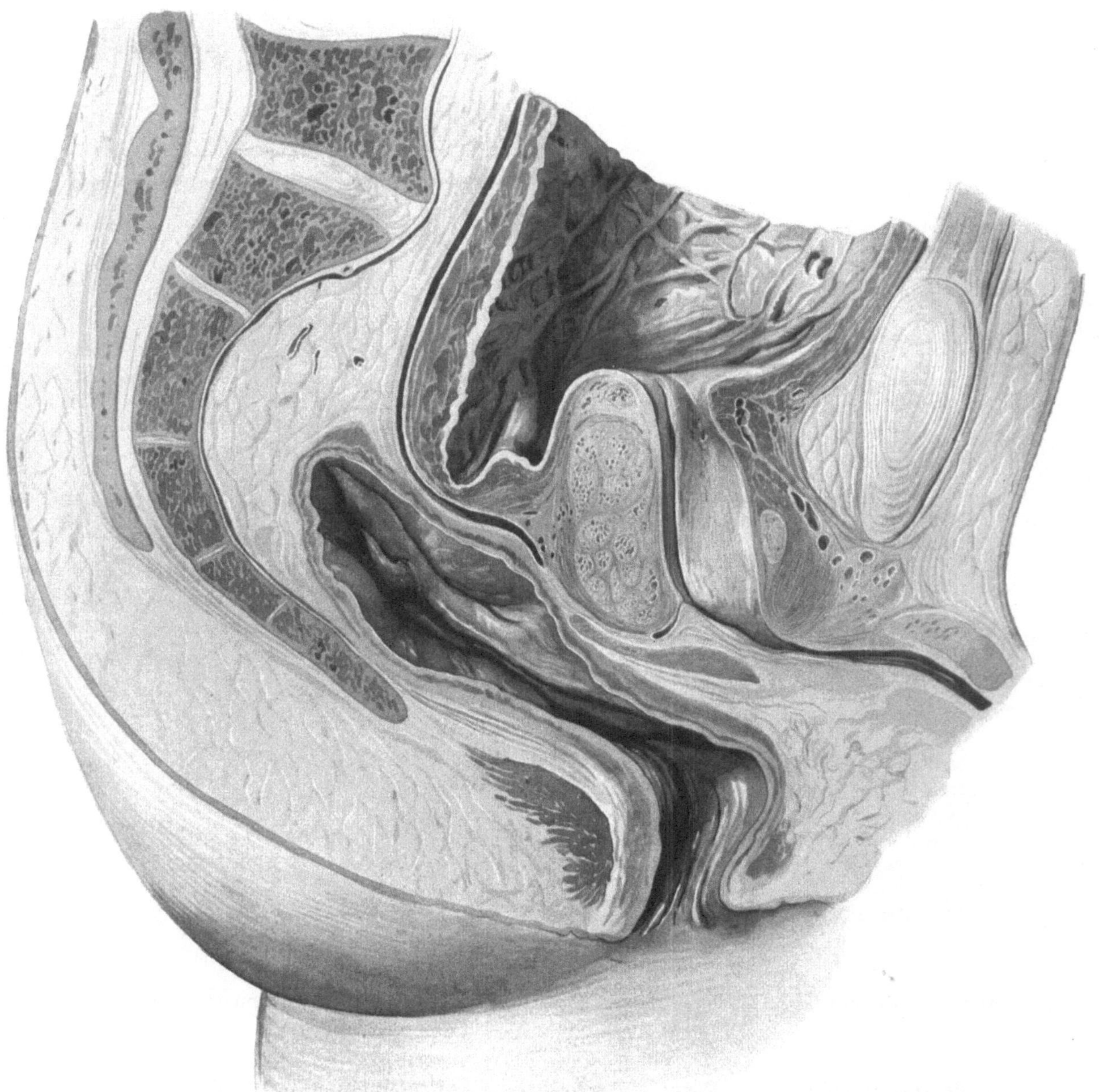

Abb. 26. Objekt der Abb. 25. Medianschnitt, linke Beckenhälfte.

Am Sagittalschnitte (Abb. 26) zeigt sich der vesikale Zapfen als oberer Pol eines walzen-
förmigen Tumors von lappigem Aufbau, der mit der hinteren Wand der oberen prostatischen
Harnröhre verwachsen bis an die Mündung des Ductus deferens reicht.

Zwischen Tumor und dem Ductus deferens ist eine Kapsel von streifiger Struktur von
Zystchen durchsetzt sichtbar (komprimierter Lobus medius). Nach vorne von der Harnröhre

stellt der Durchschnitt der Aftermasse nur ein kleines Feld dar. Die Harnröhre, vom Colliculus bis an die Mündung stark in die Länge gezogen, mißt 45 mm, im antero-posterioren Durchmesser ist sie bis 18 mm tief. Der Annulus urethralis liegt vorne auf der Höhe der Mündung, rückwärts ist der Sphinkter im Niveau des Recessus retroprostaticus in seine Fasern aufgelöst, die Ureteren stark erweitert.

4. Blasenteil der Prostatageschwulst als hufeisenförmiger, nach vorn offener Wulst, die sagittal gestellte Harnröhre umgebend. (Abb. 27, 28, 29, 30.)

72 jähriger Mann mit chronisch kompletter Harnverhaltung, überdehnter Blase, Urosepsis. Stark gedehnte Blase mit gleichmäßiger trabekulärer Hypertrophie, weit in den Bauchraum emporragend.

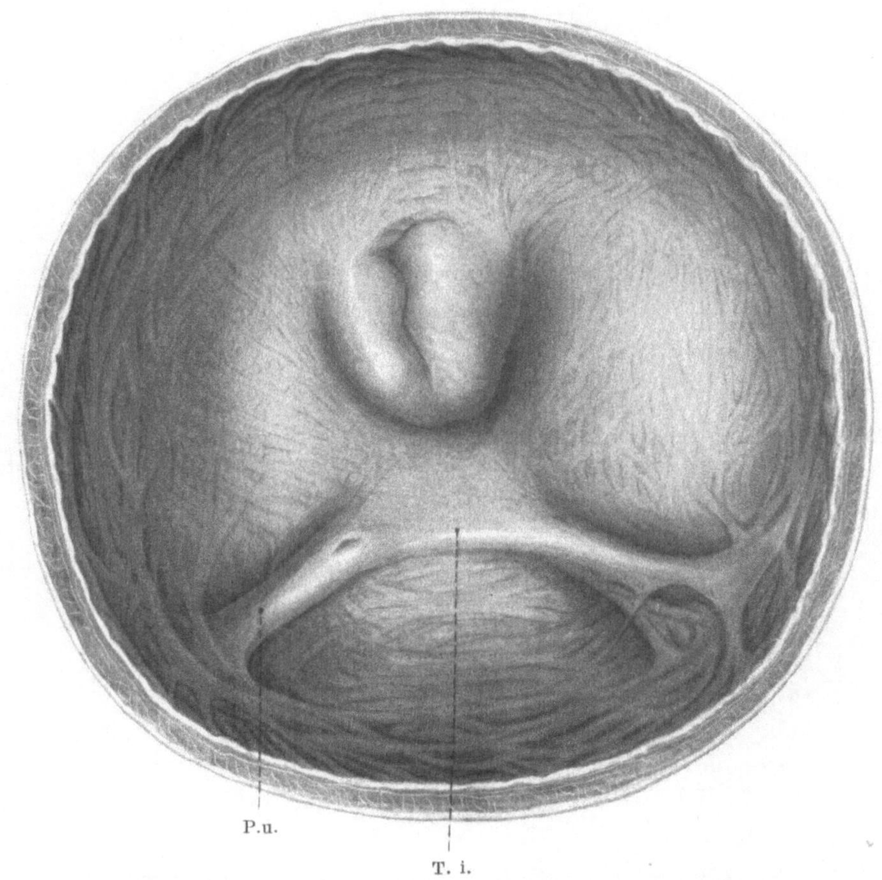

Abb. 27. Blasenteil der Prostatageschwulst die spaltförmige Harnröhrenmündung hufeisenförmig umgreifend. Blase abgekappt. Ansicht von oben.
P. u. = Plica ureterica. T. i. = Torus interuretericus.

Beim Einblick von oben her zeigt sich in der stark kranialwärts gerückten ebenen basalen Blasenfläche die Blasenmündung von einem halbkreisförmigen, nach vorne offenen plumpen Wulst begrenzt, der an seiner sakralen Seite die stärkste Vorwölbung zeigt, um von da allmählich nach vorne ins Niveau des Blasengrundes überzugehen. Die Blasenmündung ist ein sagittal gestellter Spalt, der mit seinem vorderen Ende etwas nach rechts abweicht (Abb. 27).

Das Trigonum zeigt eine sehr scharf über die Umgebung sich emporhebende Begrenzung nach hinten. Der Torus interuretericus ist zwischen den beiden normal gelagerten Harnleitermündungen stark gespannt. Jenseits der Mündungen setzt er sich als walzenförmiges Gebilde bis an die Seitenwand der Blase fort, wo er, in einzelne Muskelbündel sich auflösend, mannigfache Verbindungen mit der innersten Schicht der hypertrophischen Muskulatur

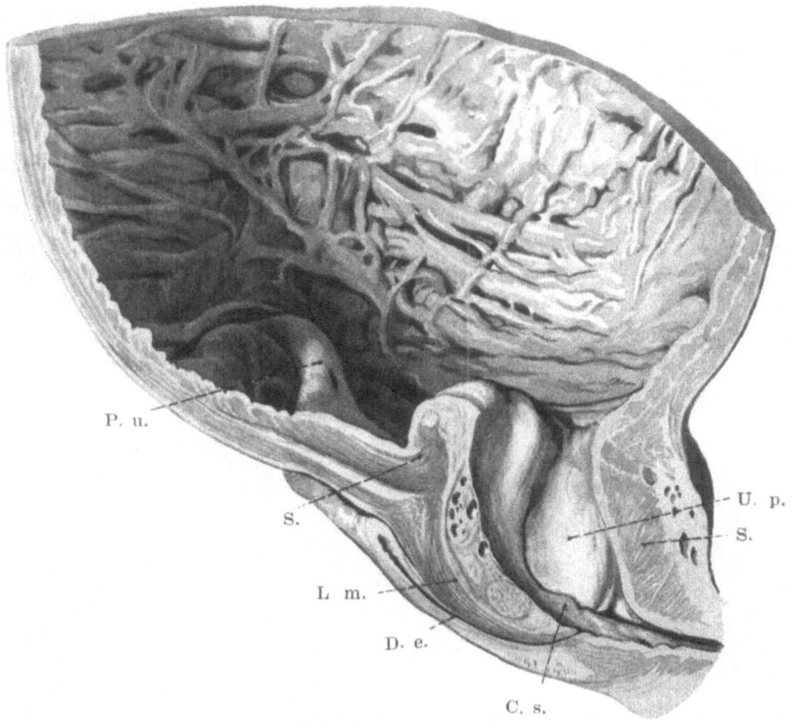

Abb. 28. Objekt der Abb. 27. Linke Hälfte am Medianschnitt.
C. s. = Colliculus seminalis. D. e. = Ductus ejaculatorius. L. m. = Lobus medius (komprimiert).
P. u. = Plica ureterica. S. = Musculus sphincter urethrae internus. U. p. = Urethra prostatica.

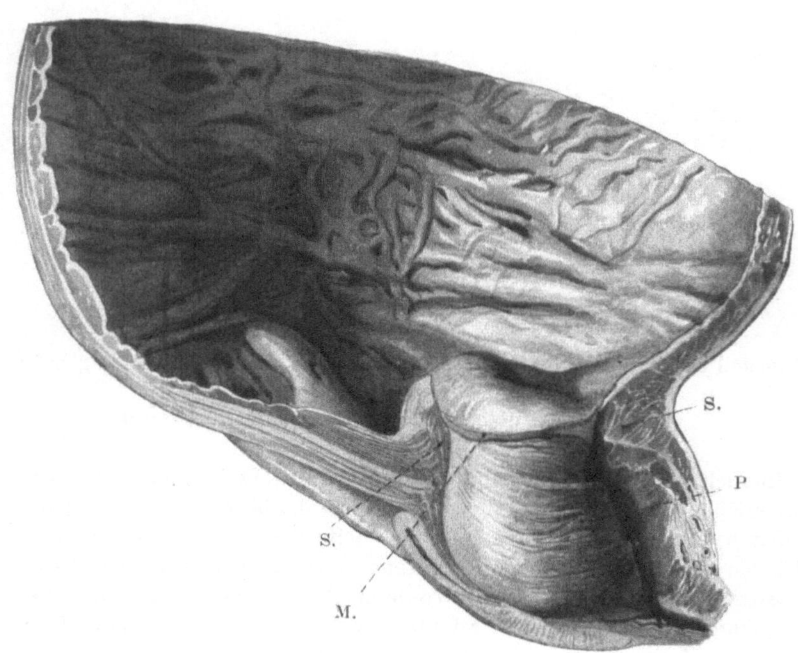

Abb. 29. Objekt der Abb. 27. Die enukleierte rechte Hälfte der Prostatageschwulst auf die linke Hälfte
aufgesetzt. Ansicht von rechts.
M. = Schnittrand der Schleimhaut. P. = Prostatageschwulst. S. = M. sphincter urethrae internus.

eingeht. Der jenseits der Mündungen gelegene Anteil des Torus beträgt rechts über 3 cm, links nahezu ebensoviel, die Distanz zwischen den beiden Harnleiterostien ca. 32 mm.

Am Sagittalschnitt (Abb. 28) ist die gegen die Blase zu trichterförmig klaffende, stark erweiterte Pars superior der prostatischen Harnröhre sichtbar. Diese ist sowohl im sagittalen, wie im queren Durchmesser mächtig ausgedehnt und gegen die Blase durch den gelappten, früher beschriebenen Wulst begrenzt, der von hinten her allmählich abdachend an der Sakralseite seine stärkste Höhe trägt. Jenseits des Colliculus wird die Harnröhre normal. Der Blasensphinkter ist gedehnt, er endet sakralwärts an der Basis des gegen die Blase prominierenden

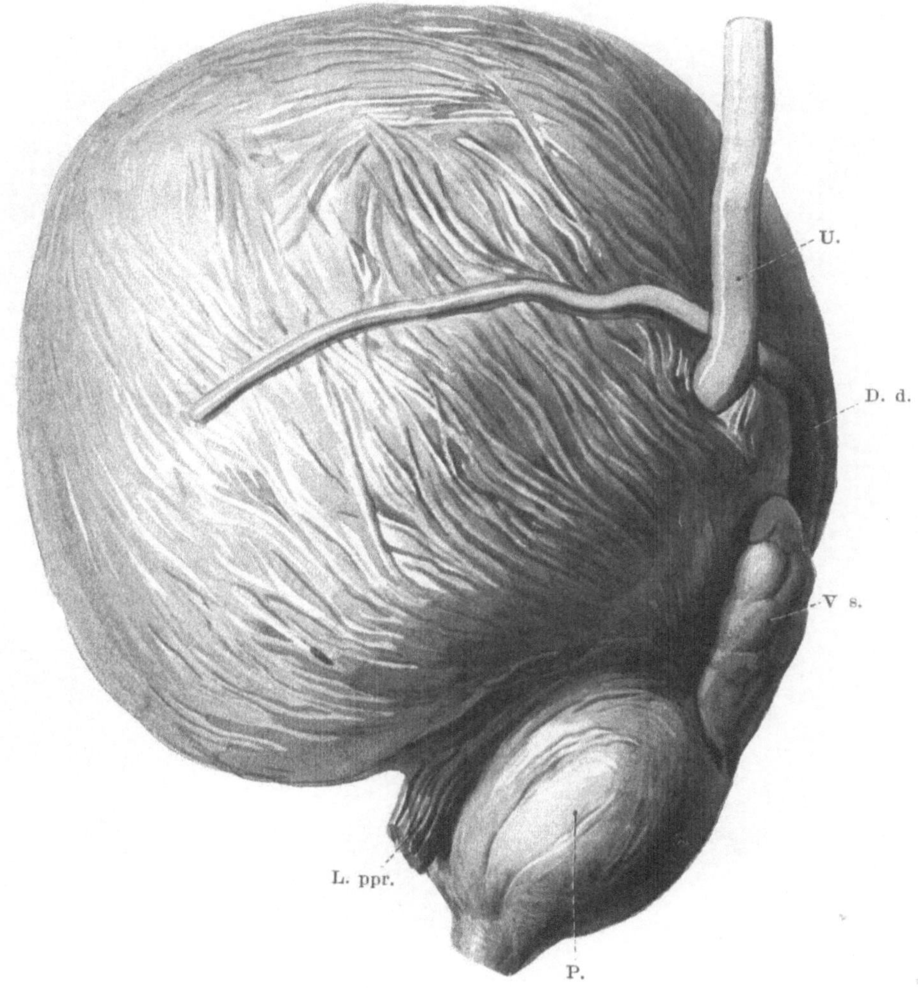

Abb. 30. Objekt der Abb. 27. Linke Hälfte von außen gesehen.
D. d. = Ductus deferens. L. ppr. = Lig. puboprostaticum. P. = Prostata. U. = Ureter. V. s. = Vesicula seminalis.

Wulstes, wo er an der Geschwulst eine Einschnürung erzeugt. An der Sakralseite reicht die Neubildung, die aus einzelnen Lappen mit zahlreichen Zystchen besteht, nicht bis an den Ductus deferens. Der Raum vor diesem ist durch eine mehrere Millimeter dicke, aus faserigem Gewebe bestehende Schicht ausgefüllt (komprimierter Lobus medius). Der Lobus posterior hinter dem Ductus deferens gleichfalls komprimiert. Vor der Harnröhre ist die Neubildung nicht sichtbar.

Die enukleierte, in ihre Nische eingefügte Prostatageschwulst ist plump walzenförmig, an ihrer Basis breiter als im vesikalen Anteil, trägt entsprechend der Sphinkterebene eine seichte Einschnürung (Abb. 29).

Von außen gesehen, ist die Prostata seitlich stark ausgebaucht; beide Harnleiter zeigen starke Dilatation und Hypertrophie der Wand (Abb. 30).

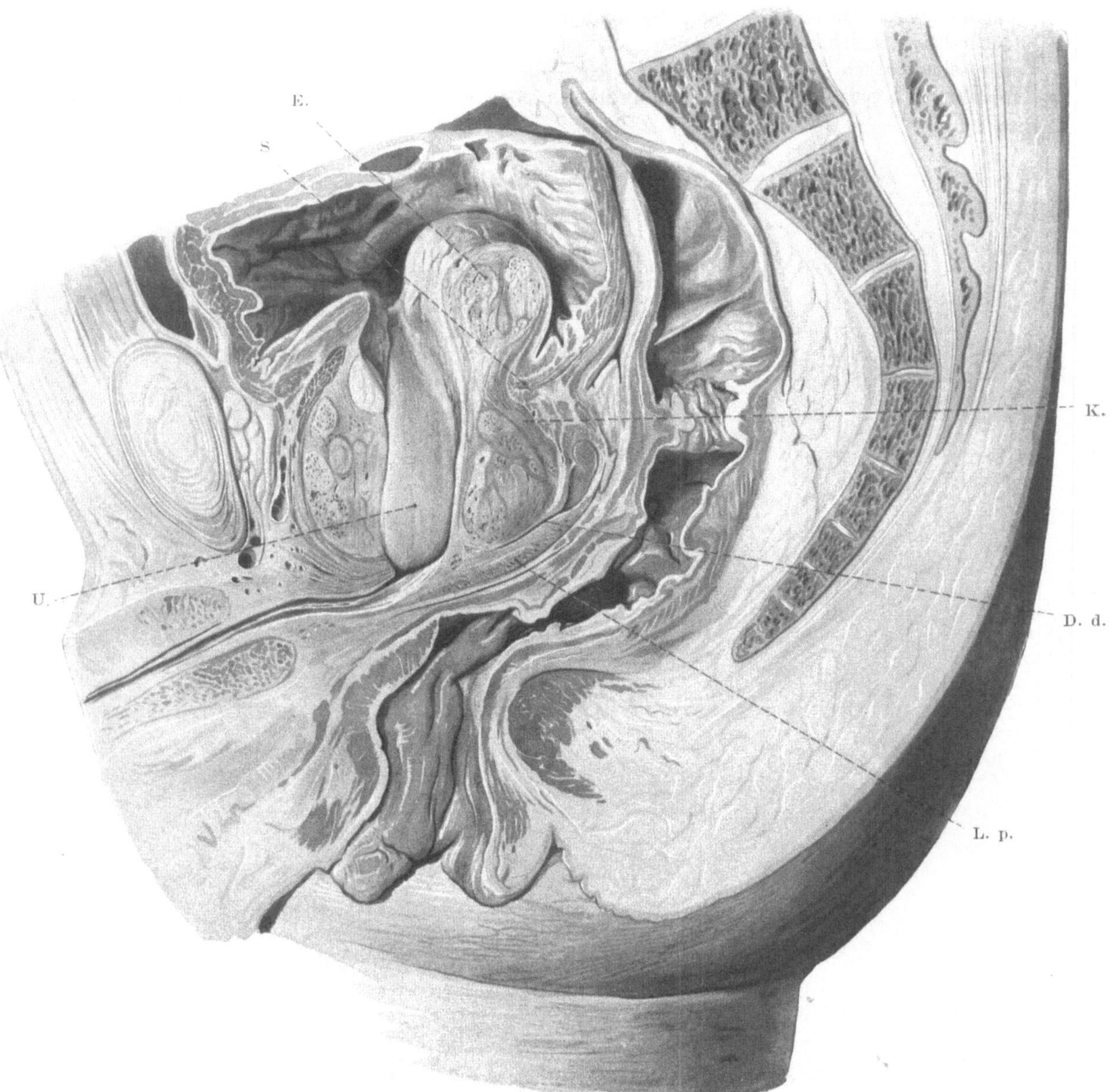

Abb. 31. Prostatageschwulst als gestielter Lappen in die Blase ragend. Medianschnitt, rechte Hälfte. D. d. = Ductus deferens. E. = Endovesikaler Geschwulstanteil. K. = Kapsel (komprimierter Lobus medius). L. p. = Lobus posterior. S. = Sphincter urethrae internus. U. = Urethra.

5. Prostatageschwulst in Form eines gestielten Lappens in die Blase ragend.
(Abb. 31, 32, 33.)

Mächtige Blasenhypertrophie mit Bildung ausgedehnter Divertikel. Der ganze basale Blasenanteil, der durch einen in den Hohlraum emporragenden Tumor fast in ganzer Ausdehnung erfüllt ist, ist in kranialer Richtung gehoben. Die Blasenmündung im Niveau des oberen Symphysenrandes gelegen, steht klaffend offen, und ist von der Sakralseite her von einer kugeligen, pflaumengroßen mit Schleimhaut bedeckten Geschwulst überlagert. Vorne im Niveau der Geschwulstbasis ist die Mündung von einer quergestellten Falte begrenzt.

Am Sagittalschnitt (Abb. 31) erweist sich diese, in die Blase ragende Bildung als das obere Ende einer mächtigen, im Becken sitzenden Geschwulst, die die Harnröhre ringförmig umgibt. Der sakral von der Harnröhre gelegene Geschwulstanteil ragt zapfenförmig in die Blase, während der ventral gelegene unter dem Sphinkter in der Höhe der Blasenmündung sein oberes Ende findet.

Wie die Beziehung der Geschwulst zum Ductus deferens erweist, steht sie mit der oberen prostatischen Harnröhre im Zusammenhang. Sie grenzt kreuzbeinwärts an den Ductus und endet oberhalb des Colliculus.

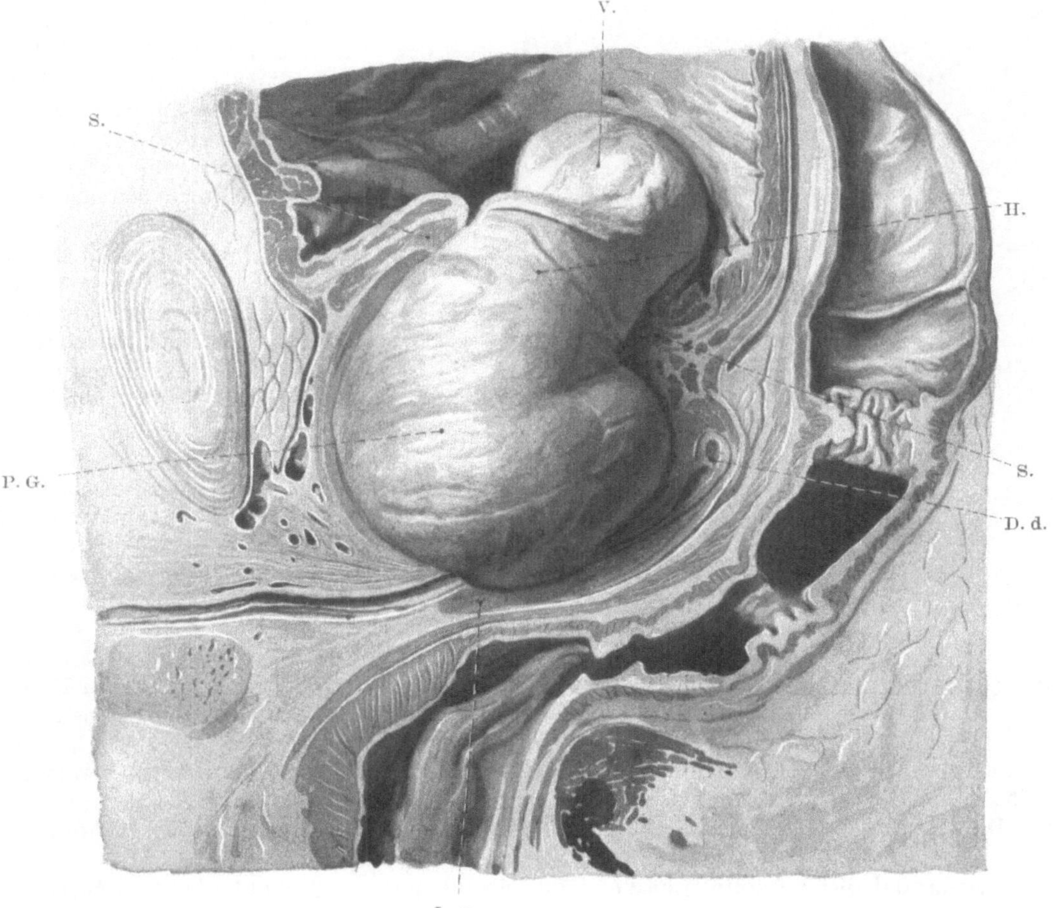

Abb. 32. Objekt der Abb. 31. Die ausgelöste linke Hälfte der Prostatageschwulst auf die rechte gelegt. D. d. = Ductus deferens. H. = Hals der Geschwulst. L. p. = Lobus posterior. P. G. = Prostatageschwulst. S. = Sphincter urethrae. V. = Vesikaler Anteil der Geschwulst.

Die Harnröhre zeigt einen vertikalen, gestreckten Verlauf, ist röhrenförmig, von der klaffenden Mündung bis zum Colliculus fast gleich breit, im antero-posterioren Durchmesser bis $1^1/_2$ cm messend.

Der sakral gelegene Anteil des Tumors ist etwa seiner Mitte entsprechend durch die tief einschneidende Muskulatur der Blase in zwei Teile, einen oberen vesikalen und einen unteren pelvinen Anteil geschieden. Diese Einschnürung durch den in seiner sakralen Hälfte gedehnten Sphinkterring gebildet, ist tief ausgeprägt und reicht nahe an die Harnröhre heran. Der sakrale Tumoranteil gewinnt auf diese Weise am Schnitte Sanduhrform.

An der vorderen Begrenzung ist der Sphinkter wohl gehoben, hat aber seine Lage über dem Tumor und seine Beziehung zur Mündung behalten. Die erwähnte quere Leiste an der vorderen Begrenzung des Orificium entspricht dem Annulus urethralis.

Der pelvine Anteil des Tumors ist durch eine, an der Muskulatur, entsprechend dem tiefen Einschnitt, beginnende faserige Kapsel von den Samenblasen geschieden; diese durch Drüsenreste als komprimiertes Prostatagewebe kenntliche Zone entspricht der Lage nach dem Lobus medius. Jenseits des Ductus und unter ihm gelegen ist die schmale hintere Kommissur der Prostatadrüse gleichfalls zur Kapsel komprimiert sichtbar. Gegen die Blase zu ist der Tumor nur mit verdünnter Schleimhaut bedeckt.

Die enukleierte Prostata (Abb. 32) zeigt unregelmäßige Birnform. Der pelvine Anteil ist der am mächtigsten entwickelte, und zeigt eine besonders starke kugelige Vorragung nach rückwärts und nach den Seiten. Die vordere, der Symphyse zugekehrte Fläche ist weniger stark gewölbt. Nach unten zu zeigt der Tumor eine konvexe Begrenzung. Der Blasenteil des Tumors, oberhalb der Sphinkterfurche ist zylindrisch an seinem oberen Ende kugelig und ist hier von Schleimhaut bedeckt.

Von außen präpariert ist die Prostata in allen Dimensionen vergrößert, namentlich sakralwärts ihrer unteren Hälfte entsprechend ausgebaucht. Von der Norm abweichend ist die Lage der Samenblasen und der Ductus deferentes; durch die sakrale Vorragung der Geschwulst, wie durch die Verbreiterung des zwischen Harnröhre und Ductus eingeschobenen Anteiles der Geschwulst sind die genannten Gebilde vom Blasengrunde abgehoben und gleichzeitig nach abwärts verdrängt (Abb. 33).

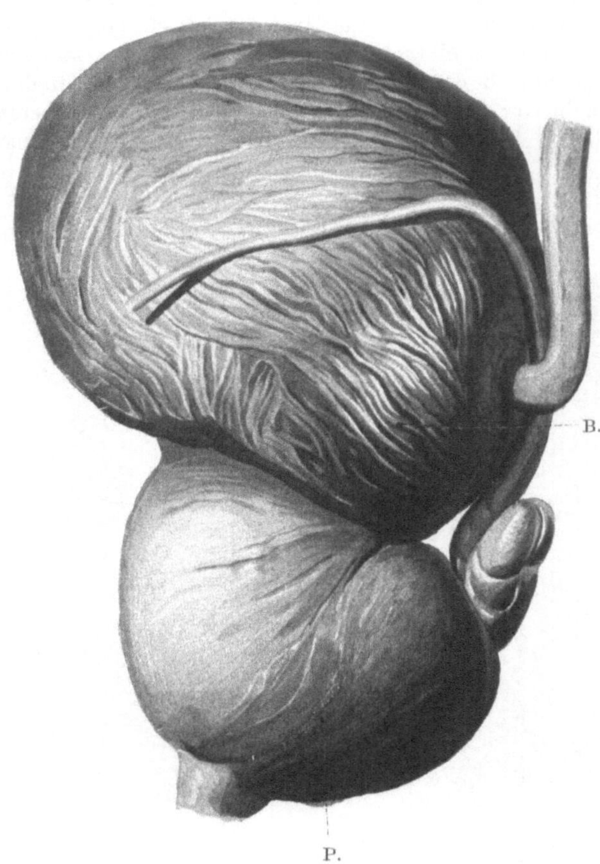

Abb. 33. Objekt der Abb. 31. Linke Hälfte von außen präpariert. — B. = Blase. P. = Prostata.

Die Harnleiter sind erweitert, in ihrer Wand verdickt; beide Nieren hydronephrotisch.

6. Blasenanteil der Prostatageschwulst aus drei Lappen aufgebaut, breit aufsitzend.
(Abb. 12, 34.)

Aus dem Krankenprotokoll: Wiederholte Harnretentionen, Schwierigkeiten der Katheterpassage, Blasenpunktion, Etablierung einer Blasenfistel, die später geschlossen wurde.

Beim Einblick von oben her zeigt sich die Y-förmige Blasenmündung, von drei flachen, kugeligen Erhabenheiten begrenzt. Die stärkste Vorragung, eine kirschengroße, kugelige Geschwulst sitzt in der Mittellinie. Seitlich davon ist beiderseits symmetrisch je eine flache Erhabenheit angelagert (vgl. Abb. 12).

Am Sagittalschnitt (Abb. 34) erweist sich die mediane Prominenz als der obere Anteil einer am Schnitte elliptischen Geschwulst, die, mit der oberen prostatischen Harnröhre verwachsen, oberhalb des Colliculus endet, nach oben hin die trigonale Schleimhaut und die Muskulatur der Blase als Decke trägt. Die Geschwulst zeigt groblappigen Aufbau, Drüsenfelder in einem zarten bindegewebigen Netze. Nach rückwärts ist die Geschwulst in ein faseriges Gewebe eingebettet. Gegen die Harnröhrenschleimhaut fehlt eine solche Abgrenzung.

Die obere prostatische Harnröhre ist mächtig erweitert, gerade gestreckt und sakralwärts gerichtet. Vor der prostatischen Harnröhre, im Raume zwischen dieser und der Symphyse ist nichts von einer drüsigen Prostatageschwulst sichtbar.

Hinter und unterhalb der Geschwulst, ist zwischen dieser und dem Mastdarm der Durchschnitt je einer schmalen langgestreckten Drüsenmasse sichtbar, die als Reste der durch Druck
reduzierten Lobus medius und posterior anzusehen sind.

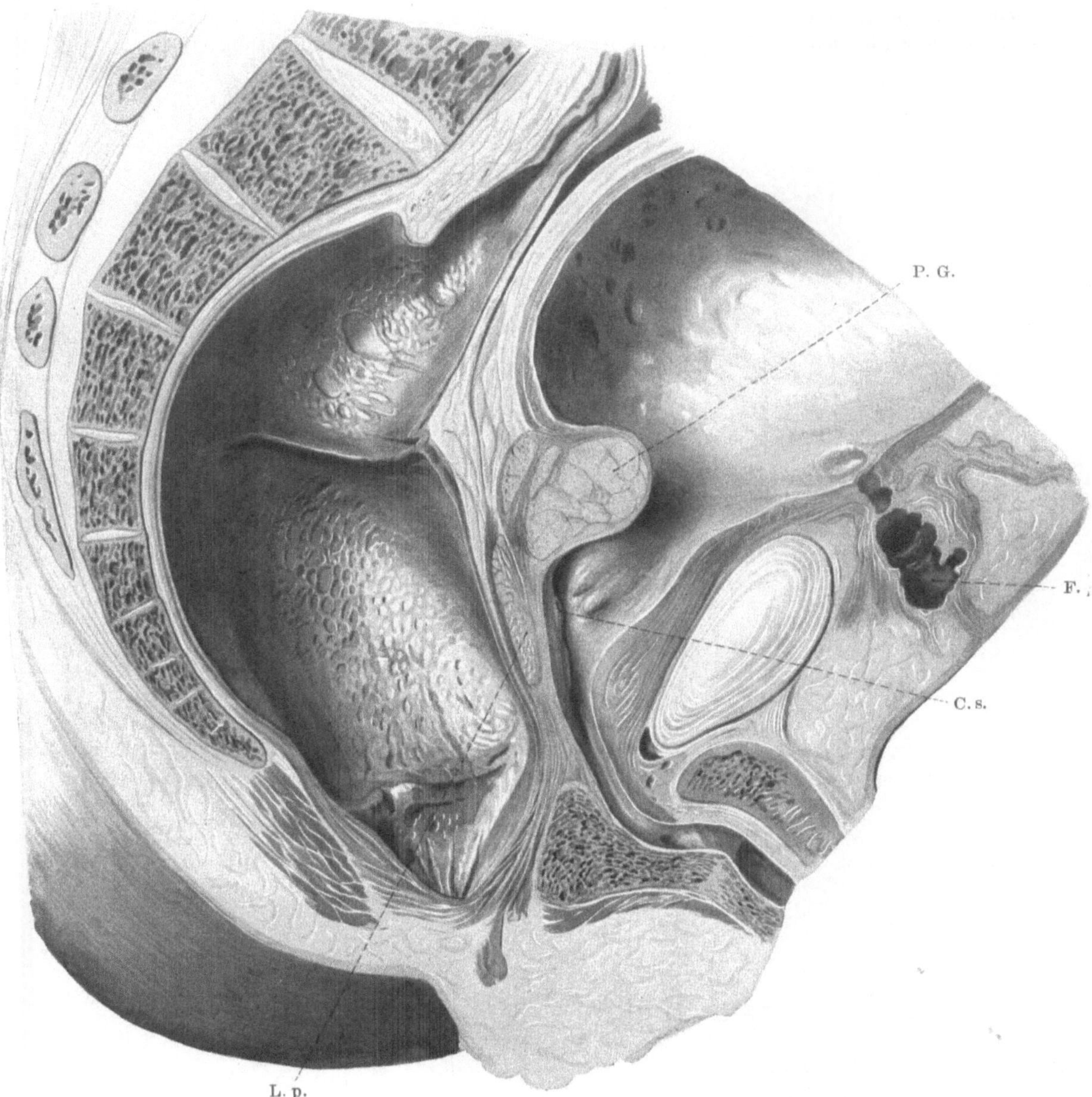

Abb. 34. Prostatageschwulst dreilappig in die Blase ragend. Medianschnitt, linke Hälfte.
C. s. = Colliculus seminalis. F. = Blasenfistel. L. p. = Lobus posterior. P. G. = Vesikaler Anteil der
Prostatageschwulst.

In der vor der Blase, oberhalb der Symphyse gelegenen Wand der Bauchdecke eine röhren-
förmige unregelmäßig begrenzte, in Narben eingebettete Abszeßhöhle.
Die ausgeschälte Geschwulst besteht aus drei Anteilen, einem mittleren und zwei mit diesem
zusammenhängenden, seitlichen Teilen ohne vordere Kommissur (vgl. Abb. 20).

7. Prostatageschwulst als breitbasig aufsitzender Zapfen in die Blase ragend. Die spaltförmige Mündung an der vorderen Abdachung der Geschwulst. (Abb. 35, 36.)

Mächtige Hypertrophie der Blasenwand ausnahmsweise vorne stärker ausgebildet, mit starker Trabekelbildung. Der Blasenfundus in toto gehoben, aus demselben erhebt sich in Form eines stumpfen, breit aufsitzenden Kegels eine Geschwulst, die an ihrer, der Symphyse zugekehrten Abdachung die spaltförmige, sagittal gestellte weitklaffende Blasenmündung trägt.

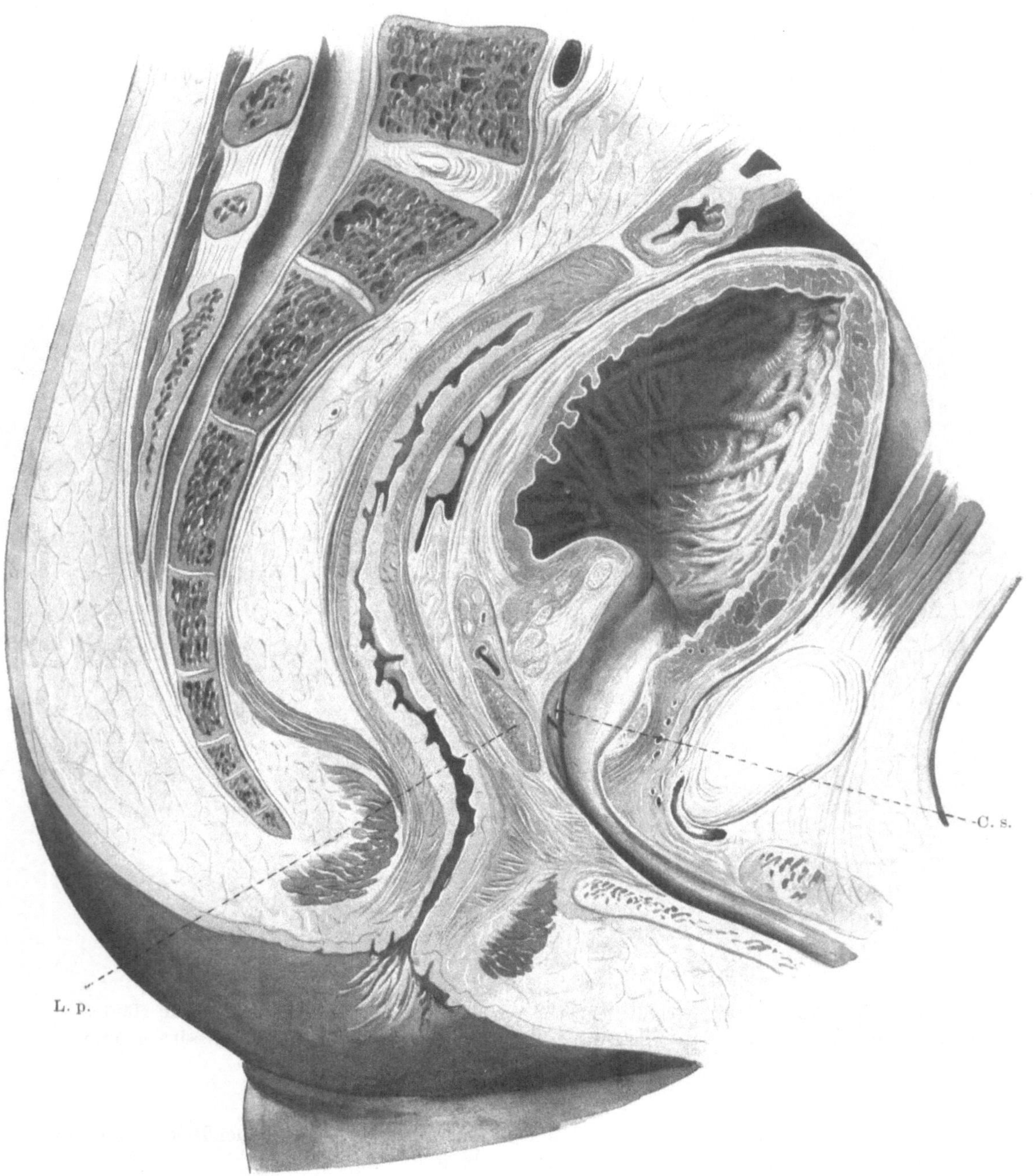

Abb. 35. Zapfenförmige Pars vesicalis der Prostatageschwulst. Medianschnitt, linke Hälfte.
C. s. = Colliculus seminalis. L. p. = Lobus posterior. Sonde im Ductus ejaculatorius.

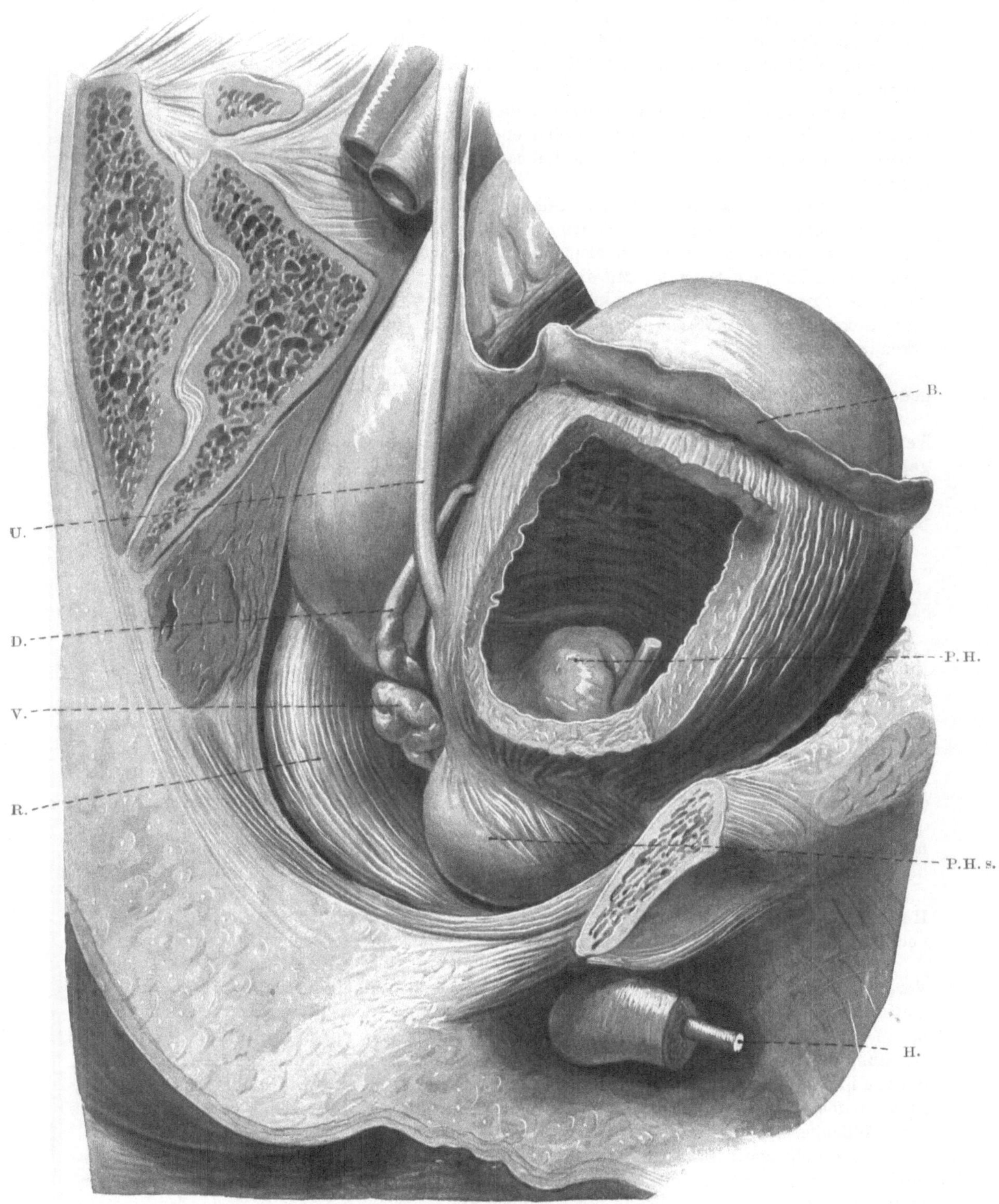

Abb. 36. Zapfenförmig in die Blase ragende Prostatageschwulst. Ansicht der topographischen Verhältnisse nach Entfernung der rechten Beckenwand.

B. = Bauchfellgrenze. D. = Ductus deferens. H. = Harnröhre. P. H. = Blasenteil der Geschwulst.
P. H. s. = Subvesikaler Anteil. R. = Rektum. U. = Ureter. V. = Samenblase.

Am Sagittalschnitt (Abb. 35) erscheint dieser Tumor als der oberste Anteil einer die Pars superior der prostatischen Harnröhre umgebenden, in die Prostata eingebetteten Geschwulstmasse, die an der sakralen Begrenzung der Harnröhre breiter, der vorderen Wand entsprechend nur als schmale Zone angedeutet ist. Gegen die Blase zu ist die Geschwulst von Schleimhaut und einer dünnen Muskelschicht gedeckt. Mit der Harnröhrenschleimhaut ist die Geschwulstmasse verwachsen.

An der Sakralseite ist die Aftermasse stellenweise 2 cm breit, vor der Harnröhre ist sie nur als schmale Zone vorhanden. Nach abwärts endet der Tumor knapp am Colliculus. Zwischen Prostatageschwulst und dem schmalen Lobus posterior sind Samenblase und Ductus deferens sichtbar.

Von außen her ist (Abb. 36) der vesikale Anteil der Prostatageschwulst plastisch durch ein in die Seitenwand der Blase geschnittenes Fenster freigelegt. Man sieht die durch eine Sonde markierte Mündung und kann feststellen, daß diese weit über der zwischen Blase und Prostata vorhandenen Furche gelegen ist. Mit dieser Furche setzt sich der extra- resp. subvesikal gelegene Anteil der Prostatageschwulst, der kugelig nach der Seite ausladet, gegen den stark verjüngten intravesikal gelegenen Abschnitt ab. Die Birnform des ganzen Organs ist in dieser Ansicht erkennbar.

Die eingeschnürte Partie zwischen vesikalem und subvesikalem Anteil entspricht dem gedehnten Sphinkterring.

Die enukleierte Prostata zeigt dementsprechend eine stark basale Ausladung und konische Verjüngung nach oben. Sie ist ringförmig um die Harnröhre geschlossen, die, exzentrisch gelagert, ganz gerade verlaufend, näher der vorderen Begrenzung gelegen ist.

8. Mächtige das Becken ausfüllende Geschwulst als großer die Symphyse überlagernder Zapfen in die Blase ragend, Harnröhrenmündung auf der Höhe des Tumors.
(Abb. 37, 38, 39, 40.)

67 Jahre alter Mann mit stark überdehnter Blase, schwerer Infektion der Harnwege. Urosepsis.

Bei der Besichtigung des Beckeninnern von obenher fällt zunächst der Hochstand des Blasenscheitels auf. Blasenscheitel und Körper der Blase sind vorne weit mit Bauchfell überzogen, so daß zwischen Bauchwand und Blase ein tiefer peritonealer Spalt besteht. Die Umschlagstelle liegt ober dem Symphysenrande. Das Cavum Douglasi ist durch Verschiebung der Blase gegen das Os sacrum in einen engen tiefen Spalt umgewandelt.

Am Sagittalschnitte (Abb. 37) zeigt sich, daß die in ihrer Wand mächtig verdickte Blase vollkommen in der Bauchhöhle liegt, da das Orificium vesicae oberhalb der Eingangsebene des Beckens gelegen ist. Der Beckenraum selbst ist von einer mächtigen Geschwulst eingenommen, die im Bereiche der Prostata eine Längsausdehnung von 9 cm und eine Tiefendimension von 6,5 cm aufweist. Der Tumor ragt gegen die Blase als abgerundeter Zylinder vor und wird gegen diese durch eine nach hinten steil, nach vorne und den Seiten sanfter abfallende Fläche begrenzt.

Auf der Schnittfläche erscheint der Tumor deutlich gelappt und enthält in seiner unteren Hälfte einen größeren mit glatter Wand ausgekleideten Hohlraum; ähnliche kleinere finden sich auch im oberen Anteil. Sonst verschiedentlich innerhalb der Läppchen kleinere Zysten.

Die Hauptmasse des Tumors ist am Sagittalschnitt sakral von der Harnröhre sichtbar, an der Vorderwand der Harnröhre sind nur einzelne Läppchen vorhanden. Die Urethra ist ein weitklaffender Spalt, dessen Zugang über dem Symphysenniveau liegt. Sie stellt von der Mündung bis an den Colliculus ein 8 cm langes, gestrecktes Rohr dar. In der Beckenführungslinie an der Mündung der Ductus ejaculatorii wendet sie sich in einem Winkel von ca. 100 Grad nach vorne, um von hier aus sich rasch verjüngend in einer Strecke von ca. 3 cm zum Diaphragma urogenitale zu verlaufen. Am Orificium internum mißt die Harnröhre in sagittaler Richtung 2 cm, über dem Colliculus 3 cm.

Die Geschwulstmasse begrenzt sich nach unten scharf an der Wand der Ductus ejaculatorii, an die sie dicht heranreicht. Hinter und unterhalb dieser, der unteren prostatischen Harnröhre angelagert findet sich der zu einer dünnen Platte gedehnte Lobus posterior der Prostata, welcher, am Sagittalschnitte ein schmales dreieckiges Feld darstellend, mit seiner unteren Spitze gegen die Pars membranacea ausläuft.

Folgt man der vorderen Blasenwand beckenwärts, so kann man die Muskellagen der Blase gegen die dem vorderen prostatischen Halbring angehörende Muskulatur nicht deutlich sondern.

An der Hinterwand der Blase läßt sich die Muskulatur etwa bis an die Mitte des Tumors verfolgen,
wo sie in stark reduzierter Schicht mit der Schleimhaut des Blasengrundes über den Tumor
gebreitet ist.

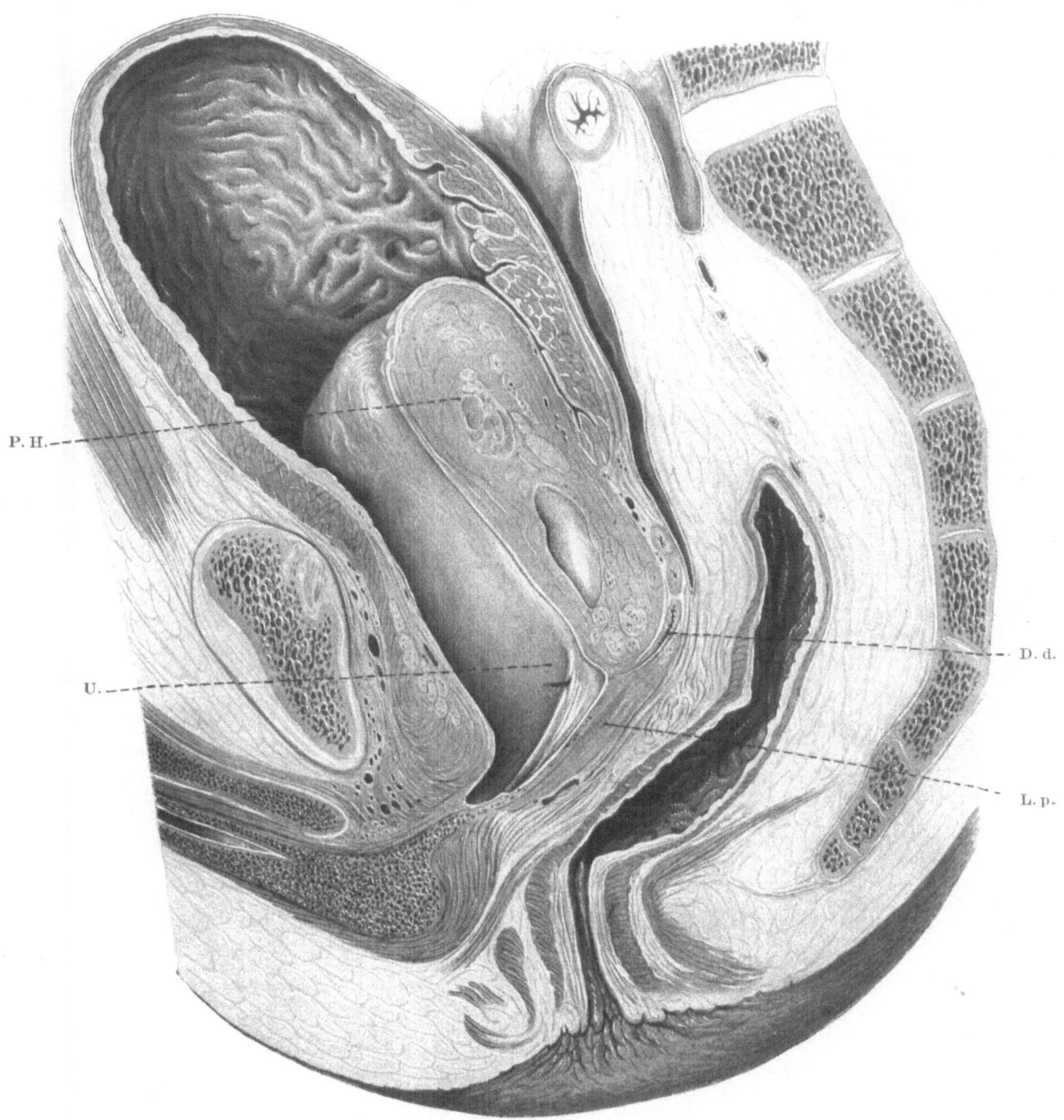

Abb. 37. Mächtige Prostatageschwulst weit in die Blase ragend. Medianschnitt, rechte Hälfte.
D. d. = Ductus deferens.   L. p. = Lobus posterior.   P. H. = Pars vesicalis der Prostatageschwulst.
U. = Urethra.   Sonde im Ductus deferens.

Die ganze der Blase zugekehrte Fläche des Prostatatumors ist von Blasenschleimhaut
gedeckt, die vom Tumor in einer lockeren submukösen Schicht sich stumpf lösen läßt. Von
der Grenze des oberen und mittleren Drittels der Harnröhre angefangen, ist die Schleimhaut

untrennbar mit dem Tumor verbunden. In der Harnröhrenlichtung ist die Grenze des unteren Pols der Geschwulst nicht sichtbar. Nach rückwärts zu gegen Samenblasen und Ductus deferens ist eine lockere Zellgewebsschicht als Grenze vorhanden.

Nach Umschneidung der Blasenmündung und Abhebung der Schleimhaut vom Tumor läßt sich dieser im Zusammenhange mit der veränderten Harnröhre stumpf aus seiner Umgebung

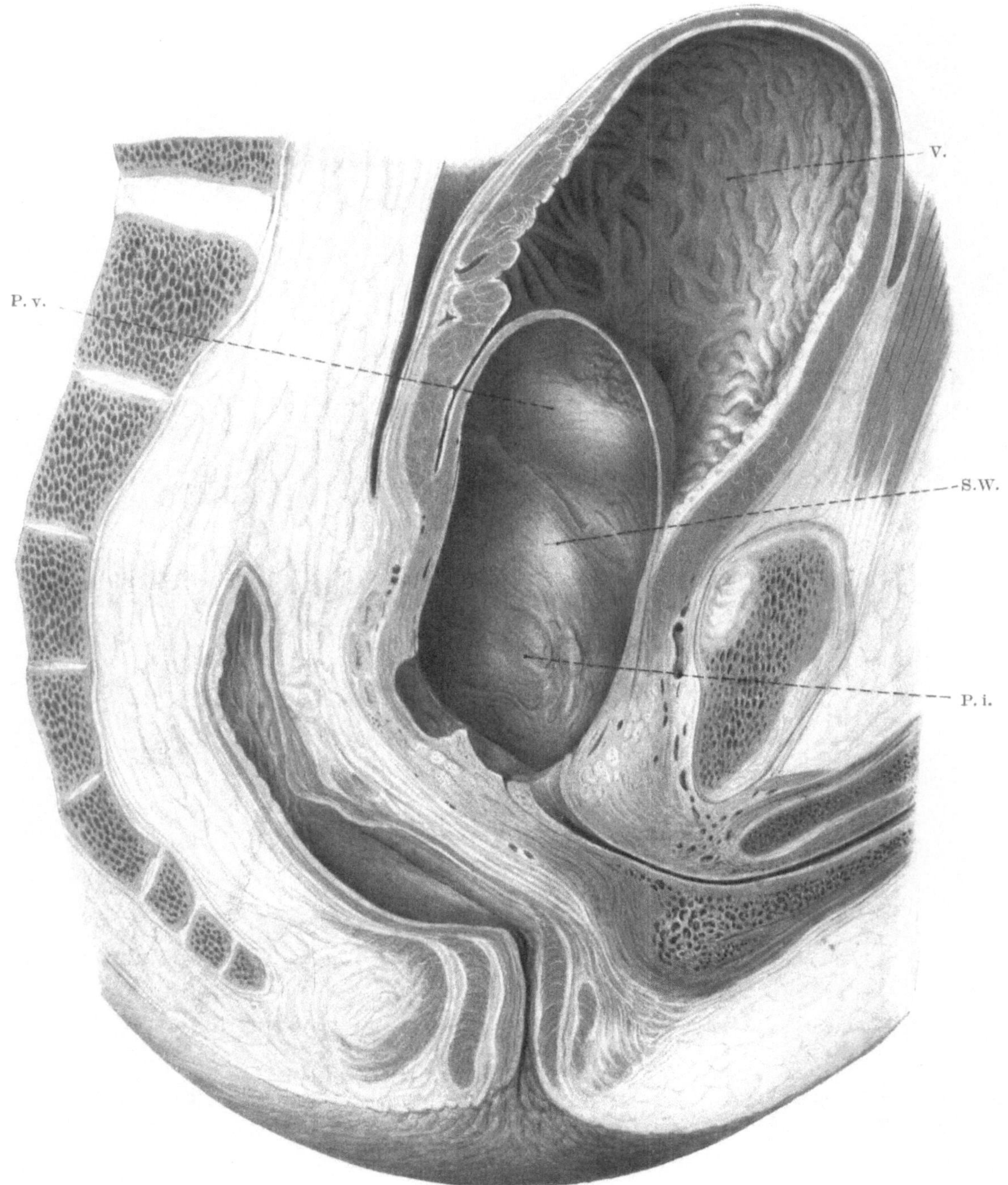

Abb. 38. Objekt der Abb. 37. Linke Hälfte, an welcher die Prostatageschwulst enukleiert wurde.
P. i. = Einlagerungsstelle der Pars subvesicalis der Geschwulst. P. v. = Einlagerungsstelle der Pars vesicalis der Geschwulst. S. W. = Sphinkterwulst. V. = Blase.

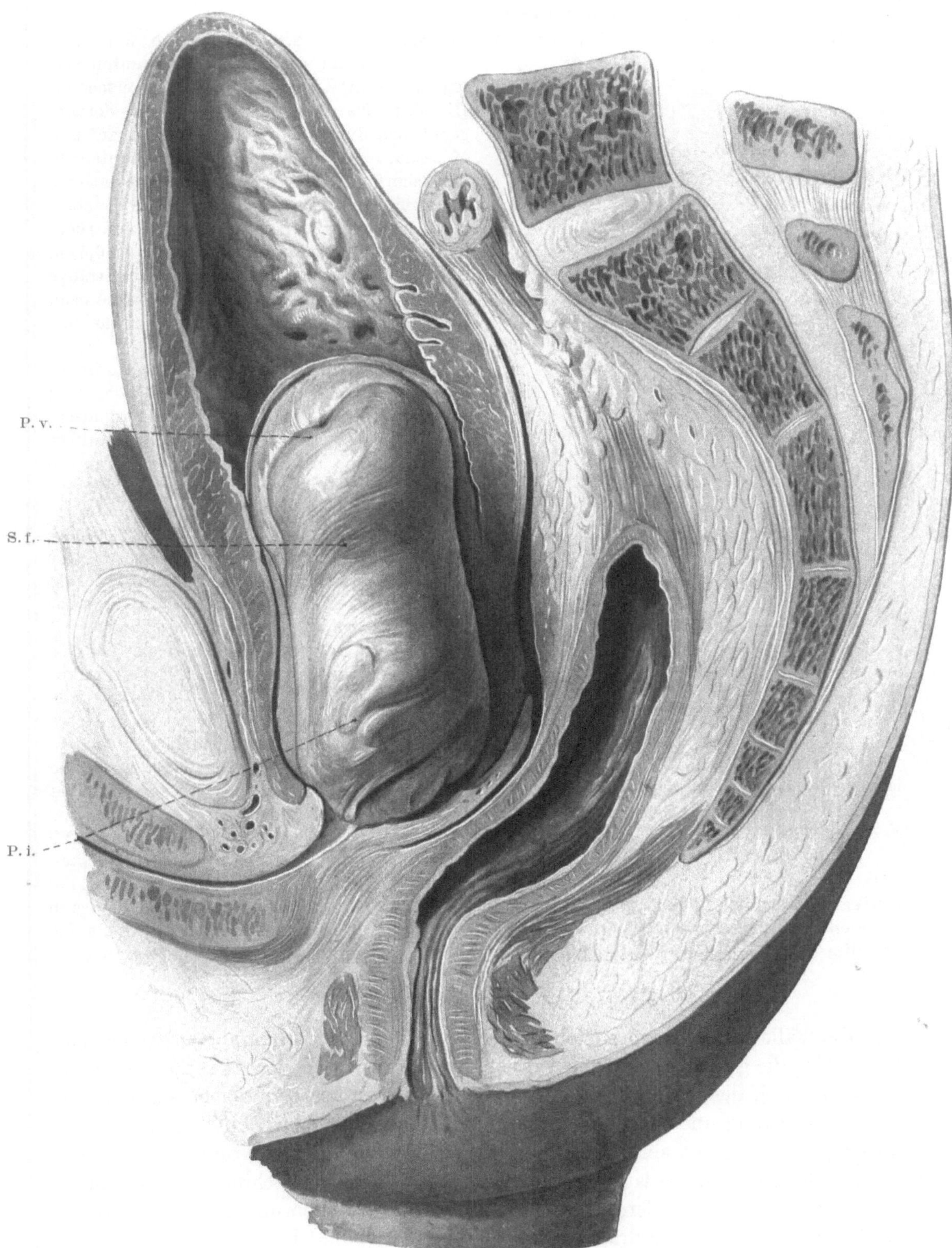

Abb. 39. Objekt der Abb. 37. Die linke enukleierte Geschwulsthälfte auf die rechte aufgesetzt.
P. i. = Pars subvesicalis der Geschwulst. P. v. = Pars vesicalis der Geschwulst. S. f. = Sphinkterfurche.

auslösen, bis er nur durch die Pars inferior der prostatischen Harnröhre fixiert, sich nach querer Durchtrennung derselben entfernen läßt.

Nach der Prostataenukleation resultiert eine glattwandige Nische, die (Abb. 38) durch eine von hinten oben nach vorne unten verlaufende Kante in zwei Teile geteilt erscheint. Die obere Wand der Nische wird von der abgehobenen dünnen trigonalen Schleimhaut und Muskulatur gebildet, während nach unten zu die scharfe Absetzung gegen die prostatische Harnröhre sichtbar ist. Die Kapsel der Prostata ist in ihren mittleren Anteilen vorne und rückwärts am stärksten, stellenweise bis zu 0,5 cm dick, in der Nische zeigen sich zirkuläre Stränge von glatter Muskulatur. Die Verhältnisse nach Einfügung des Tumors in die Wundnische veranschaulicht Abb. 39.

Bei der Präparation von rückwärts findet man die Harnleiter vom extravesikalen Teil beginnend stark gedehnt und hypertrophisch. Der intramurale Anteil ist verlängert, im Kaliber enge. Während bei der Präparation bis an die Harnleitermündung die Auslösung der Blasenwand leicht vor sich geht, ist dies kaudalwärts dieser Zone nicht mehr der Fall. Mächtige Bindegewebs- und Muskelbündel strahlen aus der Nachbarschaft in die Kapsel der Prostata ein. Es sind dies verdickte Anteile der Fascia endopelvina, speziell des Ligamentum ischioprostaticum. Ebenso ist die kraniale Faszie des Levator ani verdickt und mit der Außenfläche der Prostata fast unlösbar verbunden. Die faszielle Bedeckung der Vesiculae seminales ist in derbes schwieliges Gewebe umgewandelt.

Die exstirpierte Prostata (Abb. 40), ein in der Mitte etwas eingeschnürtes, walzenförmiges Gebilde, hat eine Länge von $9^{1}/_{2}$ cm und eine Breite von 6 cm, eine Tiefe von $4^{1}/_{2}$ cm. Die ganze Masse ist ringförmig um den gestreckten Kanal der Harnröhre angeordnet. Am oberen Pol

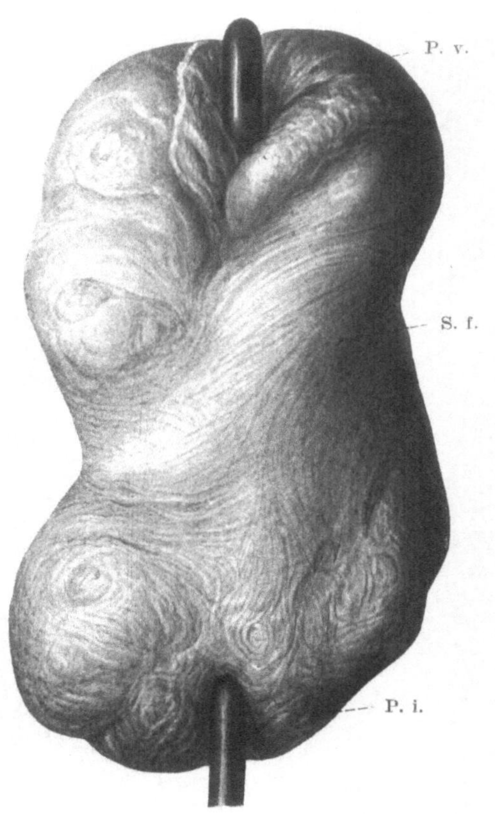

Abb. 40. Objekt der Abb. 37. Die ganze enukleierte Geschwulst von vorne gesehen. Durch die Harnröhre ist ein Katheter gezogen.
P. i. = Pars infravesicalis.　P. v. = Pars vesicalis.
S. f. = Sphinkterfurche.

(vesikaler Zapfen) ist die Schleimhautschnittfläche sichtbar. Der untere Pol zeigt gleich dem oberen Ende eine stärkere Ausladung. Am Querschnitt zeigt sich die Harnröhre als sagittaler Spalt, um den die Geschwulstmasse ungleichmäßig in größerer Ausdehnung sakralwärts angeordnet ist.

B. Zweiter Typus.

Die Fälle dieser Gruppe stellen eine Kategorie der Prostatahypertrophie dar, bei welcher die ganze Geschwulstmasse subvesikal gelegen ist. Die Blasenbasis ist durch den, kranialwärts gewachsenen Tumor im ganzen gehoben, doch so, daß die Mündung und ihr Muskelapparat an sich und in ihrer Beziehung zueinander unverändert geblieben sind. Im Gegensatz zu den Fällen der Gruppe I findet hier keine Dehnung und Verlagerung des Sphinkter, kein Einwachsen der Geschwulst in die Blase statt. In den sonstigen Charakteren wie Ursprung an der oberen prostatischen Harnröhre, Verdrängung der Prostatadrüse und Umwandlung zur Kapsel besteht Übereinstimmung.

Der Blasengrund ist je nach der Größe der prostatischen Geschwulst eine ebene Fläche. Es fehlt der Recessus retroprostaticus und die Mündung, die ventral oder dorsal verschoben sein kann, ist im Niveau der Umgebung gelegen. Sie ist ein seichtes Grübchen mit etwas wulstigem Rande, zu welchem radiär einige Schleimhautfalten ziehen. Der eindringende Finger findet am engen Sphinkter einen deutlichen Widerstand. Als Folgen der Harnstauung sind die Erscheinungen der Hypertrophie am Detrusor wie am Trigonum in der bekannten Form vorhanden.

Die Prostatahypertrophie ist stets auf den oberen Teil der prostatischen Harnröhre beschränkt. Die Tumormasse ist in allen Fällen ringförmig um die Harnröhre angeordnet. Ihre vordere Begrenzung ist flacher, während der sakrale Anteil stärker ausladend gefunden wird.

Die Harnröhre erleidet durch den wachsenden Tumor im Raume von der Mündung bis zum Colliculus gewisse Veränderungen. Sie wird durch den blasenwärts wachsenden Tumor in die Länge gezogen, gerade gestreckt und aus ihrer Richtung gedrängt, indem sie entweder vertikal- oder sakralwärts verläuft. Das Wachstum der seitlichen Anteile des Tumors verbreitert das Harnrohr im anteroposterioren Durchmesser.

Die subvesikale Geschwulst zeigt ausgelöst ovoide oder Kugelform. Am oberen Ende trägt sie die unveränderte Blasenmündung, die nach der Lage des Sphinkters der anatomischen Mündung entspricht.

Während bei den Fällen vom Typus I die Blasenmündung von verlagerter Schleimhaut des Blasengrundes gebildet und der Sphinkterring aus seinem Situs verdrängt ist, finden wir hier die Muskulatur und Schleimhaut unverändert, so daß die Mündung auch anatomisch dem Übergange der Blase in die Harnröhre entspricht.

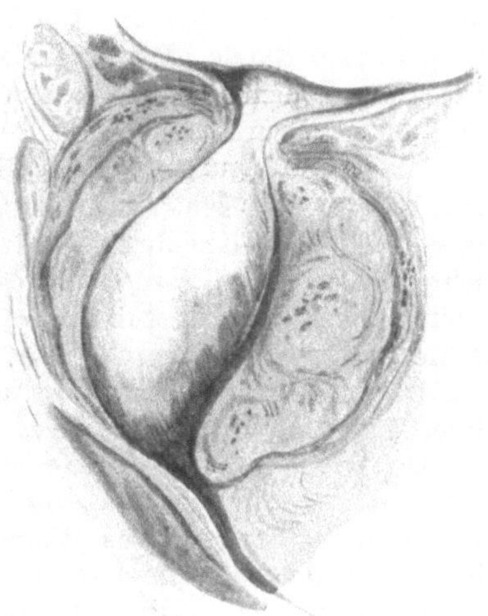

Abb. 41. Verhalten der Kapsel bei Fällen des zweiten Typus.

Die Prostatadrüse ist normalerweise an die Unterseite der basalen Muskulatur, namentlich an die Unterfläche des Trigonum bis an die Mündung fixiert. Bleibt diese beim Wachsen der Geschwulst unverändert, so wird ein gedehnter Teil der Prostatadrüse als Kapsel auch den kranialen Anteil der Prostatageschwulst decken. Während also bei Prostatahypertrophie vom Typus I der in die Blase eingewachsene Tumor nur von Schleimhaut gedeckt ist, finden wir hier außer Schleimhaut auch die Muskulatur und eine Schicht Prostatagewebe über der Geschwulst gelegen (Abb. 41).

Es wird hier die Form der Kapsel eine andere sein als beim Typus I. Bei diesem ist sie becherförmig, wobei die obere weite Öffnung dem gedehnten Sphinkterring entspricht. Beim Typus II ist die Kapsel ein abgeschlossener Hohlraum, der am oberen Ende entsprechend dem Orificium urethrae eine kleine, enge Lücke trägt.

In der Wand der Kapsel sind die Reste der komprimierten Lobus medius, posterior und anterior in verschiedener Stärke vorhanden. Die Kapsel endet am freien Rande des Sphinkter.

Wir finden die kugelige subvesikale Prostatageschwulst in allen Größen von Haselnuß- bis Gänseeigröße; jede derselben vermag Stauungen schwerster Art hervorzurufen. Die Ursache der Harnstauung in diesen Fällen kann nicht in der Umbildung der Blasenmündung gelegen sein, die keine Veränderung gegenüber der Norm aufweist. Das mechanische Hindernis liegt jedenfalls tiefer in der Harnröhre, die, von starrem Gewebe umwachsen, ihre Geschmeidigkeit eingebüßt und dem Spiele der Muskulatur zur Offenhaltung der Harnröhre während der Miktion hemmend entgegentritt.

Beschreibung einiger Fälle des zweiten Typus.

1. Subvesikale, ringförmig um die Harnröhre angeordnete Hypertrophie der Prostata. Hebung des Blasenbodens ohne Deformation der Mündung und des Sphinkters. (Abb. 42.)

Die Harnblase (Abb. 42), stark gedehnt, überragt mit ihrem oberen Teile das Promontorium, sie ist im Fundus gegen das Kreuzbein stark ausgebaucht, ihre Wände sind verdickt und die Muskulatur springt blasenwärts in deutlichen Zügen vor. Der Blasenboden ist kranialwärts verschoben und in eine Fläche umgewandelt, die den praetrigonalen Anteil, die Mündung und das Trigonum in sich faßt. Die Blasenmündung ist eine grubige, etwas klaffende Vertiefung mit plumpem Rande. Die Muskulatur der Blase reicht bis an den freien Rand der Mündung; diese ist von dem unveränderten Sphinkter begrenzt. Die Blasenmündung liegt 3 cm oberhalb der LANGERschen Linie.

Die Verdrängung des Blasenbodens nach aufwärts ist durch eine Vergrößerung der Prostata bedingt. Im Zentrum dieses Organs sitzt rings um die Harnröhre geschlossen eine knollige Masse, die, vom Colliculus bis zur Blasenmündung reichend, sakralwärts die Ductus deferentes nicht überschreitet. Vorne stellt die Geschwulst eine 1 cm dicke Zone dar. Am unteren Ende verjüngt sich die Geschwulstmasse, während sie kranialwärts plumprandig endet. Am Schnitte ist die knollige Masse durch Farbe und Gefüge deutlich gegen die peripheren Anteile der Prostatadrüse geschieden und zeigt zahlreiche Durchschnitte von Drüsen. Der Lobus posterior, hinter dem Ductus deferens gelegen, ist 5 mm dick.

Die prostatische Harnröhre ist 3 ¹/₂ cm lang. Die Verlängerung betrifft nur die 3 cm lange Pars superior, in welchem Abschnitt die Geschwulst sitzt und mit der Schleimhaut der Harnröhre verwachsen ist. Das Wurzelstück der prostatischen Harnröhre verläuft gerade nach hinten unten. In stumpfem Winkel schließt sich der peripher vom Colliculus gelegene Anteil und die Pars membranacea an. (Das Längenverhältnis der einzelnen Harnröhrenteile zueinander ist von der Norm abweichend. Die Pars superior ist 3 cm, die Pars inferior der prostatischen Harnröhre 0,5 cm lang. Die Distanz vom Colliculus bis zum tiefsten Punkt des Bogens der Harnröhre beträgt 2 cm. Unter normalen Verhältnissen überwiegt die Länge des peripheren Stückes vom Colliculus bis zum genannten Punkte jene der Pars superior nahezu um das Doppelte.)

Die Präparation von der Seite her zeigt unterhalb der Blase die vergrößerte kugelig gedehnte extravesikal gelegene Prostata. In scharfer Grenze sind Prostata und Blase voneinander geschieden. Die Grenzfurche entspricht der Sphinkterebene und liegt im Niveau des Orificium internum der Blase.

2. Subvesikale, die Harnröhre ringförmig umgebende, knollige Hypertrophie der Prostata, mit Hebung des Blasenbodens ohne Dehnung des Sphinkter und ohne Deformierung der Blasenmündung. (Abb. 43.)

Die stark gedehnte Blase überragt (Abb. 43) mit ihrem oberen Pol beträchtlich die Symphyse; das Bauchfell geht im Niveau des oberen Symphysenrandes auf die vordere Wand der Blase über. Diese ist durch mächtige Hypertrophie der Muskulatur stark verdickt. Zwischen prominenten Muskelbündeln sind Divertikel sichtbar, die stellenweise bis an die Serosa reichen. Die Schleimhaut der Blase ist geschwellt, in grobe Falten gelegt.

Die Mündung der Harnblase ist kranialwärts gehoben und von der Symphyse abgerückt, sie ist kraterförmig vertieft, plumprandig, das Niveau der Umgebung nicht überragend. Der Schließmuskel umgreift die enge Mündung, so daß der Übergang zur Harnblase anatomisch der reellen Mündung entspricht. Der Torus interuretericus prominiert als starker Wulst; vor diesem eine quere, seichte Rinne des Trigonum; ein Recessus retrouretericus fehlt. Von der Blasenmündung aus erhebt sich seitlich und gegen die Harnleiterostien der Blasenboden ganz unmerklich. Hier ist durch die glatte Schleimhaut die obere Fläche der Prostatageschwulst als Resistenz tastbar.

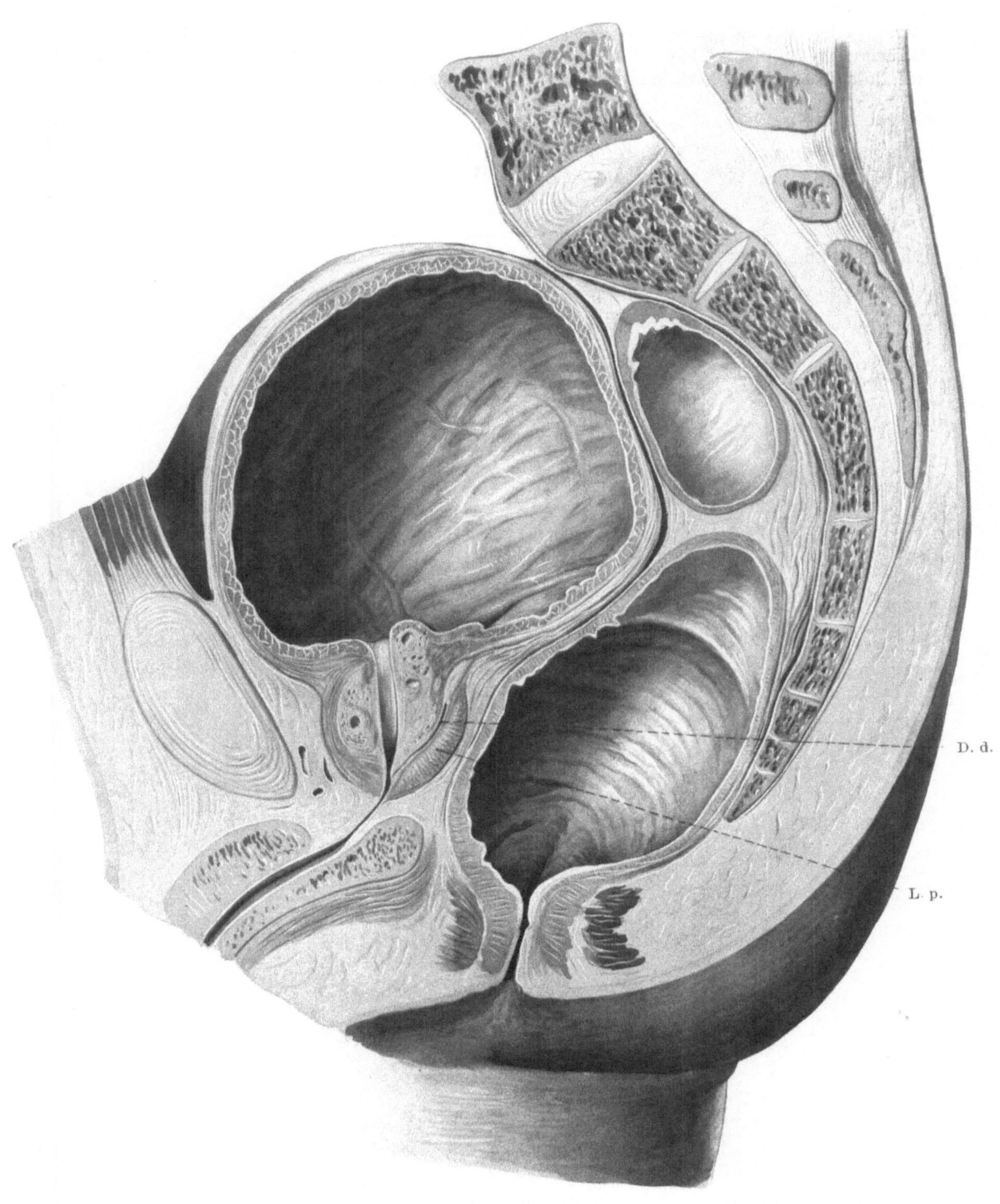

Abb. 42. Subvesikale Prostatahypertrophie. Medianschnitt, rechte Hälfte.
D. d. = Ductus deferens. L. p. = Lobus posterior.

Die starke Verlagerung des Blasenbodens und der Mündung ist durch eine kugelige, intraprostatisch gelegene Aftermasse hervorgerufen, welche die prostatische Harnröhre von der
Mündung bis zum Samenhügel von allen Seiten umfaßt. Am Sagittalschnitte mißt der vordere
Halbring 1,5 cm, der hintere 0,8 cm. Gegen den Colliculus, nach unten, ist der Durchschnitt
der Geschwulst zugeschärft, gegen die Blasenmündung plumprandig.

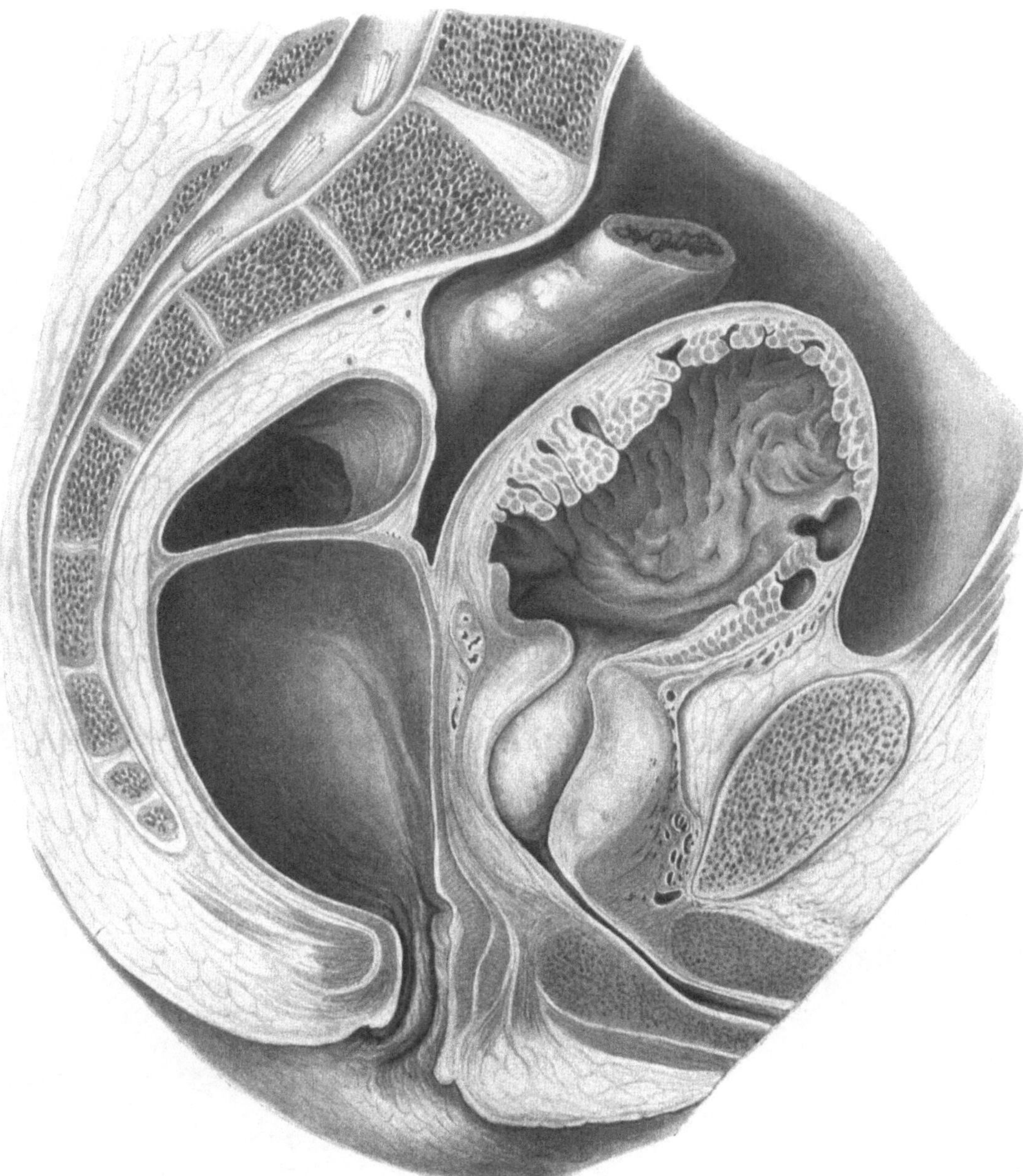

Abb. 43. Subvesikale Prostatahypertrophie. Medianschnitt, linke Hälfte.

Die Harnröhre ist am Durchschnitt spindelförmig, in ihrem mittleren Anteil seitlich eingeengt und zu einem Spalt von 1,5 cm Tiefe umgewandelt. Die gesamte prostatische Harnröhre
hat eine Länge von 5 cm, von denen $^4/_5$ zur Pars superior gehören. Die beiden Anteile der prostatischen Harnröhre stehen zueinander in stumpfem Winkel.
Die Aftermasse reicht sakralwärts bis zum Ductus deferens, die peripheren Lappen der Prostatadrüse sind, durch Druck verschmälert, zur Hülle der Geschwulst umgewandelt.

3. Subvesikale, die Harnröhre ringförmig umgebende, knollige Hypertrophie der Prostata, mit Hebung des Blasenbodens ohne Dehnung des Sphinkter und ohne Deformierung der Blasenmündung. (Abb. 44, 45, 46.)

69 jähriger Mann mit chronisch inkompletter Harnretention bei überdehnter Blase. Gestorben unter den Symptomen von Anurie. Obduktionsbefund: Hypertrophie der Prostata,

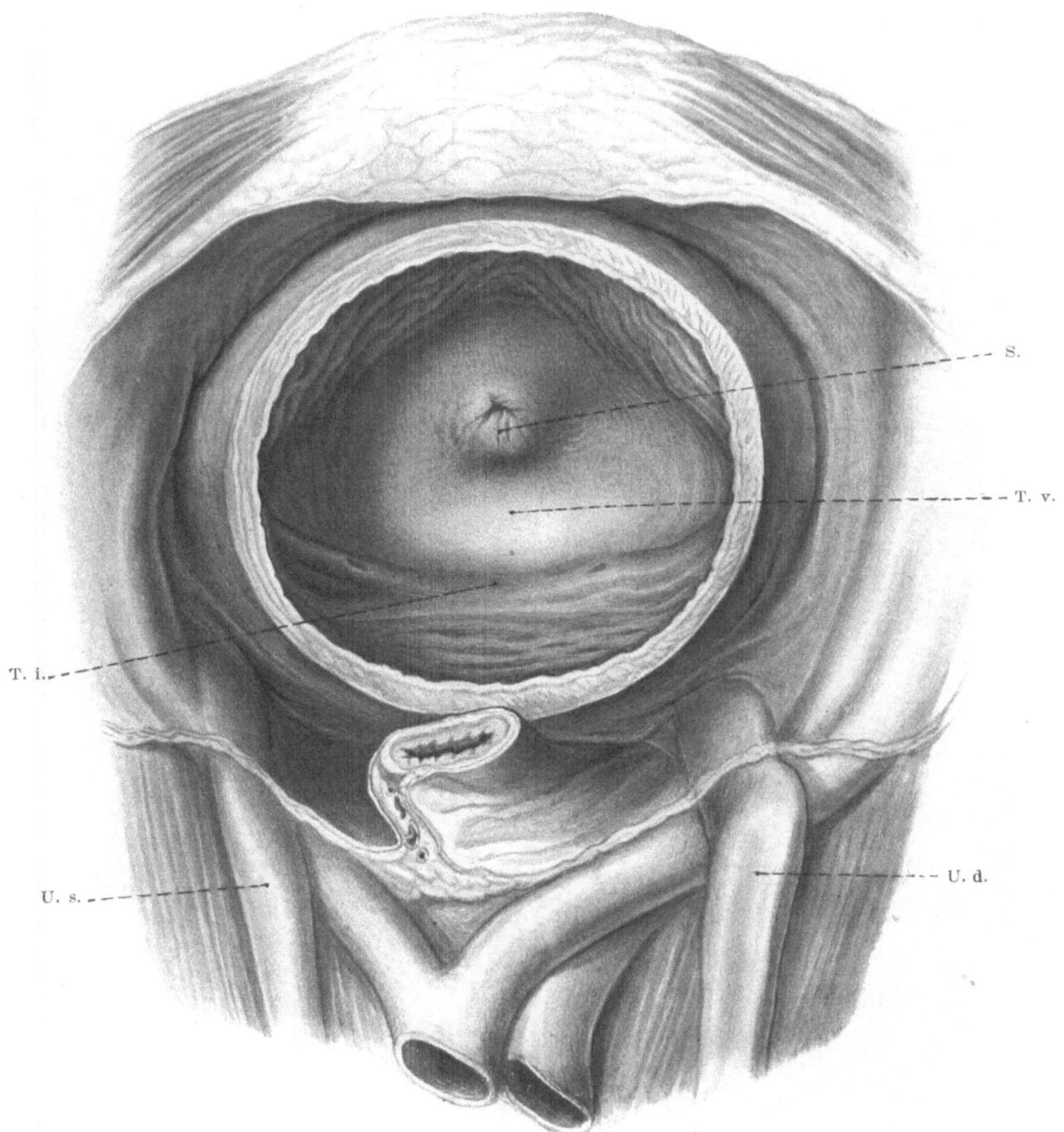

Abb. 44. Subvesikale Prostatageschwulst. Blase abgekappt. Ansicht von oben.
S. = Sphinkterwulst. T. i. = Torus interuretericus. T. v. = Trigonum vesicale. U. d. = Ureter dexter.
U. s. = Ureter sinister.

trabekuläre Hypertrophie der Blase, stark ausgeprägte Hydronephrosenbildung beider Seiten, Hydroureter. Zysto-Pyelonephritis.

Bei abgekappter Blase sieht man (Abb. 44) das nabelförmig vertiefte Orificium, sakralwärts etwas verschoben, so daß der Raum vor der Mündung eine breitere, von glatter Schleimhaut bedeckte ebene Fläche bildet, die zu beiden Seiten des Orificium in die trigonale Fläche übergeht. Der Torus interuretericus trägt beiderseits je 2 cm von der Mittellinie entfernt die schlitzförmigen Harnleitermündungen, über welche hinaus die Erhebung in derselben Länge bis an die Blasenwand reicht. Die Harnleiter beiderseits stark erweitert, in ihren Wandungen beträchtich verdickt.

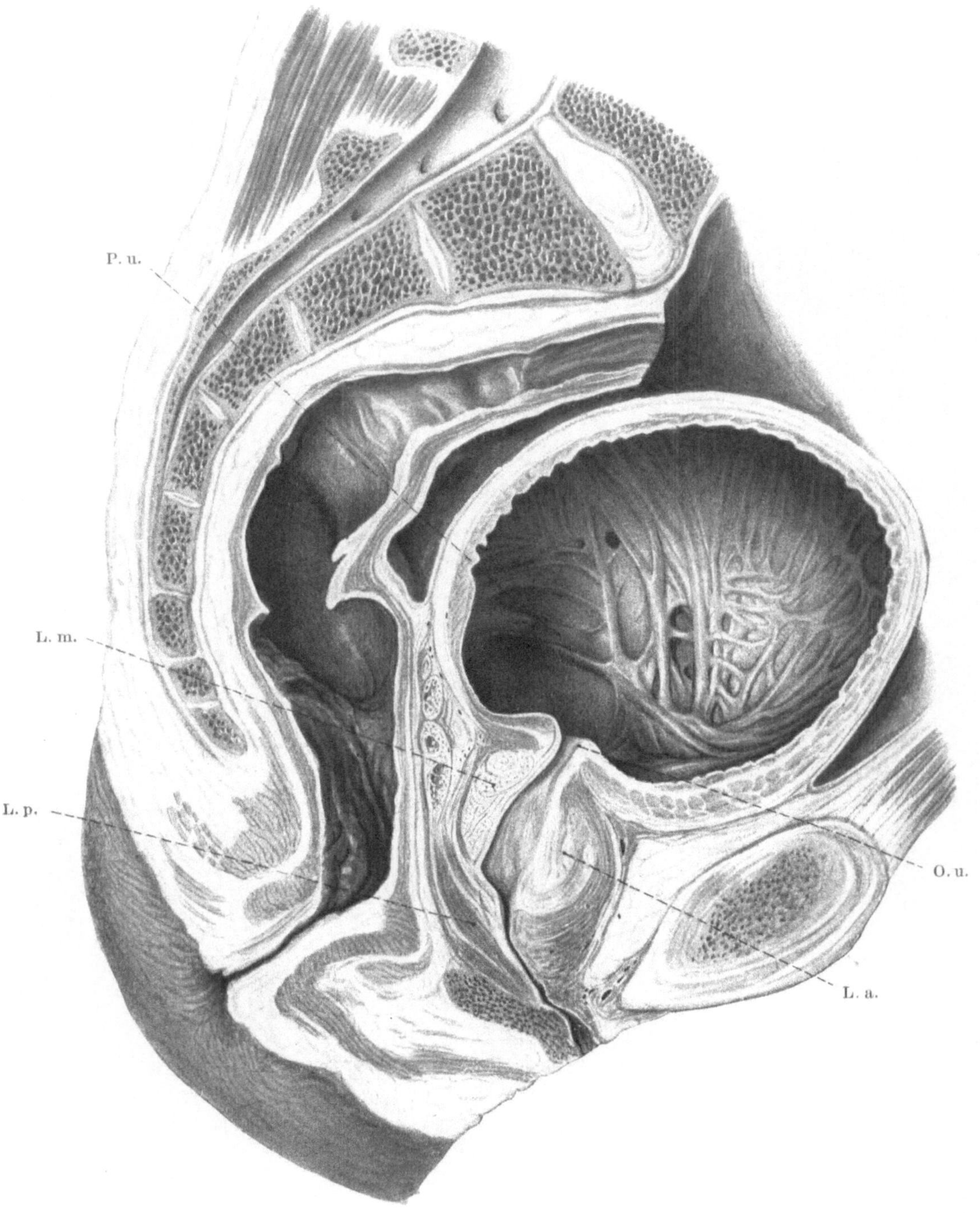

Abb. 45. Subvesikale Prostatageschwulst. Medianschnitt, linke Hälfte.
L. a. = Lobus anterior. L. m. = Lobus medius. L. p. = Lobus posterior. O. u. = Orificium urethrae.
P. u. = Plica ureterica.

Die stark gedehnte Blase überragt die Symphyse um 3 Querfinger. Sie zeigt am Sagittalschnitt (Abb. 45) eine mächtige Muskelschicht, Trabekel und Divertikel. Nur die Schleimhaut
des seicht vertieften Trigonum ist glatt. Der Torus interuretericus zu einem starken Wulst

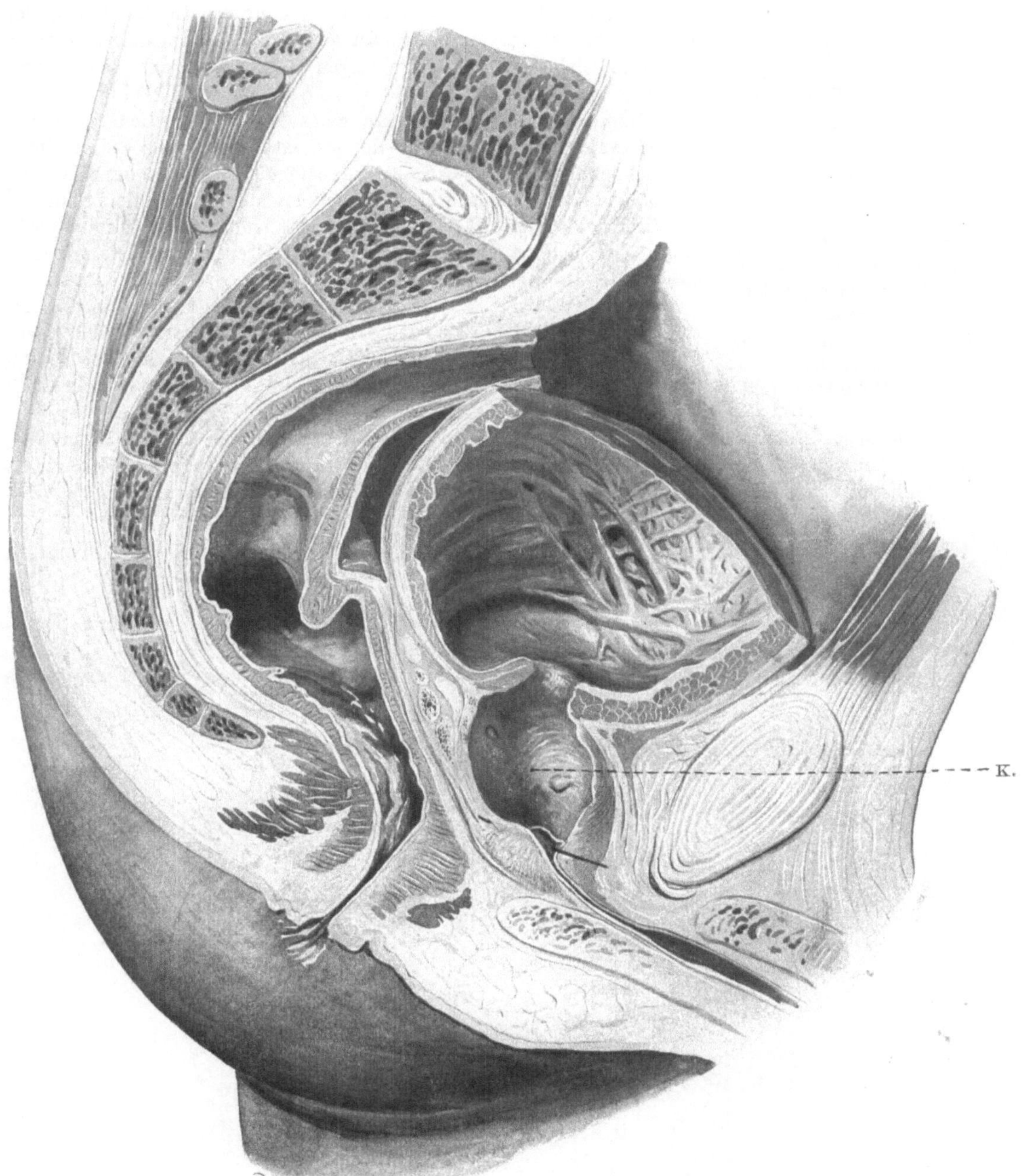

Abb. 46. Objekt der Abb. 45. Prostatageschwulst enukleiert. Sonde im Ductus ejaculatorius.
K. = Prostatakapsel.

hypertrophiert. Der ganze basale Anteil der Harnblase ist durch eine in der Prostata sitzende
Geschwulst kranialwärts verschoben. Die Blasenmündung vom engen Sphinkter umkreist, liegt
im Niveau des Blasenbodens 2 cm über der Langerschen Linie. Die Muskulatur der Blase reicht
bis ans Orificium, wo der Sphinkter in normaler Weise die Begrenzung bildet. Die in der

Prostata sitzende Geschwulst umgibt in ungefähr gleichmäßiger Stärke die obere prostatische Harnröhre. Diese mißt von der Mündung bis zum Colliculus 3 cm, ist gerade gestreckt und verläuft fast vertikal nach abwärts. In der Mitte ist sie etwas erweitert und zu einem sagittalen Spalt umgewandelt. Das Verhältnis der Pars superior der prostatischen Harnröhre zum peripher von dieser gelegenen Teil bis zum tiefsten Punkt des Bogens ist 3:2. Der Lobus medius ist unterhalb der Blase, der Lobus posterior im Raume hinter dem Colliculus im komprimierten Zustande sichtbar, an der vorderen Begrenzung der analog veränderte Vorderlappen.

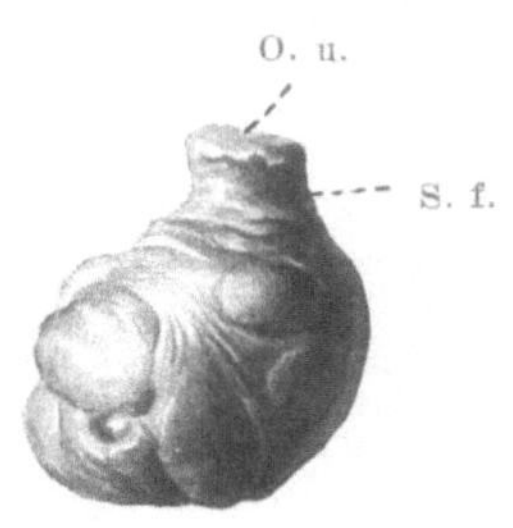

Abb. 46a. Objekt der Abb. 46. Enukleierte Prostatageschwulst in der Seitenansicht.
O. u. = Orificium urethrae internum.
S. f. = Sphinkterfurche.

Nach zirkulärer Umschneidung des Orificium ist die Geschwulstmasse im Zusammenhang mit der prostatischen Harnröhre aus ihrer Kapsel gehoben. Die Prostatanische (Abb. 46) reicht von der Mündung bis über den Colliculus, wo die Trennungsfläche der Schleimhaut der Harnröhre sichtbar ist. Der Samenhügel ist unverletzt, an der Abbildung durch eine Sonde gekennzeichnet. Der Ductus deferens liegt außerhalb des Bereiches der Wunde.

Die Kapsel reicht kranialwärts vorne bis an den Sphinkterrand, rückwärts bis an die Basis der den Tumor deckenden Muskelschicht. Die zur Kapsel komprimierten Teile der Prostatadrüse, der Mittellappen (vor den Samenblasen), der Hinterlappen (unter dem Colliculus) und der Vorderlappen lassen sich gut differenzieren.

Die ausgeschälte Geschwulst (Abb. 46a) ist unregelmäßig kugelförmig mit einem kranialwärts gekehrten kurzen Hals, der das Orificium trägt. Die basale breite Zone der Geschwulst ist nach vorne zu schwächer, gegen das Kreuzbein und die beiden Seiten stärker ausgebaucht.

4. Subvesikale, die Harnröhre ringförmig umfassende Hypertrophie der Prostata. Chronische Überdehnung der Blase. (Abb. 47, 48, 49.)

70 Jahre alt, aufgenommen 15. 7., gestorben 20. 7. 1910. Seit mehreren Jahren Harnbeschwerden, seit 3 Monaten appetitlos, Durst, Abmagerung, Polyurie.

Blase als gespannter Tumor weit in die Bauchhöhle ragend; Prostata vom Rektum aus

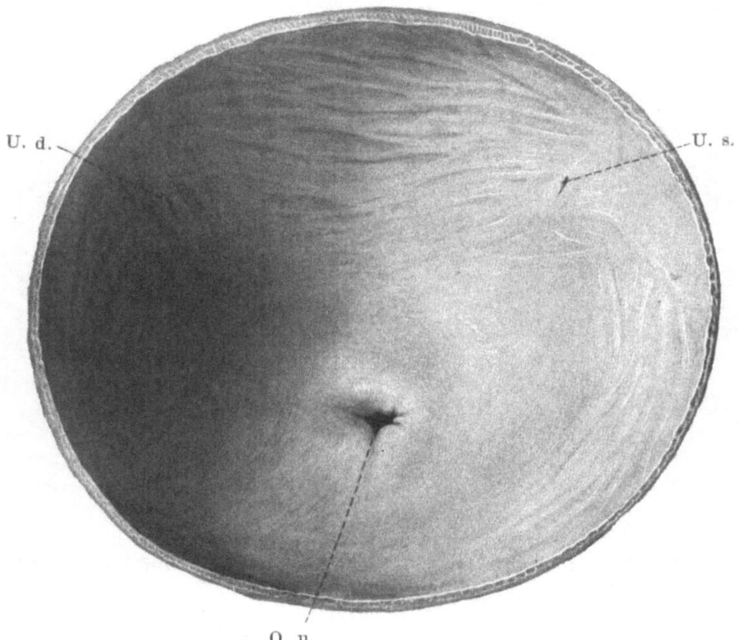

Abb. 47. Subvesikale Prostatageschwulst und chronische starke Überdehnung der Blase. Einsicht in die gekappte Blase.
O. u. = Orificium urethrae. U. d. = Ureter dexter. U. s. = Ureter sinister.

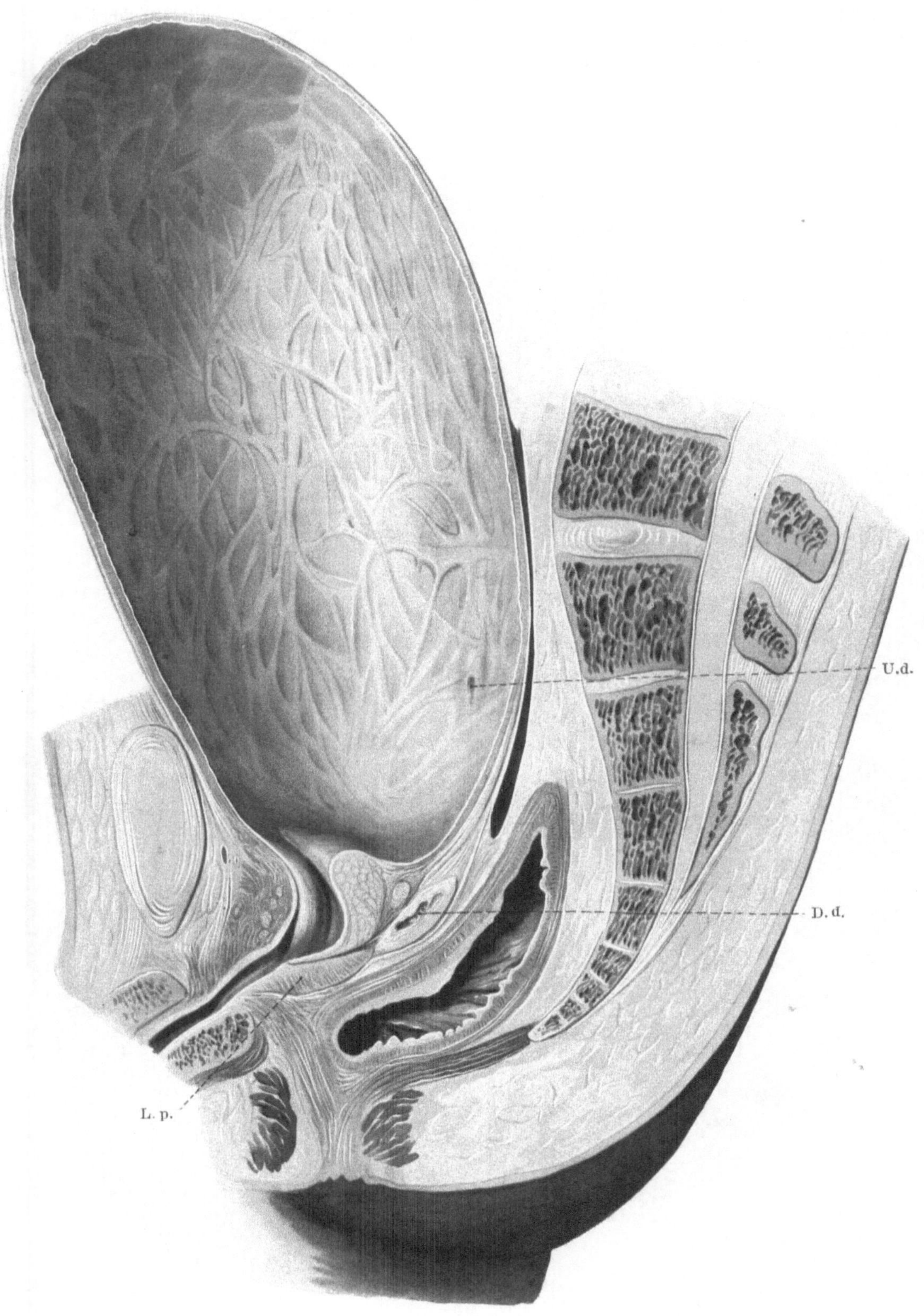

Abb. 48. Objekt der Abb. 47. Medianschnitt, rechte Beckenhälfte.
D. d. = Ductus deferens. L. p. = Lobus posterior. U. d. = Ureter dexter.

gleichmäßig vergrößert, Harn klar, blaß, stickstoff-chlorarm. Systematische allmähliche Ent-
lastung der Blase durch Katheterismus in achtstündigen Intervallen. Vom 3. Tage an Erbrechen,
rasche Abnahme der Harnmenge. Indigoausscheidung erst nach 40 Minuten beginnend. Blut-

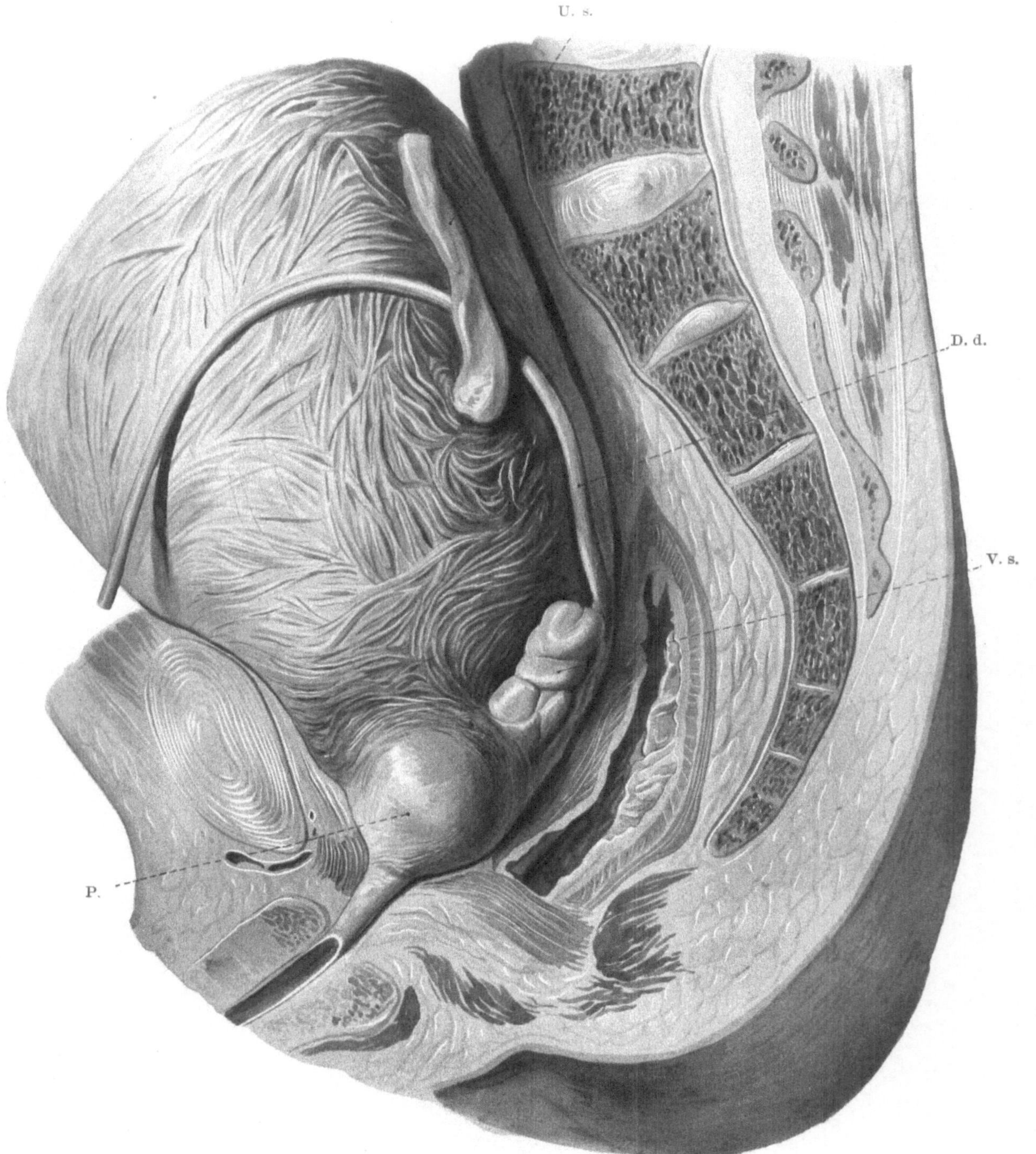

Abb. 49. Objekt der Abb. 47. Becken median durchschnitten. Darstellung der Blase und der Prostata
von links außen.
D. d. = Ductus deferens. P. = Prostata. U. s. = Ureter sinister. V. s. = Vesicula seminalis.

gefrierpunkt — 0,68. Verweilkatheter, Erbrechen unstillbar. Am 20. 7. Anurie. Blutgefrier-
punkt — 0,7, Tod im Koma.

Blase enorm ausgedehnt, in ihrer Wand nicht verdickt. Beim Einblick von obenher erscheint
der Blasengrund etwas gehoben, die Blasenmündung im Niveau der Umgebung ein seichtes
Grübchen darstellend. Die Hypertrophie der Muskulatur in den basalen Blasenteilen eben

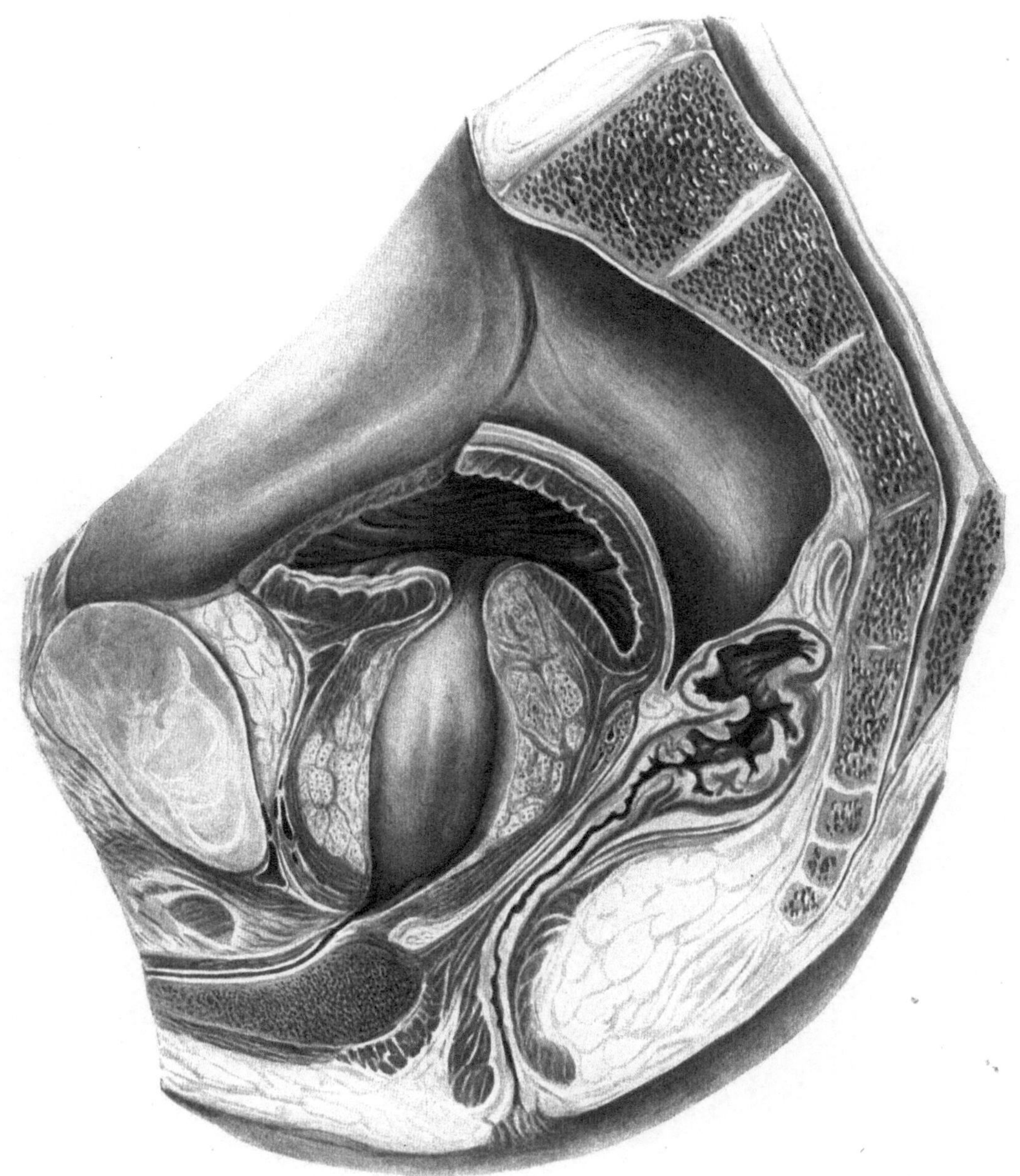

Abb. 50. Enorme subvesikale Prostatageschwulst. Medianschnitt, rechte Hälfte.

angedeutet. Es fehlen die Begrenzungen des Trigonum. Ein Torus interuretericus ist nicht vorhanden. Ebenso fehlen die seitlichen Begrenzungen. Die Harnleiterostien sind asymmetrisch
gelagert. Die Distanz beider Ostien von einander beträgt 7 cm, die des linken von der Blasenmündung 5,5, die des rechten 5 cm (Abb. 47).

Am Medianschnitte (Abb. 48) übersieht man den Hohlraum der mächtig gedehnten Blase.
Die Schleimhaut ist verdünnt und läßt die sich kreuzenden Züge der Muskulatur durchschimmern.

Die Blasenmündung ist beträchtlich in die Höhe gerückt. Der ganze Blasenboden einschließlich des Trigonum ist an der Ausdehnung gleichmäßig beteiligt. Die Blasenmündung, die durch den Sphinkter begrenzt ist, liegt 2 cm oberhalb der Langerschen Linie. Das Feld des Lobus medius ist durch eine knollige Hypertrophie ersetzt, die am Schnitte zwischen Mündung, Colliculus und Ductus deferens gelegen ist. Die prostatische Harnröhre ist durch diese Aftermasse in

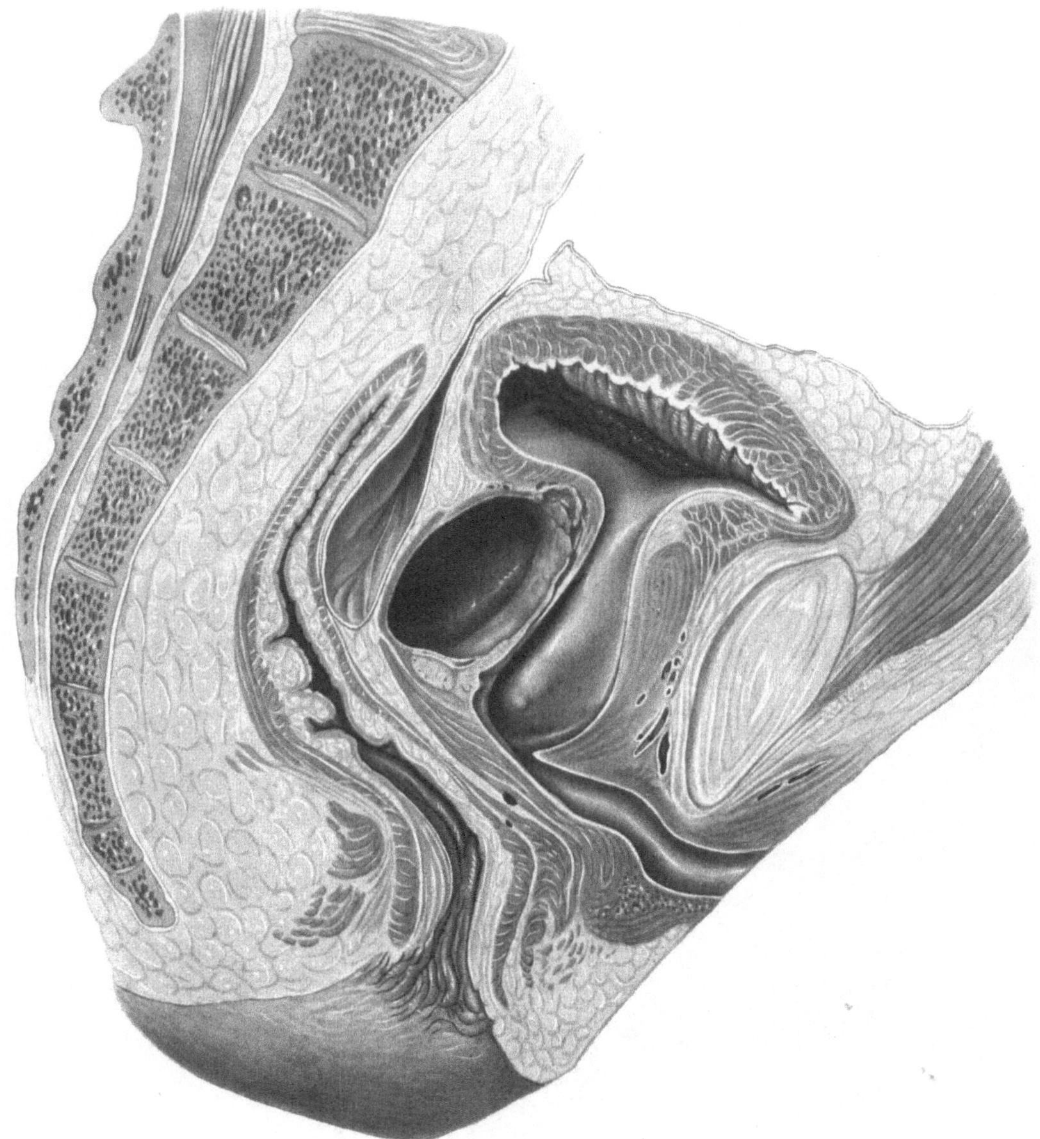

Abb. 51. Chronischer Abszeß in einer großen subvesikalen Prostatageschwulst. Medianschnitt, linke Hälfte.

ihrem oberen Anteile nach vorne konkav gekrümmt und durch einen aus der Vorderwand vorragenden Wulst von vorne nach hinten eingeengt. Der Lobus posterior ist komprimiert, der Lobus anterior wenig angedeutet.

Von außen her präpariert ist die Prostata beträchtlich vergrößert, annähernd kugelförmig. Die Samenblasen kurz, gedrungen, der Ureter in seiner Wand verdickt und stark erweitert (Abb. 49).

5. Enorme subvesikale Geschwulst der Prostata mit Hebung ohne Deformierung der Blasenmündung und des Sphinkters. (Abb. 50.)

Durch eine im Becken gelegene, im Raume der Prostata sitzende mächtige Geschwulstmasse (Abb. 50) ist der Blasenboden stark kranialwärts gehoben. Die Mündung, welche die Umgebung nicht überragt, liegt im Niveau des oberen Symphysenrandes. Der unveränderte Sphinkter umgibt die 5 cm oberhalb der Langerschen Linie gelegene Blasenmündung. Die basale Blasenwand ist über die obere Fläche der prostatischen Masse gebreitet.

Die Mündung ist kraterförmig vertieft, von der Symphyse abgerückt und gegen das Sakrum gerichtet.

Die knollige Hypertrophie am Schnitte gelappt, umgibt die obere prostatische Harnröhre gleichmäßig von allen Seiten. Vorder- und Hinterlappen sind durch Druck auf schmale Zonen reduziert. Im Bereiche der Hypertrophie von der Mündung bis zum Colliculus ist die Harnröhre gestreckt und auf eine Länge von 6,5 cm ausgewachsen. Sie ist seitlich zu einem Spalt eingeengt und zeigt am Sagittalschnitt, der Mitte entsprechend, eine größte Breite von 2 cm. An der Blasenmündung und am Colliculus ist sie enger, so daß die ganze Erweiterung spindelförmig erscheint.

Die untere prostatische Harnröhre hat normale Länge. Durch die unverhältnismäßige Zunahme des oberen Anteiles wie durch die Verlagerung der Blasenmündung gegen das Os sacrum erhält die ganze hintere Harnröhre eine von der physiologischen ganz abweichende Krümmung, indem sie dem Segmente eines Kreises von weit größerem Radius als gewöhnlich entspricht.

6. Abszeß in einer mächtigen subvesikalen Geschwulst der Prostata mit starker Hebung des Blasenbodens, ohne Deformierung der Mündung und des Sphinkter. (Abb. 51.)

Der Form, Größe und Ausdehnung nach identisch mit dem letztbeschriebenen Falle. Der Blasenboden flach, oberhalb der Symphyse gelegen. Die Mündung im Niveau der Umgebung vom nichtgedehnten Sphinkter begrenzt (Abb. 51).

Die Hebung durch einen unterhalb der Blase gelegenen, den Raum der Prostata einnehmenden Tumor bedingt, der die Zone der oberen prostatischen Harnröhre einnimmt. In diesem Bereiche ist die Harnröhre auf 5,5 cm verlängert, unregelmäßig flaschenförmig, mit ihrem breitesten Anteil dem Colliculus zugekehrt. Seitlich ist sie durch eine Vorwölbung der linken Wand stark eingeengt. Die Pars superior urethrae prostaticae ist gegen den anschließenden Harnröhrenanteil rechtwinkelig abgeknickt.

Die Masse des Prostatatumors trägt in ihrer sakralen Hälfte eine glattwandige Abszeßhöhle, die bis an die hintere Begrenzung heranreicht. Die starke Ausdehnung des Tumors nach rückwärts bedingt eine starke Verdrängung der Samenblasen nach unten. Hinter, resp. unter diesen der zu einer dünnen Platte umgewandelte Lobus posterior. Am Lobus anterior ist eine Lappung nicht sichtbar, nur einzelne punktförmige Hohlräume weisen auf den Drüsencharakter hin.

IV. Geschwulstförmige Bildungen an der Blasenmündung.

Die nachfolgende Gruppe zeigt insoferne eine Übereinstimmung mit den Fällen von Prostatahypertrophie, als es sich auch hier um umschriebene, die Blasenmündung deformierende Geschwülste handelt, die, von Schleimhaut der Blase gedeckt, einzeln oder multipel an der Umrandung der Blasenmündung sitzend, der Harnentleerung ein Hindernis setzen.

Die Folgen chronischer Harnstauung können in diesen Fällen wie bei Prostatahypertrophie die höchsten Grade erreichen.

Bei aller scheinbaren Übereinstimmung zeigt die anatomische Untersuchung grundlegende Verschiedenheiten gegenüber den Fällen wahrer Prostatahypertrophie von ähnlichem Typus. Das Verhalten dieser Geschwülste zur Schleimhaut der Blase, zur Harnröhre, zum Sphinkter, wie zur Prostatadrüse sind von denen der Prostatahypertrophie durchaus verschieden.

1. Myomatöse endovesikale Geschwulst am Ostium urethrae.   (Abb. 52.)

60 Jahre alter Mann mit chronisch kompletter Harnverhaltung, den Zeichen tiefgreifender Infektion und renaler Insuffizienz. Rektal war die Prostata nicht vergrößert. Kystoskopisch das Bild der lappig in die Blase ragenden Prostatahypertrophie.

Nach Abkappung der Blase konnte man an dem gehärteten Objekt an der hinteren Um-

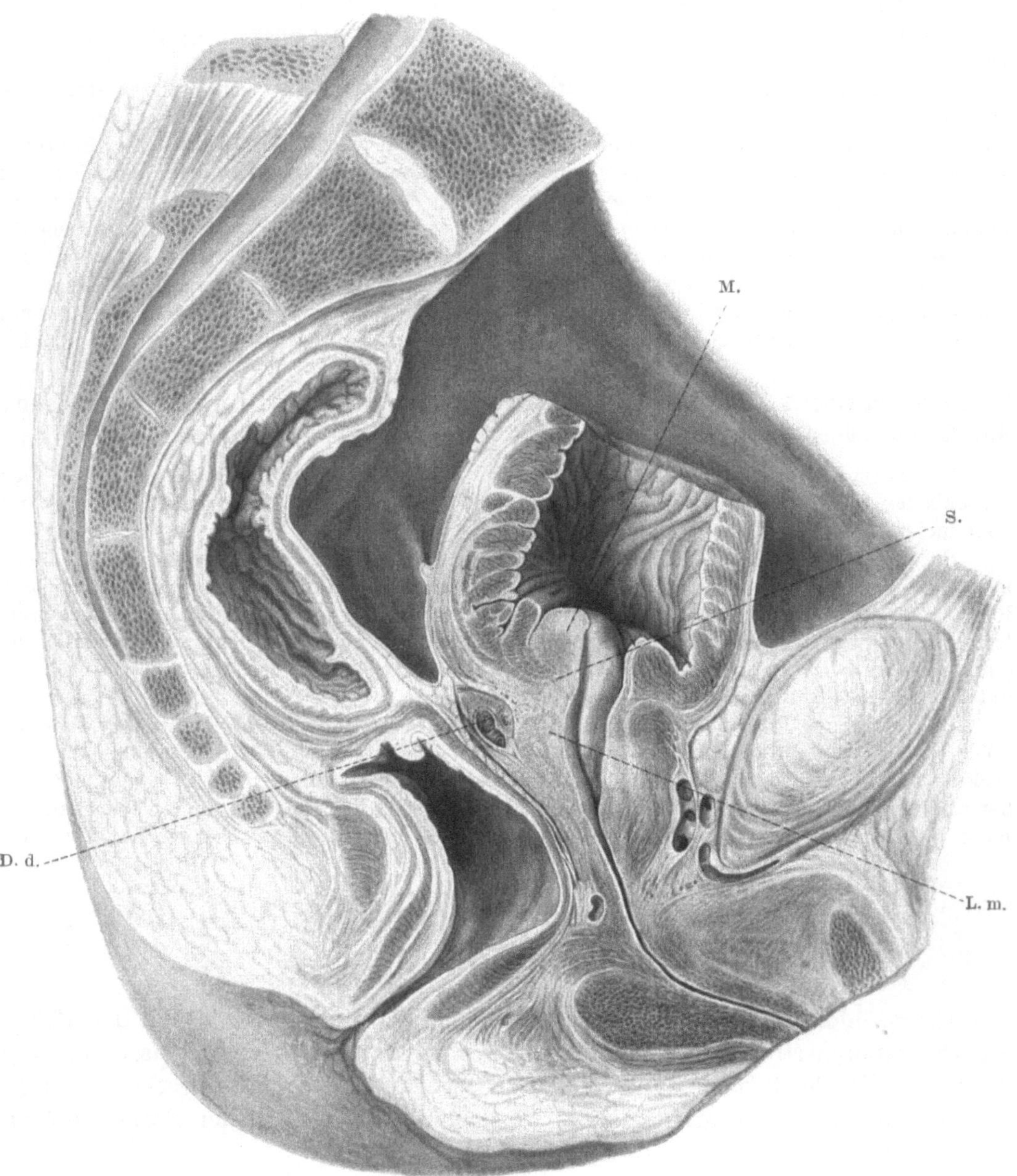

Abb. 52. Myomatöse endovesikale Geschwulst am Ostium urethrae. Medianschnitt, linke Hälfte. D. d. = Ductus deferens. L. m. = Lobus medius. M. = Myom. S. = Sphincter urethrae.

randung der Blasenmündung einen haselnußgroßen kugeligen, von Schleimhaut überzogenen Knoten wahrnehmen, der gegen die Harnröhre allmählich, nach hinten und seitwärts steil abdachte. Hinter dem Tumor, diesem eng angeschlossen, die mächtige Plica interureterica, die einen tiefen Recessus retroureterricus von vorn begrenzt. Das Innere der Blase zeigt weit-

gediehene Balkenbildung neben Zeichen intensiver Entzündung. Am Sagittalschnitt (Abb. 52)
ist das Verhalten der Harnröhre von der gewöhnlichen Hypertrophie insoferne abweichend,
als, von einer Streckung und Erweiterung abgesehen, keine der für Prostatahypertrophie charakteristischen Veränderungen nachweisbar waren. Die Prostata selbst erschien gleichfalls, wenn
wir den unter dem Sphinkter gelegenen Abschnitt berücksichtigen, kaum verändert. Der hintere
Halbring des Sphinkters ließ sich bis an die Schleimhaut der Harnröhre verfolgen, ebenso an der

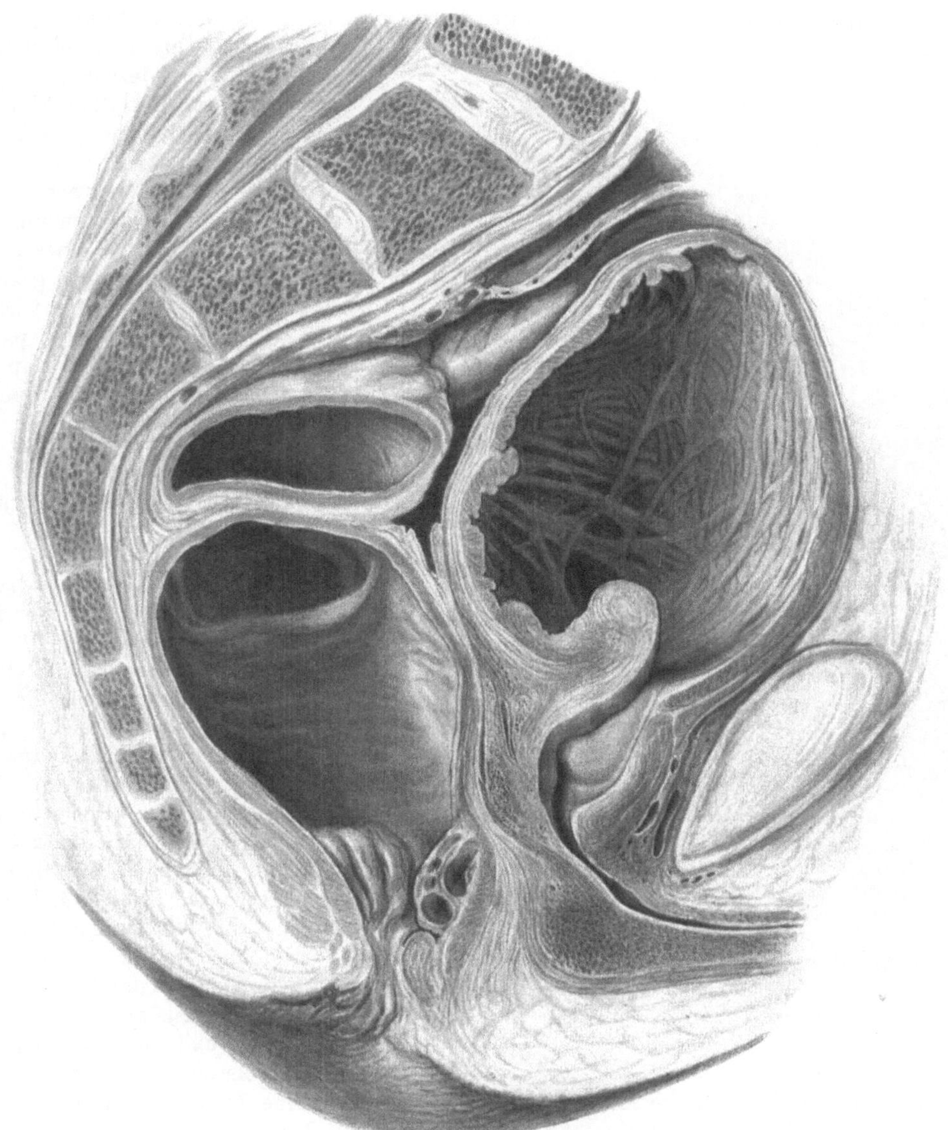

Abb. 53. Myomatöse endovesikale Geschwulst am Ostium urethrae. Medianschnitt, linke Hälfte.

korrespondierenden Stelle der vorderen Urethralwand der Querschnitt des vorderen Schließ-
muskelhalbringes. Das ganze urethrale Rohr von der höchsten Kuppe der vesikalen Vorragung
bis zum Ende der prostatischen Harnröhre zerfiel durch den Sphinkter in zwei Abschnitte:
einen blasenwärts gelegenen und einen distalen. Nur der letztere entsprach der Urethra prostatica, während der erstere durch eine verlagerte Partie der nahe der Mündung gelegenen Blasenschleimhaut dargestellt war.

Während bei der Hypertrophie der Prostata die Verlängerung der Harnröhre stets den
zwischen Mündung und Colliculus gelegenen Anteil betrifft, war im vorliegenden Fall dieser

Teil unverändert geblieben. Auch fehlte infolgedessen jede winkelige Abknickung der Harnröhre am Scheitel des Colliculus, die für Prostatahypertrophie charakteristisch ist. Lobus medius, Lobus posterior waren unverändert geblieben. Die Präparation von außen her zeigt, daß die seitlichen Prostataanteile ihre normale Form, Größe und Beziehung zur Blasenwand und den Samenblasen beibehalten hatten.

Das topographische Verhalten des Sphinkters zur vesikalen Geschwulst zeigt, daß diese ihren Ausgangspunkt von einem, oberhalb des Sphinkters gelegenen Punkte genommen haben müsse, eine Annahme, die durch mikroskopische Untersuchung sich erweisen läßt.

Bei Lupenvergrößerung sah man unter dem vorderen Rand des hinteren Sphinkterhalbringes die anscheinend nicht veränderte Portio intermedia, die nach aufwärts gegen den Sphinkter deutlich abgesetzt erschien. Oberhalb des Sphinkters ist der erwähnte, scharf begrenzte Knoten sichtbar. Bei der mikroskopischen Untersuchung zeigt dieser die Charaktere eines Myoms, das an seiner blasenwärts gekehrten Oberfläche von Schleimhaut bedeckt war. Dort war auch die parallelfaserige, gut ausgebildete Kapsel am dünnsten. Gegen die Basis nahm die Kapsel an Dicke zu.

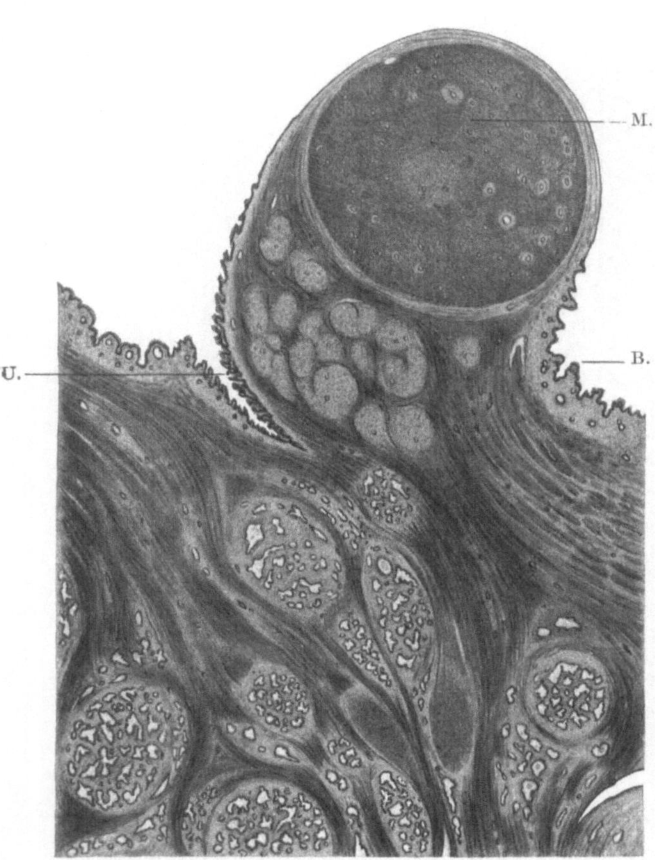

Abb. 54. Submuköser Myomknoten die Blasenmündung überlagernd (Beispiel 2).
B. = Blase. M. = Myom. U. = Urethra.

2. Submuköser Myomknoten.
(Abb. 53, 54.)

67 Jahre alt. Klinisch das Bild der Urosepsis bei chronischer Harnstauung.

Starke gleichmäßige Hypertrophie der Blasenwand, Trabekelbildung, zahlreiche, seichte Divertikel. Hypertrophie des Torus interuretericus; Ureterwulst die Harnleitermündungen beiderseits weit überschreitend. An der sakralen Begrenzung der engen, der Symphyse nahe gerückten Blasenmündung eine kugelige, mit Schleimhaut bedeckte Vorwölbung von der Größe einer Kirsche. Der Tumor sitzt kreisförmig mit breiter Basis auf, überlagert die Mündung, und ist scharf gegen die basale Blasenwand abgesetzt.

Am Sagittalschnitte (Abb. 53) erweist sich der beschriebene Tumor als abgegrenzte, mit der Schleimhaut der Blase verwachsene Bildung, die nach der Submukosa von einer Kapsel umgeben ist. Am Schnitte kreisförmig mit einem Durchmesser von ca. 1 cm zeigt der Tumor deutlich faseriges Gefüge. Die angrenzende Schleimhaut ist stark verdickt und enthält mehrere, bis hanfkorngroße, rundliche Gebilde von drüsigem Bau.

Die trigonale Muskulatur steigt in leicht geschwungenem Bogen nach vorne und oben bis an die Basis der beschriebenen Geschwulst, so daß diese über der Blasenmuskulatur liegt und durch die Sphinkterplatte von der Harnröhre und Prostata geschieden wird.

Die Ductus deferentes fallen steil ab, ihr Winkel zur Pars prostatica ist spitz wie unter normalen Verhältnissen. Die Harnröhre ist scheinbar verlängert, erweitert und trägt an ihrer seitlichen Wand wie rückwärts einzelne flache Buckel. Im Raume zwischen Ductus deferens, Unterfläche des Sphinkters und Harnröhre sieht man das normal konfigurierte, dreieckige Feld des Lobus medius, auch der Lobus posterior zeigt normale Verhältnisse, sowohl was seine Dimensionen, wie das drüsige Gefüge am Schnitte anlangt. Bei mikroskopischer Untersuchung erweist sich die Geschwulst aus glatter Muskulatur aufgebaut, scharf abgekapselt. Die angrenzende Schleimhaut der Harnröhre und Blase ist verdickt und zeigt lebhafte Proliferation des Epithels mit Bildung von Zystchen. Die Geschwulst ist über dem Sphinkter gelegen und zeigt keinen Zusammenhang mit dem Gewebe der Prostatadrüse (Abb. 54).

Von außen her präpariert, zeigt die Prostata normale Form und Größe. Harnleiter stark erweitert mit Wandhypertrophie.

3. Endovesikale Prostatageschwulst. (Abb. 55.)

Als Gegenbeispiel sei an dieser Stelle ein Fall dargestellt, welcher bei äußerlicher Ähnlichkeit mit den eben beschriebenen, anatomisch als wahre Prostatahypertrophie zu bewerten ist (Abb. 55).

Blase enorm hypertrophisch, birnförmig, namentlich in den mittleren Anteilen in ihrer Wand verdickt. Durch ein in der Blasenmitte etwas gegen das Lumen vorspringendes System stark hypertrophischer zirkulärer Muskelfasern, erhält die Blase Sanduhrform. Im basalen Anteile der fast bleistiftdicke, quer verlaufende, stark verlängerte Harnleiterwulst mit tief gehöhlten Recessus retrouretericus. Die enge Blasenmündung von der Sakralseite her durch einen daumendicken, breit aufsitzenden, kugeligen Tumor überlagert, der mit seiner hinteren Begrenzung bis an den Harnleiterwulst heranreicht.

Am Sagittalschnitte zeigt der Tumor lappiges Gefüge und zahlreiche Drüsenräume. An seiner Hinterseite ist er von der hypertrophischen Schleimhaut des Trigonum überlagert. Die Muskulatur dieses Abschnittes ist durch den Tumor nach rückwärts verdrängt und deckt dessen Hinterfläche, so daß die Geschwulst unterhalb des Sphinkters zu liegen kommt. Nach abwärts verjüngt sich die Geschwulst und endet mit einem umschriebenen Drüsenfelde im Raume des Lobus medius oberhalb des Ductus deferens; Lobus posterior zu einer schmalen Platte komprimiert. Harnröhre spindelförmig erweitert, seitlich durch flache Vorwölbungen eingeengt.

Dieser Fall muß wegen seines Verhaltens zum Sphinkter, zur Harnröhre und zum Lobus medius der Prostata als eine von den oberen urethralen Drüsen ausgehende Bildung bezeichnet werden, die, unterhalb der Schleimhaut der Blase gelegen, mit der der Harnröhre verwachsen ist. Im Gegensatze dazu erweisen sich die Beispiele 1 und 2 als Bildungen rein vesikalen Ursprungs.

Aus den angeführten Beispielen und dem Gegenbeispiel lassen sich die Kriterien für die Formen dieser Gruppe feststellen. Es finden sich Geschwülste von kleinen knotigen Bildungen bis zu Kirschgröße in der Schleimhaut der Blase, die am Rande der Blasenmündung sitzen und völlig den in die Blase gewachsenen Anteilen einer Prostatahypertrophie gleichen. Bei näherer Untersuchung ergeben sich aber fundamentale Unterschiede zwischen beiden Gruppen. Die Blasenmündungsgeschwülste sind in die Schleimhaut eingebettet und nicht wie die Prostataadenome von Schleimhaut gedeckt. Sie wurzeln in der Submukosa des Blasengrundes und nicht wie die Prostatahypertrophie in der Harnröhre. Dementsprechend muß das Verhalten der Geschwulst zum Sphinkter ein verschiedenes sein: Die von der Schleimhaut ausgehenden Geschwülste sitzen in ihrem ganzen Umfange über dem Sphinkter, die den urethralen Drüsen entstammende Prostatageschwulst stets, wenigstens mit einem Anteile, unterhalb vom Sphinkter.

Die Prostata bleibt beim Ausgang der Geschwulst von den Drüsen der Blase in allen ihren Lappen unverändert; sie zeigt nirgends die durch Kompression von seiten der wachsenden Geschwulst bedingten Veränderungen.

An ihrer Blasenseite ist die Prostatageschwulst nach Spaltung der Schleimhaut und Muskularis bloßliegend, stumpf leicht ausschälbar. Sie führt mit einem Anhang zur Harnröhre und den zentralen Partien der Prostata. Die Geschwülste der Mündung dagegen sind umschrieben, haben ihren Sitz in der Schleimhaut und sind mit ihrer Umgebung so innig verwebt, daß sie nur durch Ausschneidung entfernbar sind.

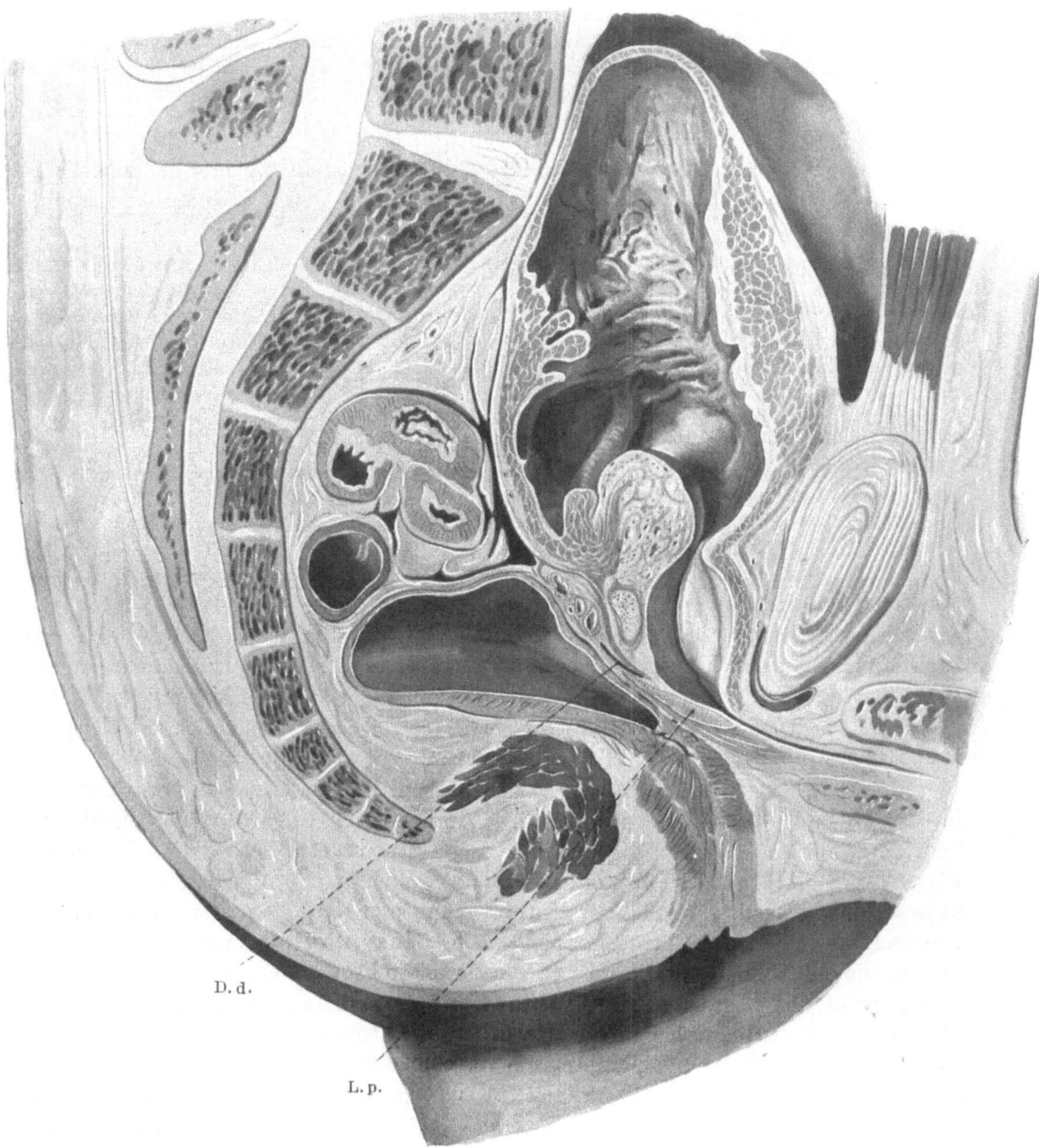

Abb. 55. Endovesikale Prostatageschwulst. Medianschnitt, linke Hälfte.
D. d. = Ductus deferens. L. p. = Lobus posterior.

Die oberhalb des Sphinkters sitzenden Geschwülste sind keineswegs seltene Befunde. Man findet sie häufig in ihren Anfangsstadien als kleine knotige Bildungen, einzeln oder in der Mehrzahl um die Mündung der Blase angeordnet. (Abb. 56.)

Makroskopisch einander gleichend, zeigen die Blasenmündungsgeschwülste histologisch verschiedenen Bau. Es finden sich drüsige Neubildungen, Myome und entzündliche Wucherungen als Produkte proliferativer Entzündung.

Bei einiger Größe setzen diese Geschwülste der Harnentleerung ein Hindernis entgegen, welches bei entsprechender Dauer die schwersten anatomischen Veränderungen der zentral gelegenen Harnwege und der Nieren zur Folge haben kann.

Wir sind in der Lage, einige Beiträge zu dem klinischen Vorkommen derartiger submuköser, den Prostatahypertrophien ähnlicher Geschwülste zu liefern. Einer von uns (Z.) hat drei einschlägige Fälle durch NOGUEIRA publizieren lassen, denen ein weiterer angeschlossen werden kann.

1. 76 jähriger Mann. Seit 6 Jahren komplette Harnverhaltung, schwieriger blutiger Katheterismus. O p e r a t i o n: Walnußgroßer, der v o r d e r e n Umrandung der Blasenmündung aufsitzender Tumor, der nach Umschneidung der Basis exzidiert wird. Keine Fortsetzung in die Tiefe. Die Prostata bimanuell von der Blase und dem Rektum aus getastet, klein. Die Harnretention schwindet, stellt sich aber nach 6 Monaten, wenn auch nur in inkompletter Form, wieder ein. Kystoskopisch neue knotige Vorragung an der Blasenmündung.

2. 53 Jahre alter Mann. Inkomplette chronische Harnverhaltung mit Blasenüberdehnung. O p e r a t i o n: Erbsengroße, breit aufsitzende, kugelige Prominenz an der Mitte des hinteren Randes der Blasenmündung; an der Basis umschnitten und exzidiert. Wesentliche Besserung. Acht Monate post operationem Residualmenge 250 g.

3. 54 Jahre alter Mann. Chronisch komplette Retention seit 3 Jahren. O p e r a t i o n: Am hinteren Rande der Blasenmündung erbsengroße, breit aufsitzende, kugelige Prominenz. Prostata bei endovesikalrektaler Palpation unverändert. Die Retention ist zu einer inkompletten geworden; einmaliger Katheterismus in 24 Stunden.

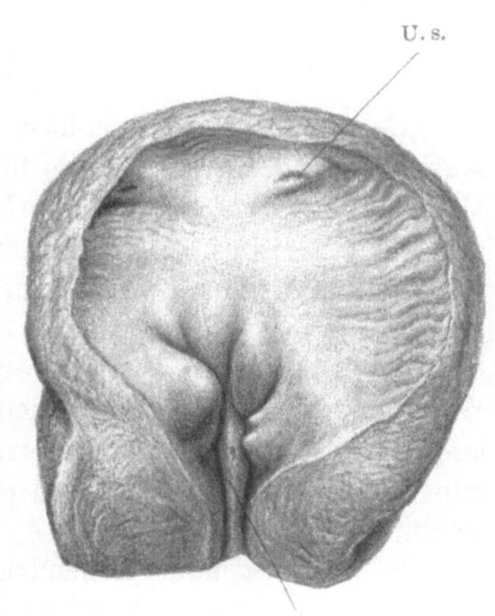

Abb. 56. Multiple Blasenmündungsgeschwülste. Blase von oben, Harnröhre von vorne eröffnet.
C. u. = Crista urethralis. U. s. = Ureter sinister.

4. (Aus dem Jahre 1910). Chronisch inkomplette Harnretention mit Überdehnung der Blase. O p e r a t i o n: Blasenwand 2 cm dick; an der Blasenmündung ein erbsengroßes, von der hinteren Umrandung ausgehendes Knötchen mit der Schleimhaut exzidiert. Revision der Prostata bei bimanueller Palpation (Rektum und Urethra prostatica): Die Prostata ganz atrophisch, scheint zu fehlen. Wesentliche Besserung, Residualmenge 300—400 g, einmaliger Katheterismus in 24 Stunden.

Sämtliche exzidierte Tumoren waren adenomatös.

Die Beobachtungen beweisen also, daß solche submuköse Knoten alle Symptome des Prostatismus bis zu den höchsten Graden auszulösen vermögen; ferner daß die Differentialdiagnose gegenüber veritabeln Hypertrophien der Prostata eigentlich nur an der offenen Blase möglich ist. Die Kenntnisnahme solcher Befunde ist von Bedeutung, denn der Versuch, in solchen Fällen die Prostata zu enukleieren, führt nicht nur zu überflüssigen, sondern auch zu gefährlichen Verletzungen. Die Exzision ist das einzige hier angebrachte Verfahren.

Auch durch die operativen Resultate unterscheiden sich die genannten Geschwülste von den Hypertrophien der Prostata im engeren Sinne. Die Enukleation der hypertrophischen Masse bedeutet bei den letzteren ein Mittel von radikalem Werte. Die

Harnretention kehrt nach der Prostataenukleation nicht wieder. Anders bei den Fällen von submukösen Knoten. Hier ist die Exzision insofern vielfach nur palliativer Natur, als die in der Schleimhaut vorhandenen Drüsen immer wieder zum Ausgangspunkt neuer Knotenbildungen und damit zur Ursache der Harnretention werden können.

V. Sekundäre Veränderungen der Harnwege durch Stauung.

A. An der Blase.

Als Ausdruck der erhöhten Arbeitsleistung des Blasenmuskels gegen das prostatische Hindernis und gegen die Steigerung des intravesikalen Druckes, tritt eine Volumzunahme der Muskulatur durch Hypertrophie ein. Solange diese ausreicht, resultiert eine Verdickung der Wand bei erhaltener Kapazität der Blase. Im Stadium der Inkompensation, wenn der Blasenmuskel seiner Aufgabe nicht mehr genügt, wenn die Hypertrophie der Wand mit der Dehnung nicht mehr gleichen Schritt hält, wird eine Erweiterung der Blasenlichtung mit der Zunahme der Wanddicke Hand in Hand gehen (exzentrische Hypertrophie der Blase). Bei langer Dauer kommt es zu beträchtlicher Hypertrophie der Wand, die aber nicht rein muskulär ist, da zwischen den Muskeln breitere Lagen von Bindegewebe auftreten.

Bei überwiegendem Innendruck, wenn die Muskulatur ohne Gewebsregeneration gedehnt wird, ist eine Verdünnung der Wand die Folge.

Rüdinger, Solger, E. Zuckerkandl haben auf die ungleiche Stärke der Blasenmuskulatur aufmerksam gemacht und betont, daß die Hinterwand an Dicke die vordere weit übertrifft. Die Arbeit bei Austreibung des Harnes ist demnach schon unter physiologischen Verhältnissen auf die einzelnen Partien der Blase nicht gleichmäßig verteilt, indem die Resultierende nicht gegen den Mittelpunkt der Blase, sondern gegen das exzentrisch gelegene Orificium als fixen Punkt gerichtet ist.

Die Harnröhrenmündung kann bei Prostatahypertrophie durch ungleiches Wachstum der periurethralen Geschwulst aus ihrer Lage gerückt werden. Solche Verschiebungen werden im frontalen, wie im sagittalen Durchmesser zu beobachten sein.

Diejenigen Partien der Blasenwand werden an der Hypertrophie am stärksten beteiligt sein, die, vermöge ihrer Lage und ihrer Nachgiebigkeit dem Intravesikaldruck besonders ausgesetzt, an der erhöhten Arbeit den größten Anteil haben. In der Regel ist die Hypertrophie der Muskulatur an der Hinterwand der Blase am stärksten ausgeprägt, am zweitstärksten am Scheitel. Schwächer ist sie an der Vorderwand und an der Basis, außerhalb des Trigonum ist sie eben angedeutet. Wird das Orificium aus seiner Lage gerückt, so kann auch die genannte Verteilung der Hypertrophie eine Änderung erfahren.

Bei mäßiger Hypertrophie sind die Muskelzüge unter der Schleimhaut sichtbar, bei stärkerer Volumzunahme ragen die Muskelwülste über das Niveau, und wenn die Stauung gleichzeitig eine erhebliche wird, so kommt ein dichtes Netzwerk von vielfach sich kreuzenden Bündeln zustande, in deren muskelarmen Maschen die Schleimhaut zu Grübchen ausgebaucht wird. Das Innere der Blase verliert auf diese Weise die Glätte und erinnert mit den wirren, sich kreuzenden Fasern und den dazwischen gelegenen Gruben an das des linken Herzventrikels.

Bei der Trabekelbildung finden wir die mittlere Kreisfaserschicht besonders beteiligt. Die querverlaufenden Bündel sind namentlich an der Hinterwand der Mitte dieser entsprechend oft so stark ausgebildet und gegen das Innere vorragend, daß tiefe Einsenkungen zwischen den vorragenden Balken zustande kommen, wodurch die Wand der Blase an dieser Stelle von Hohlräumen vielfach durchsetzt erscheint (Abb. 57).

Die Hypertrophie der Kreisfaserschicht kann an der genannten Stelle der Hinterwand der Blase so ausgeprägt sein, daß ein ringförmiger, in das Innere der Blase als Wulst vorspringender Wall zustande kommt, durch welchen der Hohlraum der Blase in einen kranialen und kaudalen Abschnitt geteilt wird. Der letztere zeigt in der Regel eine weitere Exkavation sakralwärts und nach den Seiten, so daß die Blase Birnform erhält.

Über die erwähnte, mächtig verdickte Ringfaserschicht, mit ihr durch vielfache Anastomosen verbunden, ist im Inneren eine zarte Schicht von schlanken längs verlaufenden Zügen gebreitet, die, weite Maschen bildend, von allen Seiten her zur Basis ziehen. Auch diese Fasern sind an der Rückwand am stärksten, vorne zarter.

Die Vertiefungen in den muskelarmen Feldern sind ursprünglich seichte Grübchen; in dem Maße als neue Fasern der Blasenmuskulatur am Prozesse der Hypertrophie teilnehmen, vertiefen

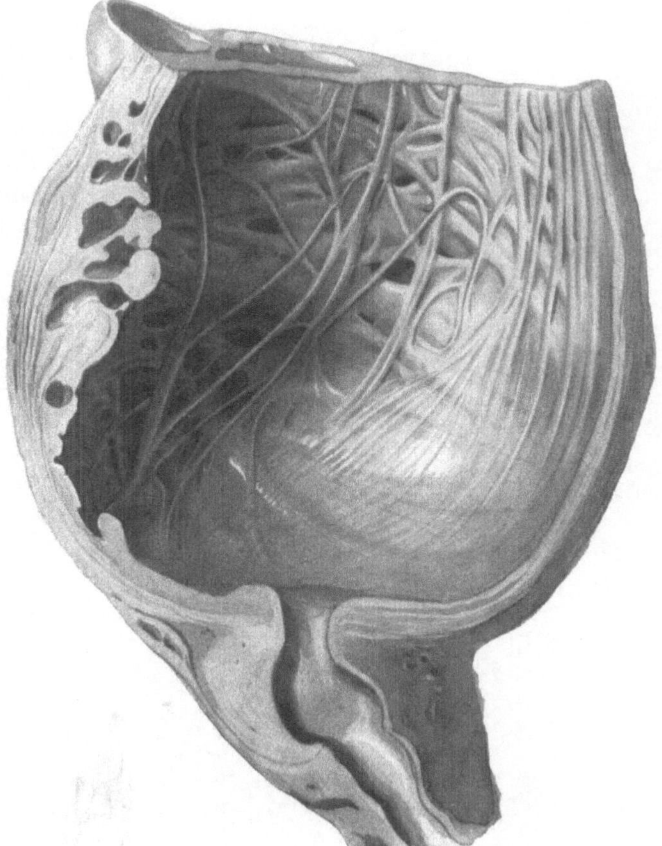

Abb. 57. Starke Trabekelbildung an der hinteren Blasenwand bei subvesikaler Prostatageschwulst. Medianschnitt linke Hälfte.

sich die Gruben, bekommen verschiedene unregelmäßige Formen und können sich durch mehrere Etagen der Muskulatur erstrecken. Bei anhaltendem erhöhtem Druck werden diese überdies passiv gedehnt, so daß wir die Blasenwand bisweilen von Hohlräumen völlig durchsetzt, in ein schwammiges Gewebe umgewandelt, finden. Diese Systeme von Hohlräumen erreichen oft so große Ausdehnung, daß sie bis ans Bauchfell sich erstrecken und dieses buckelförmig vorstülpen. Diese subserösen, oft sehr geräumigen Höhlen haben eine sehr zarte Propria und das Bauchfell als Bedeckung; stets münden sie auf Umwegen mit enger Öffnung in den Hohlraum der Blase (Abb. 58).

Den erwähnten Formveränderungen kommt klinisch eine weitgehende Bedeutung zu. Sie sind der Grund, warum Infektionen der Blase manchmal unheilbar sind und mit profuser Eiterung einhergehen. Auch das Auftreten peritonealer Reizungen, die Bildung paravesikaler Eiterherde oder perforativer Peritonitis werden durch die erwähnten Veränderungen verständlich. In anderen Fällen sind die intramuralen Höhlen die Ursache plastischer Entzündungen der Blase wie der angrenzenden Zellgewebslagen, in welchem Falle wir Blasenwand und paravesikale Zellgewebslagen in dicke faserige Schichten umgewandelt sehen (Abb. 59). An der offenen Blase des Lebenden fehlt der plastische Eindruck, wie wir ihn am Organe im zystoskopischen Bilde oder am gehärteten Objekte empfangen. Man sieht zwischen den in Falten gelegten dunkel geröteten Wülsten der Schleimhaut aus den engen Öffnungen der Divertikel Eiter oft in beträchtlicher Menge austreten.

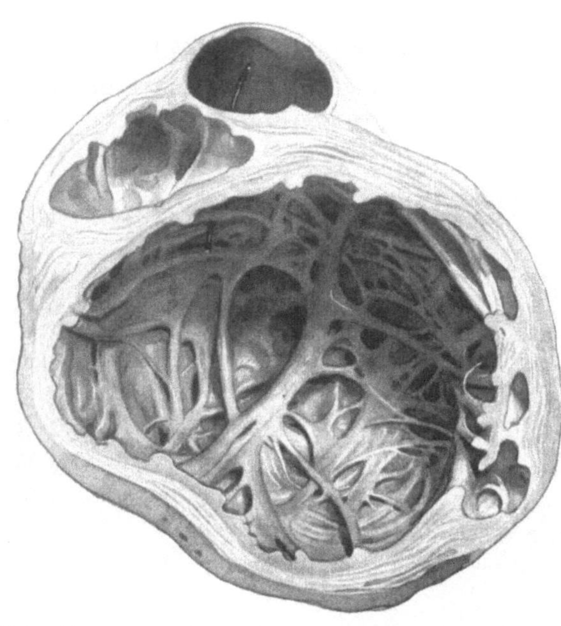

Abb. 58. Blasenscheitel bei trabekulärer Hypertrophie. Intramurale bis an die Serosa reichende Ausbuchtungen der Schleimhaut. In einem Divertikel eine Sonde.

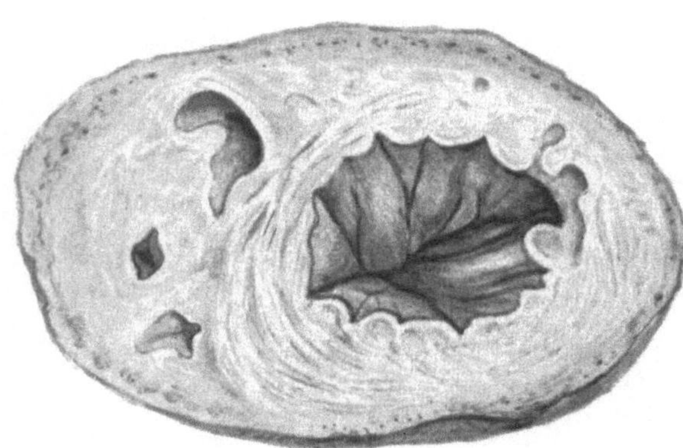

Abb. 59. Blasendivertikel in Entzündungsherde eingebettet. Querschnitt.

B. Am Trigonum.

Das Trigonum nimmt anatomisch, funktionell und entwicklungsgeschichtlich gegenüber den anderen Teilen der Blase eine Sonderstellung ein. Die Veränderungen als Folge erhöhter Arbeitsleistung werden am Trigonum demgemäß besondere Form gewinnen.

Die Hauptmasse des Blasendreiecks wird von einem Muskel (M. trigonalis-KALISCHER, Lissosphinkter-WALDEYER) gebildet, der im Wesen HENLES Sphincter internus entspricht. Die Mehrzahl der Autoren ist der Meinung, daß die trigonale Muskulatur eine Fortsetzung der Längsmuskulatur der Harnleiter bildet. PÉTERFI, der diese Verhältnisse neuerdings studiert hat, bestätigt diese Auffassung. Die Längsfasern der Ureteren strahlen in das Trigonum ein, wo sie den M. trigonalis und dessen oberen Rand, den M. interuretericus formen. In weiterer Fortsetzung erstreckt sich die Muskelplatte nach vorne und unten und bildet, die Harnröhre von hintenher umgreifend, unterhalb der Blasenmündung eine Schleife um dieselbe. Harnleiter, Trigonum und Wurzelstück der Harnröhre haben in diesem Sinne eine gemeinsame Muskulatur.

Auch in der Entwicklung ist das Trigonum von der übrigen Blase different. Ursprünglich liegen die Mündungen der Wolffschen Gänge und der Harnleiter in der Kloake dicht aneinander. Es beginnt beim Embryo von 13 mm Länge die kraniolaterale Verlagerung der Ureteren, die nach WESSON beim Embryo von 20 mm Länge so weit gediehen ist, daß das Trigonum fertig gebildet ist. Die zwischen den Öffnungen der Harnleiter und der Wolffschen Gänge gelegene Strecke entspricht dem Trigonum der Blase und dem Anfangsstück der Harnröhre. In diesem Sinne gilt das Trigonum als Derivat des Wolffschen Ganges als mesodermal, während die Blase, von der Kloake stammend, entodermalen Ursprungs ist. Nach KRASA-PASCHKIS ist ein Teil der Dorsalwand der Urethra, in die Blase einbezogen, deren Muskulatur zum Lisso-sphincter urethrae wird, so daß im Trigonum außer den ento- und mesodermalen auch Teile ektodermaler Herkunft vorhanden wären.

Entsprechend diesen weitgehenden Differenzen gegenüber der anderen Blasenmuskulatur wird die Funktion dieses Teiles eine verschiedene sein. Das Trigonum ist an der Austreibung des Harnes wahrscheinlich unbeteiligt. Die trigonale Muskulatur versorgt den automatischen Verschluß der Blasenmündung und hat wohl sicher die Aufgabe, unabhängig vom Füllungszustand der Blase und von Tonussteigerungen, den ungehemmten Einlauf aus den Harnleitern zu ermöglichen. Die Lage der Harnleiterostien zueinander und zur Blasenmündung ist durch das Verhältnis der trigonalen Muskulatur zu der der Harnleiter und der Harnröhre eine stabile.

Bei der Prostatahypertrophie werden die Veränderungen am Trigonum bedingt: 1. durch die prominente, die Mündung deformierende Prostatageschwulst, 2. durch Veränderungen der Muskulatur infolge funktioneller Überarbeit. Die Höhe des Trigonum ist verschieden, je nachdem die Prostatageschwulst mit einem breiteren oder schmäleren Anteil in die Blase ragt. Auch die Verlagerung der Mündung in der Richtung gegen die Symphyse oder das Kreuzbein hat ihre Wirkung auf Form und Höhe des Blasendreiecks. Oft ist die Höhe dieses so stark verkürzt, daß der Torus interuretericus in die nächste Nähe der Blasenmündung zu liegen kommt, es kann selbst das ganze Trigonum auf den Rücken der Prostatageschwulst verlagert sein (vgl. Abb. 4).

Viel übersichtlicher erscheinen die Veränderungen des Blasendreiecks, wenn eine beträchtliche Prominenz der Prostatageschwulst fehlt, oder eine solche nur angedeutet ist.

Die obere Grenze des Trigonum ist normalerweise eine wenig erhabene Leiste, die jederseits an ihrem stumpfen Ende die schlitzförmigen Harnleitermündungen trägt. Bei chronischer Harnstauung nimmt die Leiste an Masse zu, springt in ausgeprägten Fällen als mächtiger Wulst vor und zeigt gewöhnlich nach rückwärts steilen Abfall. Bei der Präparation des Torus, sowie am Sagittalschnitte ergibt sich, daß die Volumzunahme des Wulstes durch die Hypertrophie des in ihm gelegenen M. interuretericus bedingt ist.

In anderen Fällen sind auch die seitlichen Begrenzungen des Dreiecks als Wülste scharf ausgeprägt, so daß das ganze Gebilde sich isoliert von den angrenzenden Partien abhebt. Sind diese ausgeweitet und vertieft, die Begrenzungen des Dreiecks aber wulstig und unterminiert, so wird die Selbständigkeit des ganzen Gebildes besonders augenfällig (Abb. 60).

Das pathologisch veränderte Blasendreieck weist weitere Varianten auf: Die Harnleiter sind mit ihrem untersten Ende sichtbar an der Hypertrophie beteiligt, was aus dem Zusammenhang von ureteraler und trigonaler Muskulatur erklärlich wird. Wir sehen bei ausgeprägten Hypertrophien des Trigonums den untersten Harnleiterabschnitt verlängert.

Die Harnleitermündungen sitzen nicht an den Enden des verlängerten Torus, sondern in seiner Kontinuität in normaler Distanz von der Mittellinie, so daß der Harnleiterwulst über die Ostien hinaus verlängert erscheint. Der jenseits der Harnleitermündung gelegene Anteil übertrifft an Länge bisweilen die Strecke zwischen den Ostien. An seinem lateralen Ende löst sich der Torus in einzelne Muskelbündel auf, die, sich verzweigend, in die hypertrophische Muskulatur der Blase einstrahlen.

Die Präparation zeigt, daß der jenseits der Harnleitermündungen gelegene Teil des Wulstes den verlängerten, in seiner Wand nur mäßig verdickten, untersten Harnleiterabschnitt enthält. Die mikroskopische Untersuchung des Harnleiters in diesem Abschnitte zeigt einen deutlichen Schwund der Muskulatur unter Zunahme der bindegewebigen Anteile der Wand.

Die obere Begrenzung des Trigonum besteht in solchen Fällen demnach aus einem soliden, zwischen den Harnleitermündungen ausgespannten muskulären Wulst, an den sich jederseits ein röhrenförmiger Anteil anschließt.

Bei der Besichtigung dieser Verhältnisse gewinnt es den Anschein, als ob die intramurale Partie des Harnleiters gleichsam in das Blaseninnere hineingezerrt würde, oder als ob bei dem Bestreben, die Distanz der Harnleitermündungen aufrecht zu erhalten, der Torus der Dehnung widerstehen würde, während der lateralwärts gelegene intramurale Harnleiteranteil dem Drucke nachgäbe.

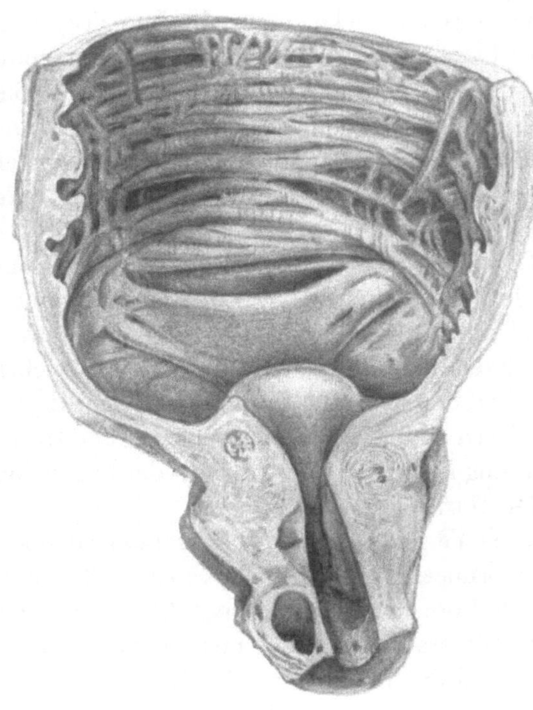

Abb. 60. Besonders deutlich abgegrenztes Trigonum vesicae. Blase und Harnröhre von vorne eröffnet.

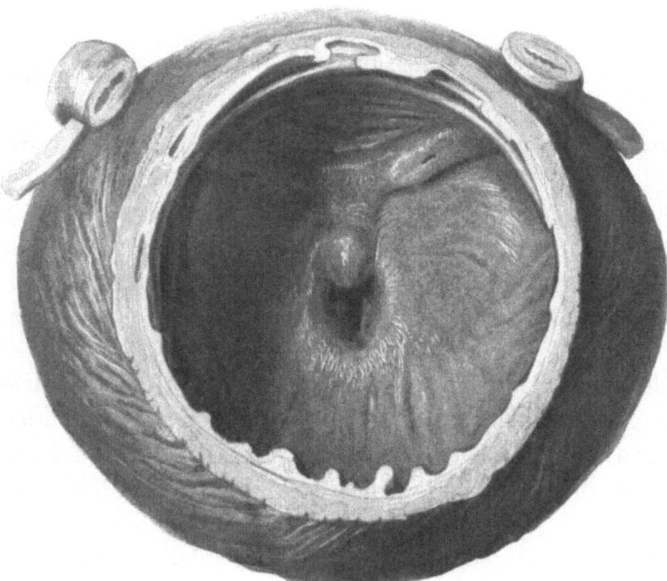

Abb. 61. Deformiertes Trigonum vesicae. Blase abgekappt. Ansicht von oben.

Neben der Hypertrophie des Interureteren-Wulstes finden wir auch die Verbindung des Trigonum zur Blasenmündung hochgradig deformiert, zu einem kurzen, derben massigen Wulst umgewandelt, so daß in solchen Fällen das Trigonum nicht mehr eine Platte darstellt, sondern aus einem queren und aus einem diesem aufgesetzten Längswulst besteht (Abb. 61).

Bezüglich der Genese der erwähnten Veränderungen wäre folgendes zu bemerken: die zunehmende Stagnation des Harnes in der Blase, der erhöhte Intravesikaldruck bedingen eine gesteigerte statische Leistung der Blasenmuskulatur. Der gegen den erhöhten Druck erschwerte Einlauf des Harnes erfordert seinerseits eine über das normale Maß gehende Arbeit der Harnleitermuskulatur, die im gleichen Sinne wie die der Blase an Volum zunimmt. Mit der Hypertrophie der Harnleitermuskulatur wächst auch die des Trigonums vermöge der Abhängigkeit von der des Ureters. Der hypertrophische M. interuretericus wahrt die Distanz der Harnleiterostien. Bei weiter gehender Dehnung der Blase aber unterliegt der, als röhrenförmiges Gebilde nachgiebigere intramurale Harnleiter der Dehnung. Damit wird die Passage aus dem Ureter in die Blase weiter erschwert und dem jenseits der Blase gelegenen Ureteranteil erwächst eine erhöhte Aufgabe, die bei entsprechender Dauer sich an diesem durch deutlich sichtbare Veränderungen ausprägt.

Bei deutlicher Hypertrophie des Blasendreiecks, wie bei Verlängerung des intramuralen Harnleiterabschnittes fanden wir die Harnleiter jenseits der Blase dilatiert, hypertrophiert, starr und mit stagnierendem Harne erfüllt.

C. An den Harnleitern.

In vorgeschrittenen Fällen von Prostatahypertrophie gehört die Erweiterung der Harnleiter, in weiterer Folge die der Nierenbecken und Kelche, zu den gewöhnlichen Folgen chronischer Harnstauung. Die Erweiterung der Harnleiter kann unter Umständen sehr bedeutende Grade erreichen und ist stets mit einer Verdickung der Wand, bisweilen auch mit einer Verlängerung des Rohres vergesellschaftet. Bezüglich Beteiligung der beiden Seiten läßt sich an einem größeren Material erweisen, daß in der Mehrzahl beide Seiten betroffen sind, häufig nicht im gleichen Grade, daß aber auch einseitige Erweiterungen vorkommen. Es ist uns nicht gelungen, die stärkere Beteiligung einer der Seiten festzustellen.

Die gangbare Ansicht, nach welcher bei chronisch-vesikaler Drucksteigerung der Harnleiterverschluß endlich überwunden wird, und die Erweiterung von der Blase auf die Harnleiter übergreift, ist sicher nicht richtig. Auch bei den hochgradigsten Dehnungen der Blase bleiben die Mündungen der Harnleiter schlitzförmig und enge. Es läßt sich zeigen, daß Dilatation und Hypertrophie der Harnleiter stets an dem jenseits der Blase gelegenen Abschnitt beginnen, und daß der proximal davon gelegene Harnleiteranteil, wie bereits erwähnt, verlängert und enge ist.

Die Enge hat ihren Sitz im intramuralen Teile des Ureters, man kann durch Präparation erweisen, daß ganz unvermittelt am Übergang in den extravesikalen Teil die Dilatation und Hypertrophie scharf einsetzen. Die Grenze zwischen dilatiertem und stenosiertem Teil ist stets eine ganz scharfe, wir finden häufig knapp am Übergang den Ureter ampullär erweitert. Ein Blick in den erweiterten geöffneten Harnleiter zeigt, daß die größte Erweiterung ganz unvermittelt in die größte Enge übergeht. In dem abgebildeten Falle ist an der Innenfläche des Harnleiters eine ausgeprägte trabekuläre Hypertrophie der Muskulatur sichtbar (Abb. 62).

Wir müssen annehmen, daß an der Grenze zwischen extravesikalem und intramuralem Harnleiteranteil die Passage des Harnes eine Hemmung erfährt. Es kann sich dabei nicht um Druck von seiten der Blasenmuskulatur handeln, denn eine umschriebene Einschnürung ist nicht nachweisbar. Hingegen dürfte die Veränderung der Form, der Länge und der Verlaufsrichtung des intramural gelegenen Ureteranteiles die Veranlassung sein, daß der Harnstrom an dieser Stelle in solchem Maße gehemmt wird, daß in den darüber gelegenen Anteilen die Stauung hohe Grade erreicht. Auch könnte die schräge Durchbrechung der Harnblasenwand durch den Ureter einen ventilartigen Verschluß bedingen, so daß bei gesteigertem Intravesikaldruck eine Wand an die andere gepreßt wird. Dafür spricht die Säbelscheidenform des intramuralen Abschnittes, die in diesen Fällen oft nachweisbar ist (Abb. 63).

Die Knickung zwischen erweitertem und engem Teile des Harnleiters mag das Hindernis

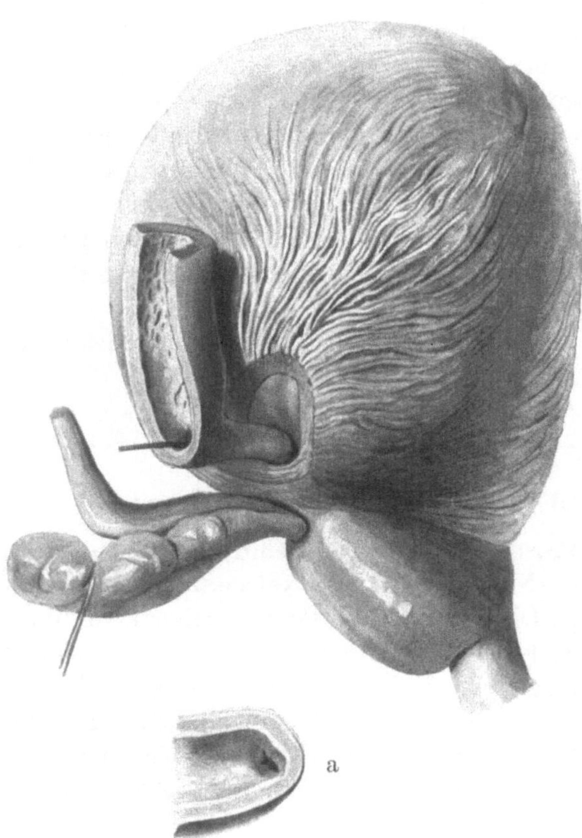

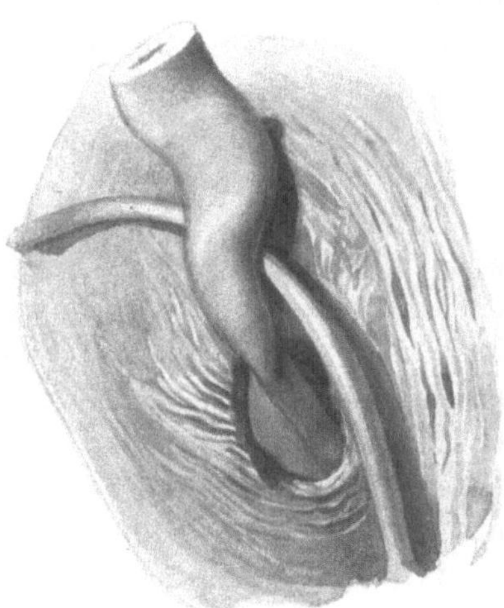

Abb. 62. Übergang des dilatierten extravesikalen Ureteranteiles in den engen intramuralen. Harnleiter eröffnet. Sonde im Ureter.
Abb. 62a. Übergangsstelle von innen gesehen.

Abb. 63. Intramuraler verengter Ureteranteil. Linker Ureter von hinten gesehen.

steigern. Wir finden die beiden Anteile oft in rechtem Winkel zueinander gestellt, so daß bei erhöhtem Druck von oben das Passagehindernis eine weitere Steigerung erfahren muß.

Eine absolute Enge besteht an dieser Stelle sicher nicht; im Gegenteil, der verlängerte muskelarme, schlaffwandige, intramurale Ureteranteil scheint weniger als unter normalen Verhältnissen zu schließen. Wenigstens sehen wir, daß Flüssigkeit, die bei mäßigem Druck in die Blase eingespritzt wird, in solchen Fällen leicht in die Harnleiter tritt und diese erfüllt. Für den Strom von der Niere her ist aber die Formveränderung des Harnleiters innerhalb der Blasenwand ausreichend, um ein immer wachsendes Hindernis zu setzen.

Die Verdickung der Harnleiter ist in frühen Stadien eine Wirkung kompensatorischer Muskelarbeit, also rein muskulär. Je länger der Prozeß währt, je mehr die Wand an Dicke zunimmt, um so mehr sehen wir die Muskulatur in der Harnleiterwand auf Kosten des faserigen Gewebes schwinden. In den hohen Graden ist die fibröse Umwandlung am Harnleiter weit ausgeprägter als an der Blase. Die Flüssigkeitsströmung scheint hier nur nach hydrostatischen Gesetzen unabhängig von aktiver muskulärer Propulsion vor sich zu gehen.

D. An den Ductus deferentes und an den Samenblasen.

Schon durch die Verlängerung der oberen prostatischen Harnröhre erleiden die Ductus deferentes eine Verschiebung aus ihrer Lage; die am Caput gallinaginis endenden Ductus werden durch die sakralwärts wachsende Geschwulst vom Blasenostium abgedrängt. Es wird die Winkelstellung zwischen Ductus und der Harnröhre insoferne geändert, als die ersteren nicht mehr in spitzem, sondern eher in rechtem Winkel an die Harnröhre herantreten. Die außerhalb der Prostata gelegenen Abschnitte sind gleichfalls aus ihrem normalen Verlauf verdrängt; ihre Endstücke geraten in stärkere Spannung und werden durch die sakral vorgewölbte Blasenbasis seitlich verschoben, so daß sie sich in einem stumpfen Winkel treffen, wodurch ein größeres Feld des Blasengrundes zwischen beiden frei bleibt (Abb. 64).

Im gleichen Sinne werden die Samenblasen aus ihrer Lage vom Blasengrund abgehoben und in die Horizontale gedrängt (Abb. 64). Auch die Lagebeziehung der Vereinigungspunkte der beiden Ductus zum Blasengrunde ist geändert, indem diese durch die im Gebiete des Lobus medius entwickelte Geschwulst von der Blase

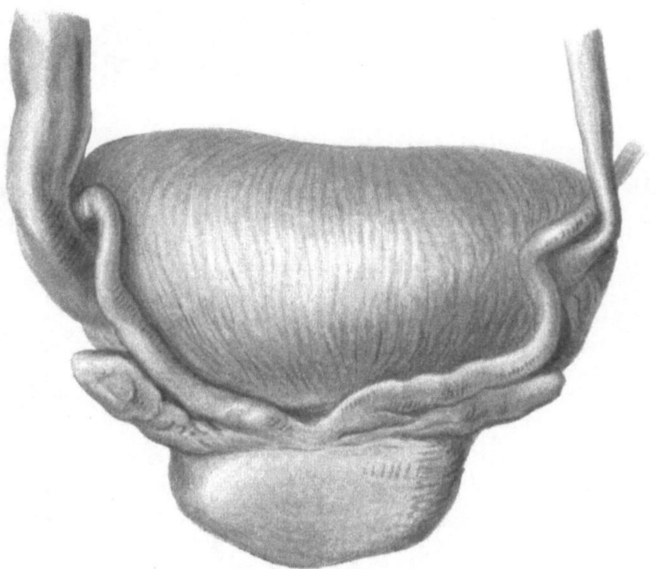

Abb. 64. Seitliche Verdrängung der Ductus deferentes und der Vesiculae seminales. Blase von hinten präpariert.

kaudalwärts verschoben werden. Während unter normalen Verhältnissen die Mündung der Ductus dorsal in der Mittellinie an der Grenze zwischen Lobus medius und posterior an einer Stelle gelegen ist, die wegen der geringen Ausdehnung des Lobus medius mit der Furche zwischen oberer Begrenzung der Prostata und der Blase zusammenzufallen scheint, ist sie bei ausgeprägter Hypertrophie des Mittellappens durch den breiten, zwischen Blase und oberem hinteren Rand der Prostata eingeschobenen Geschwulstanteil des Mittellappens so weit abgedrängt (Abb. 65), daß die Einmündungsstelle beträchtlich kaudalwärts von der Blase abgerückt ist. Es resultiert auf diese Weise eine veränderte Relation zwischen Ductus und den Harnleitern. Die Strecke von der Ductusmündung bis zur Kreuzung mit dem Harnleiter ist länger

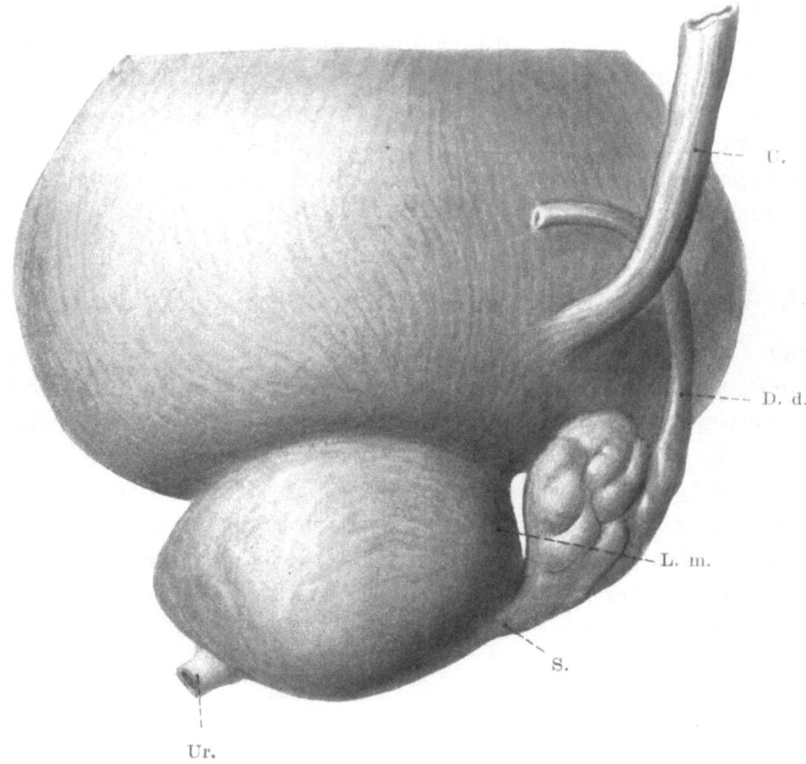

Abb. 65. Abdrängung der Samenblasen durch Prostatahypertrophie im Raume des Lobus medius.
D. d. = Ductus def. L. m. = Zone des Lobus med. S. = Samenblase. U. = Ureter. Ur. = Urethra.

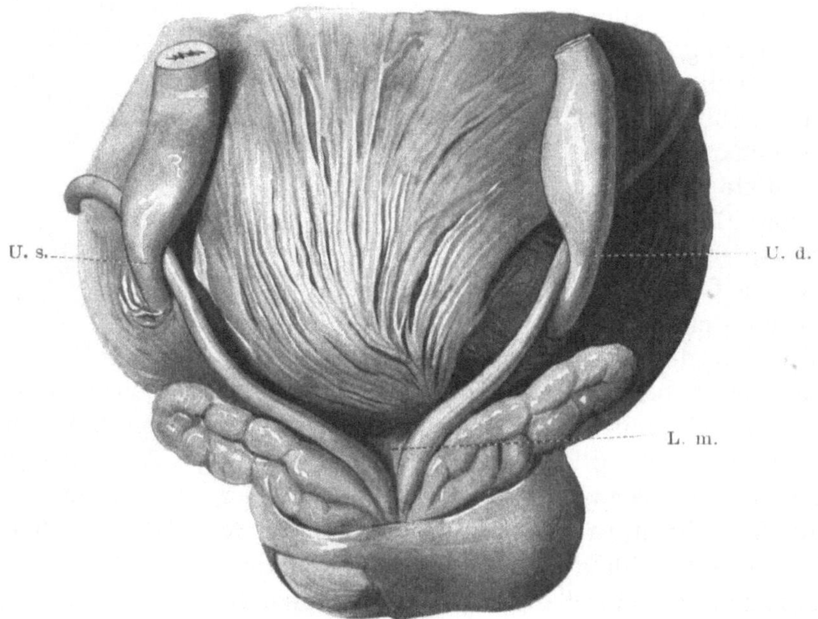

Abb. 66. Verlängerung der Distanz zwischen Prostata und Kreuzungsstelle des Ureters mit dem Ductus
deferens.
L. m. = Lobus medius. U. d. = Ureter dexter. U. s. = Ureter sinister.

geworden (Abb. 66). Der Ductus wird gedehnt, stärker angespannt und es kann sich
ereignen, daß er eine deutliche Kompression des Harnleiters veranlaßt.

Angedeutet kann man diese Art von Druck häufig sehen. In Abb. 66 ist der
Harnleiter oberhalb der Kreuzungsstelle verdickt und erweitert. Die Druckwirkung
in diesem Falle ist eine geringe, doch sind die Folgen derselben unverkennbar.

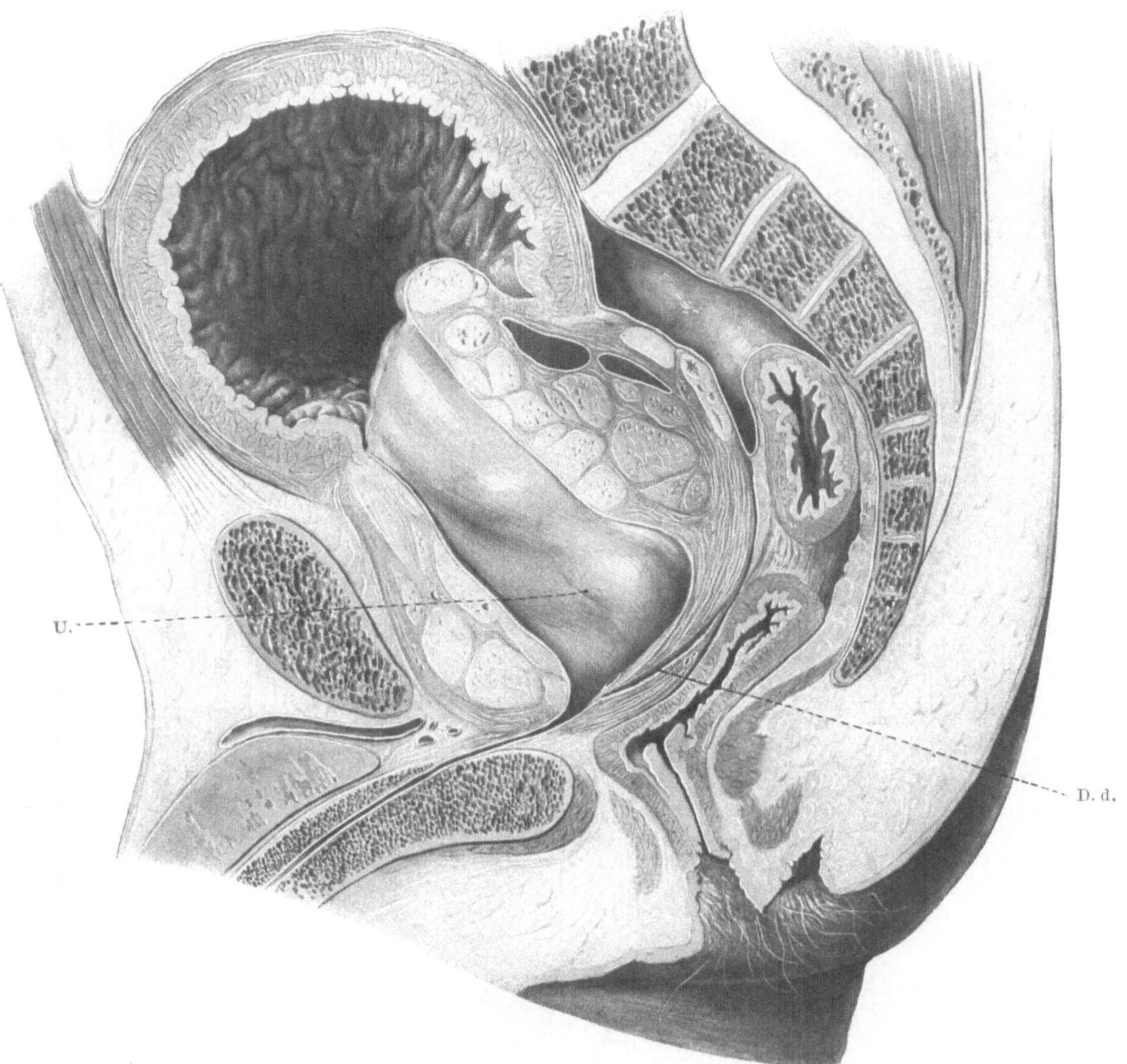

Abb. 67. Mächtige subvesikale Prostatageschwulst mit starker Elevation der Blase.
D. d. = Ductus deferens. U. = Ureter. Medianschnitt rechte Hälfte.

In der ausgeprägtesten Weise zeigt die Veränderung ein von uns im Jahre 1910
veröffentlichter Fall, in welchem der Ductus deferens den Harnleiter jederseits fast
bis zur Obliteration komprimiert hatte.

Das ganze kleine Becken (Abb. 67) ist von einem faustgroßen Tumor eingenommen, der,
am Diaphragma pelvis aufruhend, mit seinem oberen Ende den Beckeneingang überragt. Wie das
Verhältnis zur Harnröhre und zum Ductus deferens zeigt, handelt es sich um eine, innerhalb der

Prostatadrüse entwickelte, die obere prostatische Harnröhre allseitig umwachsende Geschwulstbildung, die am Schnitte grob gelappt erscheint; an ihrem oberen Ende trägt sie die nach vorne
oben gerichtete, klaffende Blasenmündung. Die Harnröhre stellt von da bis zum Colliculus ein
8 cm langes, seitlich eingeengtes Rohr dar, welches seine größte Ausdehnung im antero-posterioren

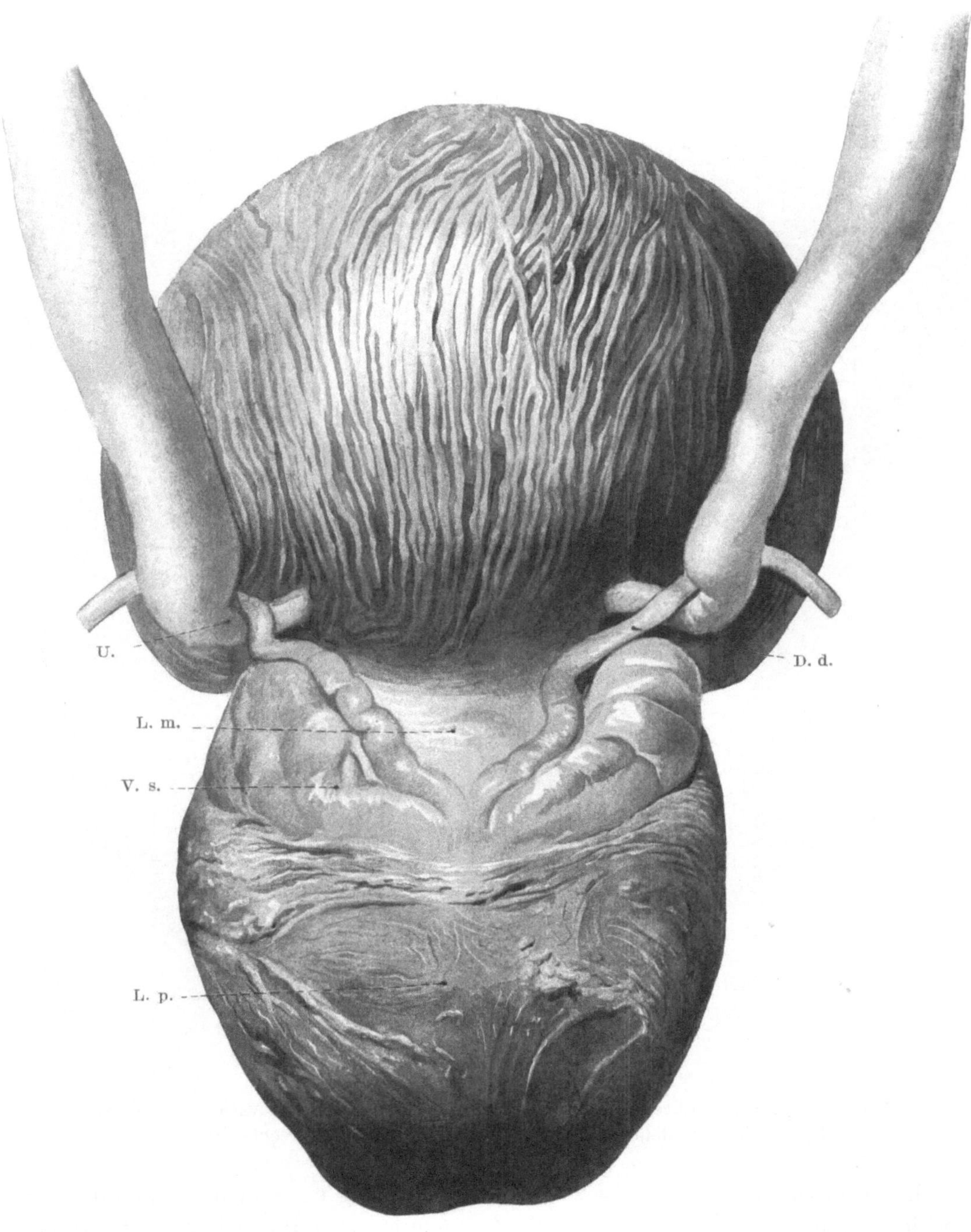

Abb. 68. Objekt der Abb. 67. Blase und Prostata von hinten präpariert.
D. d. = Ductus deferens. L. m. = Lobus medius. L. p. = Lobus posterior. U. = Ureter. V. s. =
Vesicula seminalis.

Durchmesser ($3^1/_2$ cm) in einer ober dem Colliculus gelegenen sakralen Ausbauchung besitzt. Die untere prostatische Harnröhre ist normal lang und weit, und gegen den erweiterten oberen Anteil in einem Winkel von 90 Grad geknickt. Die Blase ist kontrahiert, in ihrer Wand stark verdickt.

Von rückwärts (Abb. 68) sieht man die Außenfläche der Prostatageschwulst, über dieser ihr aufsitzend die Blase. Bemerkenswert ist, daß der Blasenfundus ganz frei liegt; Samenblasen und Ductus deferentes sind nach abwärts verlagert, der Prostatageschwulst anliegend; die Einmündung der Samenblasen und Ductus ist von der Blasen-Prostatagrenze nach abwärts gerückt. Wir finden zwischen Blasenfurche und Vereinigung der Ductus eine Distanz von 2 cm, die dem Tiefendurchmesser der im Gebiete des Lobus medius entwickelten Geschwulst entspricht.

Das Stück des Ductus deferens von der Mündung bis an die Kreuzungsstelle mit dem Harnleiter ist jederseits stark verlängert. An der Kreuzungsstelle finden wir jeden der Harnleiter etwa 1 cm vor seinem Eintritt in die Blase durch den darüber gespannten Ductus fast bis zum Verschluß seiner Lichtung komprimiert.

Blasenwärts von dieser Stelle ist der Harnleiter enge, kranialwärts derselben erweitert und in seiner Wand verdickt. An der Kreuzungsstelle sind der erweiterte, gegen den enge gebliebenen Anteil des Harnleiters in stumpfem Winkel zueinander gestellt.

VI. Sekundäre Veränderungen bei Prostatahypertrophie.

A. Entzündungen.

Die Geschwulstentwicklung innerhalb der Prostatadrüse ist an sich aseptisch. Die am Geschwulstgewebe zu beobachtenden Erscheinungen von Entzündung müssen wir als sekundäre auffassen, da die, für die Entzündung als ätiologisches Moment der Prostatahypertrophie angeführten Argumente sich weder anatomisch, noch klinisch als beweiskräftig erwiesen haben. Nicht alle am Tumorgewebe auftretenden Entzündungen sind aber als Teilerscheinung urethraler oder vesikaler Infektion anzusehen, da wir auch in aseptischen Fällen Zeichen entzündlicher Reizung an der Prostatageschwulst nachweisen können.

Für die eiterigen Prozesse ist die Infektion, von den Harnwegen her fortgeleitet, wohl nicht anzuzweifeln. Jede Prostatahypertrophie liefert bei Expression vom Mastdarm aus ein Sekret in die Harnröhre, in welchem Produkte der neugebildeten Drüsen stets vorhanden sind. Umgekehrt müssen wir annehmen, daß auf demselben Wege Keime aus der Harnröhre in die Prostatageschwulst gelangen können. Die weite prostatische Harnröhre ist vermöge ihrer geänderten Form für Harnstagnation prädisponiert; der urethrale Residualharn mag die Quelle der aufsteigenden Infektion sein.

Der Katheterismus, wie andere instrumentelle Eingriffe, setzen leicht Gewebsläsionen, welche den Keimen Eingangspforten bieten. Das Prostataadenom mit seinem weitverzweigten Gebiet von neugebildeten Drüsen zeigt, einmal infiziert, keine Tendenz zur Heilung.

Was die Häufigkeit des Vorkommens entzündlicher Veränderungen bei Prostatahypertrophie anlangt, so ist der Prozentsatz ein verschiedener, je nachdem man klinisch untersucht oder aus Präparaten urteilt. Die letzteren, mögen sie bei Operationen oder Zergliederungen gewonnen sein, repräsentieren meist vorgeschrittene Stadien der Erkrankung, während in die klinische Untersuchung auch Frühfälle in aseptischem Zustande einbezogen werden.

Motz und Goldschmidt haben in 40 von 50 mikroskopisch untersuchten hypertrophischen Prostaten die Zeichen chronischer Entzündung nachgewiesen. Bei der klinischen Untersuchung fanden die Autoren nur in 9 von 20 Fällen Symptome der

Infektion. Greene und Brooks, die 58 Fälle anatomisch untersuchten, haben ausnahmslos an allen Objekten evidente Zeichen der Entzündung gefunden.

Eine Durchsicht der eigenen, bei Operationen und Sektionen gewonnenen Fälle bestätigt die Angabe der Autoren. Die überwiegende Mehrzahl zeigt die Entzündung in unverkennbarer Weise.

Geringe Veränderungen entzündlicher Art haben auf Aussehen und Konsistenz der Geschwulst keine Wirkung, nur bei vorgeschrittener, ausgedehnterer eiteriger oder faseriger Umwandlung verliert die Schnittfläche ihr homogenes Aussehen; es treten durch Farbe und Struktur distinkte Inseln oder Züge auf oder es sind eiterige Einschmelzungen von miliarer Größe bis zu konfluierenden ausgedehnten Hohlräumen sichtbar. Auch Gebiete von schwammigem Gefüge, kavernösem Gewebe gleichend, kommen vor.

Mikroskopisch finden sich an verschiedenen Stellen eines Objektes die mannigfaltigsten Formen und Grade von Entzündung; neben älteren Prozessen sind rezente Herde vorhanden, neben fibrösen, in Organisation befindlichen Stellen Infiltrationen und eiterige Einschmelzungen. Im allgemeinen betrifft der Prozeß in verschiedener Kombination die drüsigen Partien und das interstitielle Muskel- und Fasergewebe. Herdweise Infiltrate im Stroma, Wucherung der fixen Gewebselemente, periglanduläre, perivaskuläre Infiltrate und eiterige Einschmelzungen kommen neben fibrosklerotischer und muskulärer Umwandlung vor.

An den Drüsen ist reichliche Desquamation, Anschoppung der erweiterten Drüsen mit Epithel, Detritus, mit Rund- und Eiterzellen bis zum völligen Schwund der Drüsen durch eiterige Einschmelzung oder fibrosklerotische Umwandlung zu beobachten. Zystische Erweiterungen mit Druckschwund des Epithels kommen gleichfalls vor. Motz und Goldschmidt fanden in $15^0/_0$, Greene und Brooks in 5 von 58 eiterige Prozesse. Die interstitiellen Hyperplasien mit Atrophie der Drüsen und Muskeln sind die häufigsten Befunde.

Als Ausgang chronischer Entzündung finden wir abgesackte Eiterherde inmitten fibrös entarteten Gewebes oder die Umwandlung der ganzen Geschwulst in eine reinfaserige Bindegewebsmasse, in welcher Drüsen oder Muskel völlig untergegangen oder nur in Resten vorhanden sind. Die so veränderte Prostatahypertrophie kann leicht mit Atrophie der Prostatadrüse verwechselt werden. Die mikroskopische Untersuchung, besonders der Randpartien läßt aber die Abstammung von Prostatahypertrophie unverkennbar nachweisen.

Klinisch zeigt die Entzündung des Prostataadenoms, mag es sich um katarrhalische, eiterige oder organisierende Prozesse handeln, wenig ausgeprägte Symptome. Bisweilen weisen Remissionen oder häufige Exazerbationen der örtlichen Symptome, schmerzhafte Phänomene beim Harnlassen, Urethrorhöen beim Stuhl oder am Schlusse der Miktion auf Entzündung der Prostata hin. Oft aber fehlen diesbezügliche Symptome völlig und man kann auch ganz große Abszesse latent verlaufen sehen. Dagegen sehen wir ein andermal das Bild der septischen Infektion in seinen örtlichen und allgemeinen Zeichen scharf ausgeprägt. Hier entspricht der Befund in allen Einzelheiten dem des septischen Prostataabszesses.

Aus der Untersuchung des exprimierten Sekretes lassen sich diagnostisch wertvolle Anhaltspunkte auch in sonst symptomlosen Fällen schöpfen. Das durch Expression der hypertrophischen Prostata gewonnene Sekret ist von Goldberg eingehend studiert worden. In der überwiegenden Mehrzahl der Fälle konnten im Sekrete polynukleäre Leukozyten in beträchtlicher Menge nachgewiesen werden, auch wenn niemals Gonorrhöe oder Katheterinfektion dagewesen waren. Das Sekret ist bald reichlich, bald spärlicher, trübe, milchig, graugelb bis grünlich, von alkalischer Reaktion und enthält neben Eiterkörperchen auch große mononukleäre Zellen, bisweilen rote Blutkörperchen und geschichtete Körper aus erweiterten Drüsenräumen. GOLDBERG hält die Verminderung des freien Lezithins, die er etwa in 80 % der Fälle gefunden hat, für ein charakteristisches Merkmal des Sekretes der hypertrophischen Prostata.

Jede Entzündung im Gewebe des Prostataadenoms hat die Neigung in den chronischen Zustand überzugehen. Eine Heilungstendenz besteht nicht. Die eiterige Form führt bei avirulentem Verlaufe zur Abkapselung und Eindickung des Eiters bei gleichzeitiger Verbreiterung und Sklerose des Zwischengewebes. Ebenso sind die nicht eiterigen Formen stetig fortschreitend und setzen immer schwerere Veränderungen des Zwischengewebes im Sinne der Verbreiterung dieses unter Umwandlung in fibröse, narbige Massen.

Die folgenden Fälle sind Beispiele von Entzündung im Gewebe der Prostatageschwulst.

1. Chronisch eiterige Entzündung im Gewebe der Prostatageschwulst. Prostatektomie. Heilung.

65 jähriger Mann. Hat niemals Gonorrhöe gehabt, leidet seit 4 Jahren an Blasenbeschwerden. Nächtliche Steigerung der Harnfrequenz, brennende Schmerzen beim Harnlassen bei völlig klarem Harne. Im Herbst 1915 komplette Harnretention; Schwierigkeiten des Katheterismus.

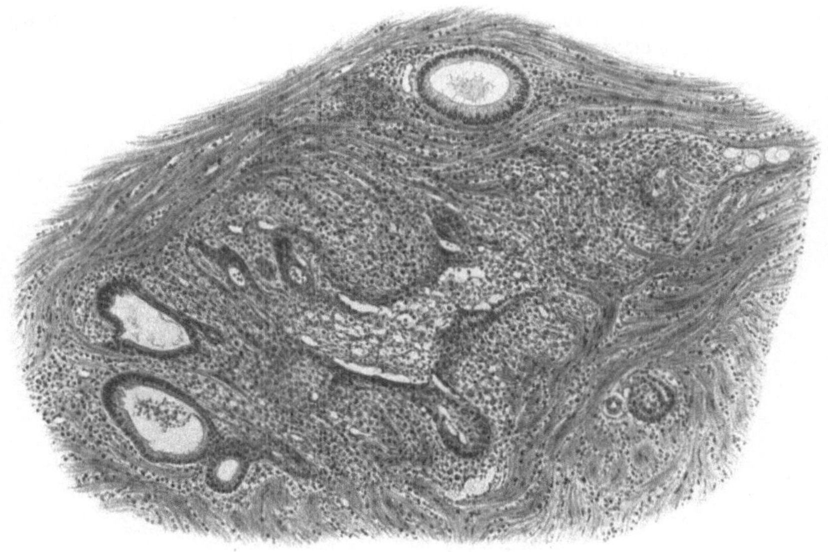

Abb. 69. Entzündungen bei Prostatahypertrophie. Beginnende eiterige Einschmelzung eines Drüsenkomplexes.

Sectio alta zur Anlegung einer Fistel in Budapest. Nach 4 Wochen spontaner Verschluß der Fistel. Die Harnretention gewichen.

Am Tage der Aufnahme wieder komplette Harnverhaltung, schwierige Einführung des Katheters. Starke Vergrößerung der Prostata. Kystoskopisch: starke Hypertrophie des Detrusor, diffuse Zystitis, Prostatageschwulst in Form von drei Lappen in die Blase ragend. Harn normal konzentriert, eiterig, keine Polyurie.

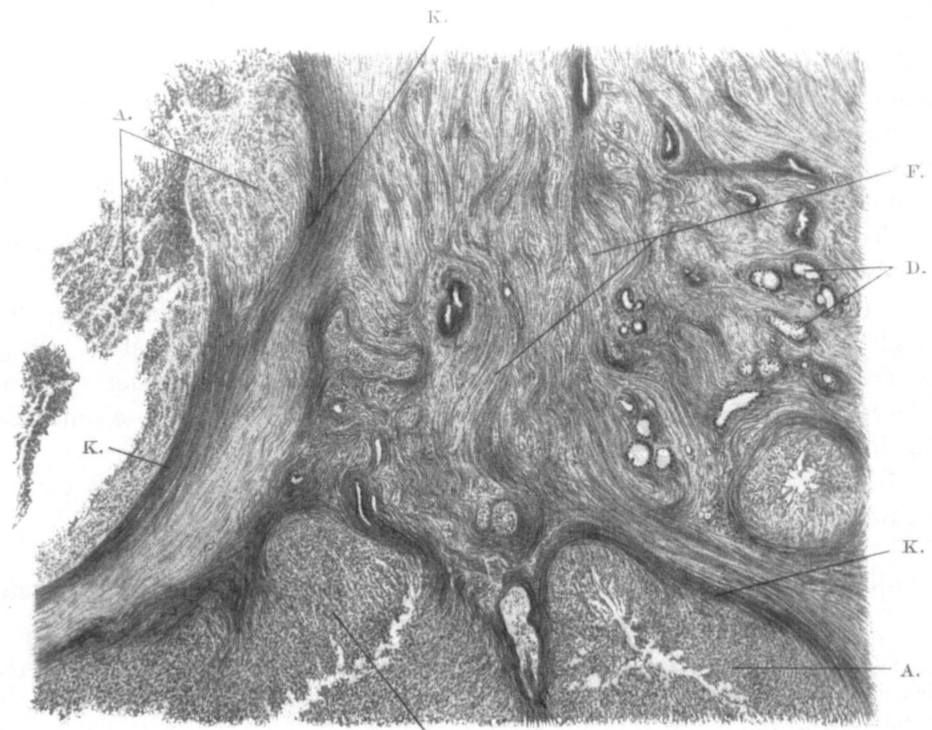

Abb. 70. Entzündung bei Prostatahypertrophie.
A. = Abszesse. **D.** = Reste von Drüsenparenchym. **F.** = fibröse Umwandlung des Gewebes. **K.** = kapselartige Bindegewebsverdichtungen um Eiterherde.

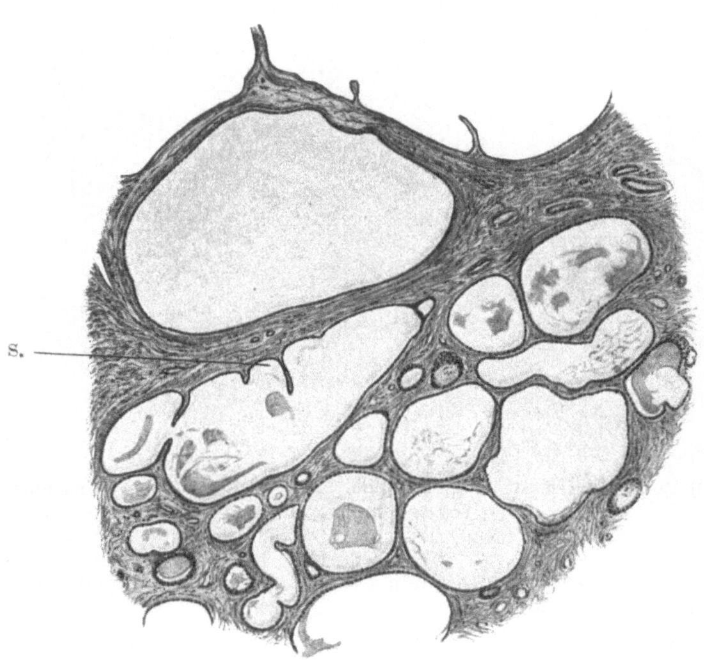

Abb. 71. Entzündung bei Prostatahypertrophie. Erweiterte Drüsenräume. Zystenbildungen durch Schwund von Septen (S.).

Prostatektomie auf transvesikalem Wege. Beim Anbohren der Prostata quillt dicker Eiter aus der Bohröffnung. Die Ausschälung gelingt leicht.

Die enukleierte Geschwulst ist gänseeigroß, typisch dreilappig, vorne nicht geschlossen. Am Durchschnitte diffus über die Schnittfläche verbreitet ein System von ganz kleinen bis über kirschkerngroßen Abszessen, zwischen welchen die Grundsubstanz bald narbig verändert ist, während sie an anderen Stellen das gewöhnliche Bild der Prostatahypertrophie darbietet.

Neben fast unveränderten Partien adenomatöser Hypertrophie finden sich alle Stadien der Eiterung von frühen Phasen bis zu abgekapselten Herden in allen Übergängen. Endlich ist das Drüsengewebe stellenweise durch Stauung in Komplexe von Retentionszysten umgewandelt. Auch das fibromuskuläre Zwischengewebe ist in verschiedenem Grade betroffen; wir finden es in seiner Struktur unverändert mit Rundzellen infiltriert, an anderen Orten in proliferativer Wucherung, endlich zwischen alten Eiterherden in Fasergewebe umgewandelt.

Abb. 69 zeigt die beginnende eiterige Einschmelzung eines umschriebenen Drüsenschlauchkomplexes. Während die peripheren Drüsenanteile allerdings im Zustande der Stauung noch erhalten sind, finden wir den Hauptanteil der Drüse unter eiteriger Infiltration und Einschmelzung nur noch in seinen Umrissen erkennbar. Außer dem Drüsenkörper ist auch das periglanduläre Gewebe in beträchtlichem Ausmaße vom infiltrativen Prozeß betroffen.

In Abb. 70 sind gruppierte ältere Abszesse im Gewebe der Prostatahypertrophie sichtbar: kapselartige Bindegewebsverdichtungen umgeben die Randpartien einzelner größerer Abszesse. In dem fibrösen Gewebe zwischen den Abzessen sind vom drüsigen Parenchym nur mehr Reste vorhanden. In einer Partie der Prostatageschwulst ist das Gewebe aus Drüsen mit stark erweiterten Räumen und niedrigem Epithel aufgebaut (Abb. 71). Das Zwischengewebe ist stellenweise auf ein ganz zartes Gerüst reduziert, wo es breitere Zonen darstellt, ist es der Sitz ausgedehnter zelliger Infiltration. Durch Schwund ganz schmaler Septen kommt es zur Bildung größerer zystischer Hohlräume. Es handelt sich um Retention in einem größeren, aus proliferierten Schläuchen bestehendem Geschwulstbereiche.

2. Hypertrophie der Prostata. Chronische Entzündung mit Umwandlung der Geschwulst in faseriges Gewebe. Abszesse und Steinbildung innerhalb der Prostatageschwulst.

74 jähriger Mann, vor 6 Jahren mit Störungen der Miktion erkrankt. Unter Fieber stellen sich Erschwerung des Harnlassens und Schmerzen ein. Zeitweilig steigert sich die Dysurie bis zur kompletten Harnverhaltung, die längere Zeit anhält. Remissionen und Exazerbationen des Zustandes unter Auftreten von Eiter im Harne. Häufig rezidivierende Epididymitiden. Anfang 1919 Schüttelfröste, chronisch fieberhafter Zustand, Schweiße, Appetitlosigkeit und rascher Kräfteverfall.

Der Kranke bietet das Bild schwerster septischer Kachexie; vollständiger Fettschwund, trockene Zunge, Haut abschilfernd. Harn stark diluiert mit starkem Eitergehalte. Urinentleerung in kurzen Pausen, unendlich schmerzhaft, erschwert, in mattem Strahle. Passage für den Katheter im prostatischen Teil behindert. Residualharn dickeiterig in der Menge von 300 g. Prostata vom Rektum aus kaum vergrößert, stellenweise derb, an anderen erweicht. Man tastet da und dort kleine Konkretionen. Druck auf die Prostata schmerzhaft, läßt zur Harnröhrenmündung Eiter austreten.

Über den Lungen diffuser Katarrh, blutig-eiterige Sputa. Unter anhaltendem Fieber, gastro-intestinalen Störungen und unter stetiger Abnahme der 24 stündigen Harnmenge stirbt der Kranke.

Klinische Diagnose: Hypertrophie der Prostata in eiteriger Einschmelzung mit Bildung von Konkrementen. Chronisch inkomplette Harnretention, Zysto-Pyelo-Nephritis, lobulär pneumonische Herde.

Obduktionsbefund: Alte Tuberkulose der Lunge mit rezenten Herden, Hypertrophie der Prostata mit Abszeß- und Steinbildungen, Hypertrophie der Blasenmuskulatur, Hydroureter, Hydronephrose. Apostematöse Nephritis und chronische Degeneration der Nieren.

Die Blase wird unmittelbar post mortem mit Formalinlösung gefüllt, bei der Obduktion uneröffnet der Leiche entnommen und gehärtet.

Abkappung der oberen Blasenhälfte. Die Blasenwand ist stellenweise bis $1^{1}/_{2}$ cm dick, sie trägt gegen die Blase zu mächtig vorspringende Muskelbalken. Die grubigen Vertiefungen zwischen den Balken erstrecken sich stellenweise in Form vielfach verzweigter unregelmäßiger

Hohlräume bis tief in das Innere der Wand, die, stellenweise von einem System von Höhlen durchsetzt, einen kavernösen Bau zeigt.

Der Fundus ist flach, kranialwärts gehoben und zeigt ein ungewohntes Relief des Trigonum. Die Mündung ist unregelmäßig spaltförmig und von der sakralen Seite her durch eine, in der Mitte des Randes wurzelnde erbsengroße, kugelige Erhabenheit überlagert. Rechts und links gehen von dieser zwei starke, nach vorne konkave, vorspringende Wülste aus, die, jederseits über die seitliche Wand der Blase ziehend, sich vorne in der Mittellinie miteinander vereinigen. Das Trigonum, dessen seitliche Begrenzungen durch die erwähnten Wülste gebildet werden, ist eine derbe, allenthalben über das Niveau der Umgebung sich erhebende Platte, die nach rückwärts mit einer queren Falte endet. Diese trägt jederseits 2 cm von der Mittellinie entfernt die schlitz-

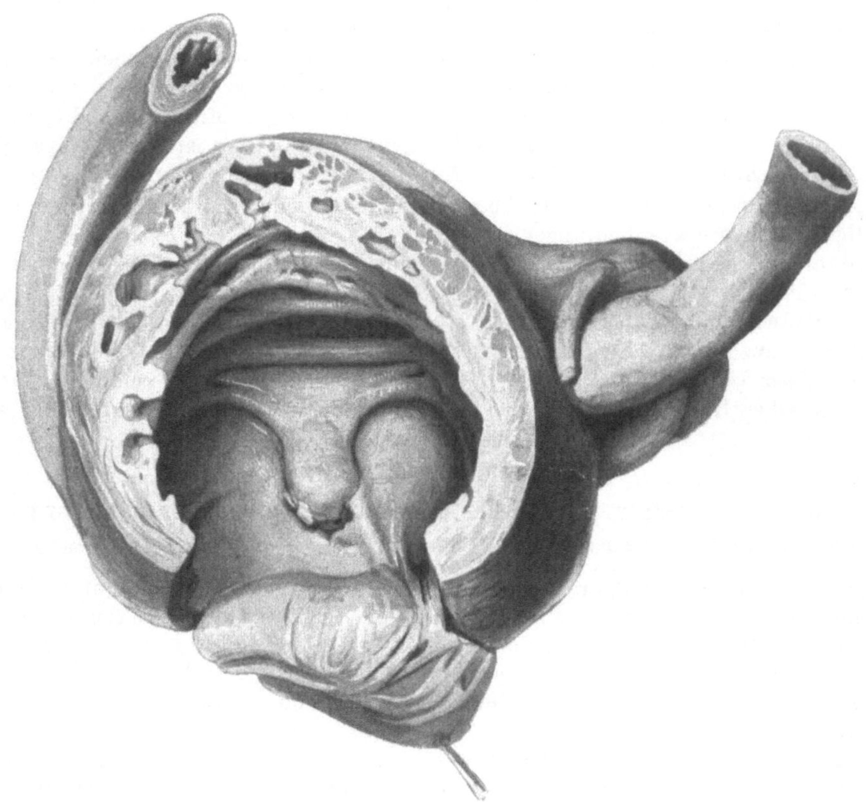

Abb. 72. Hypertrophie der Prostata. Chronische Entzündung mit Abszessen und Steinbildung. Eigentümliche Gestalt des Trigonum vesicae. Blase von oben eröffnet.

förmigen Harnleiterostien. Die Muskulatur des Trigonum hat demnach auch jenseits der Harnleitermündungen eine Fortsetzung und tritt mit der Blase in mannigfache Verbindung (Abb. 72).

Am Sagittalschnitt ist die Hypertrophie der Muskulatur, wie die überaus stark entwickelte intratrabekuläre Buchtenbildung ersichtlich. Wir sehen (Abb. 73) die Muskeln am Schnitte in Form von polypoiden Auswüchsen, zwischen welchen zahlreiche, unregelmäßige Hohlräume stellenweise bis an die äußere Begrenzung der Blasenwand reichen. Das Bild der Blasenmündung der prostatischen Harnröhre, wie der angrenzenden Gewebe ist das gewohnte der Prostatahypertrophie. Der Spinkterrand begrenzt die Öffnung; die obere prostatische Harnröhre ist in die Länge gestreckt, sonst unverändert. Um die Harnröhre ist eine derbe, weißliche, dicht gewebte Masse angeordnet, die an der Hinterwand eine schmälere, vorne eine mächtigere 2 cm im Durchmesser überschreitende Schicht darstellt.

Das dreieckige Feld des Lobus medius ist von einer Abszeßhöhle eingenommen, die von derben, schwieligen Wänden begrenzt, am oberen Ende der Samenbläschen über den Raum der Prostata hinausgewachsen ist. Im Winkel zwischen der Mündung des Ductus deferens und der unteren Begrenzung des subvesikalen Abszesses ist im schwieligen Gewebe ein brauner, höckeriger, flacher Stein eingekapselt. Auch an der vorderen Harnröhrenwand, schon im Bereiche der Pars membranacea, ein kleinerer, paraurethraler Abszeß. Ein größerer Hohlraum, von zahlreichen Steinen erfüllt, ist in dem seitlichen Anteil der periurethralen Geschwulst enthalten. Am Querschnitt hat die Aftermasse das Aussehen und die Beschaffenheit einer typischen hypertrophischen Prostata. Stellenweise ist die Begrenzung der Geschwulst durch gedehnte Anteile der Prostatadrüse (Kapsel) deutlich erkennbar. Die Harnleiter sind auf Daumendicke erweitert in ihrer Wand stark hypertrophisch. Die Erweiterung reicht vom Nierenbecken bis an die Einpflanzungsstelle an der Blase, wo der Übergang aus dem stark erweiterten, in den engen intramural gelegenen Anteil ganz plötzlich erfolgt. Dieser ist stark verlängert, dünnwandig und gegen den erweiterten extramuralen Harnleiteranteil im rechten Winkel abgeknickt.

Wir haben in diesem Falle das Bild einer Hypertrophie der Prostata, deren Gewebe der Sitz von chronischer Entzündung, Abszeß- und Steinbildung ist und die als mechanisches Hindernis zu einem ungewöhnlich hohen Grade konsekutiver Veränderungen der Harnwege durch Stauung geführt hat.

Mikroskopisch grenzt die Geschwulst peripher, durch eine Faserschicht von ihr getrennt, an die komprimierte, zur Kapsel umgewandelte Prostatadrüse, in welcher die tangential gestellten zu schmalen Spalten umgewandelten Drüsen enthalten sind (Abb. 74). Die Gefäße in dieser Lage zeigen ausgesprochene Verdickung der Intima, die Gewebsspalten sind mit Rundzellen infiltriert, am dichtesten in den Räumen um die Drüsen und Gefäße.

Die Prostatageschwulst besteht aus einem derben kernarmen Bindegewebe, in welchem stellenweise glatte Muskeln enthalten sind; das arm vaskularisierte Gewebe ist diffus, locker, mit Rundzellen durchsetzt, die um die Gefäße etwas dichter angeordnet sind. Das Faser- und Muskelgewebe ist nicht gleichmäßig verteilt. Wir finden Stellen von vorwiegend fibrös hyperplastischem Gefüge, während an anderen die muskuläre Hyperplasie stärker ausgeprägt ist (Abb. 75).

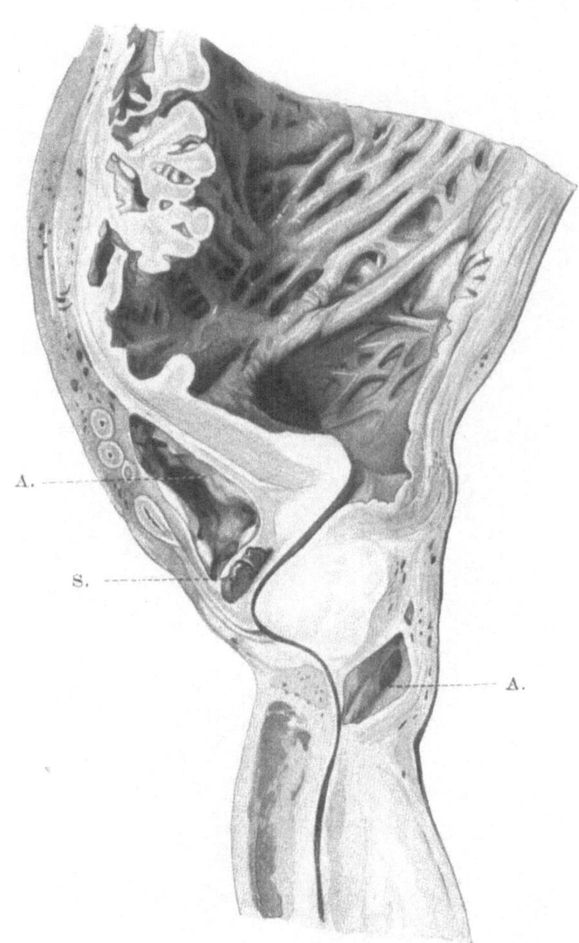

Abb. 73. Objekt der Abb. 72. Entzündung bei Prostatahypertrophie. Hochgradige Hypertrophie der Blasenmuskulatur. Sagittalschnitt linke Hälfte.

A. = Abszesse. S. = Steinbildungen.

3. Hypertrophie der Prostata, chronische Entzündung mit Umwandlung der adenomatösen Geschwulst in muskuläres Gewebe.

65 jähriger Mann. Seit 6 Jahren an Harnbeschwerden leidend. Vermehrte Harnfrequenz, Erschwerung des Harnlassens, baldiges Auftreten von Infektion der Harnwege, zunehmende Symptome mit Erscheinungen der Prostatitis gepaart. Beiderseitige Epididymitis, inkomplette Harnretention, schwere Störungen der Miktion.

Klinisch war die differentielle Unterscheidung, ob es sich um Prostatahypertrophie mit Entzündung oder um primäre Prostatitis handle, erst im vorgerückteren Stadium der Erkrankung zu treffen. Die prostatische Harnröhre war stark verlängert und der blasenwärts eingewachsene Teil bot das charakteristische Bild der Prostatahypertrophie. Die Entzündung war aus der eiterigen Beschaffenheit des exprimierten Sekretes, wie aus der Schmerzhaftigkeit der Geschwulst selbst zu erschließen.

Die Prostatektomie konnte in typischer Weise vorgenommen werden, nur gab es an einer Hälfte der Prostata starke Verwachsungen der Geschwulst mit der Kapsel. An anderen Stellen war die Lösung leicht.

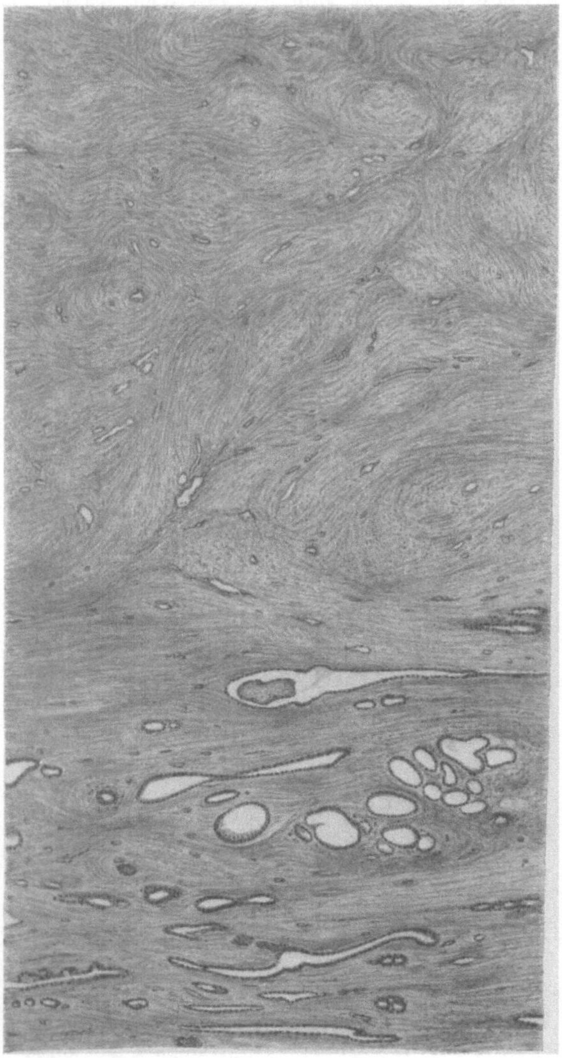

Die enukleierte Drüse ist mandarinengroß, 100 g schwer und besteht aus zwei Hälften. Auf der Schnittfläche zeigen sich (Stoerk) zwei verschiedenartige Formen der Veränderungen. Etwa ein Drittel des Parenchyms wird zusammenhängend von einer gelblich grauen, leicht transparenten Gewebsmasse in faseriger Struktur eingenommen. Das übrige erscheint unter dem Bilde graurötlicher, auf der Schnittfläche leicht prominenter Knoten und Knötchen. Die knotigen Anteile zeigen durchaus das Bild der gewöhnlichen glandulären Hyperplasie, vielfach mit zystischen Erweiterungen der Schläuche. Zwischen diesen sieht man ein vorwiegend muskuläres Grundgewebe, in welchem Infiltrate in kleinen Arealen teils in lockerer Form, teils dichter gedrängt die Verzweigungen der Schläuche umgeben.

Das Bild des glatten Abschnittes ist ein gänzlich abweichendes. Hier handelt es sich so gut wie ausschließlich um muskuläres Gewebe (Abb. 76). Allenthalben zeigt sich entzündliche lymphozytäre Infiltration teils mehr diffus, dichter oder lockerer, teils in paravaskulärer Anhäufung. Inmitten der Muskulatur sind einzelne Zellgruppen sichtbar, die vermöge ihrer Form und Anordnung als Reste von Drüsen angesehen werden können.

Die drei erwähnten Fälle zeigen übereinstimmend neben Hypertrophie der Prostata die Symptome der Entzündung. Im Falle I geben die zahlreichen, im Parenchym der hypertrophischen Prostata zerstreuten Abszesse ein nicht zu mißdeutendes Bild suppurativer Entzündung des glandulären Adenoms. Man kann ganze Drüsengruppen unter weitgehender Infiltration in verschiedenen Stadien eiteriger Einschmelzung nachweisen. Wenn man in weiterer Folge zwischen den Abszessen die Geschwulst in rein fibröses Gewebe umgewandelt sieht, in welchem hier und da kleine, mit degeneriertem Epithel ausgekleidete Zystenräume auf die ehemals hier bestandenen Drüsen hinweisen, so kann kein Zweifel darüber bestehen, daß wir es hier mit einer schwieligen Umwandlung des ganzen Geschwulstgewebes unter der Einwirkung chronischer Entzündung zu tun haben.

Abb. 74. Objekt der Abb. 72. Entzündung bei Prostatahypertrophie. Fibröse Umwandlung des Gewebes durch chronische Entzündung. In der unteren Hälfte die zur Kapsel umgewandelte Prostatadrüse.

Auch im Falle II waren die Symptome der Prostatahypertrophie mit denen der Prostatitis kombiniert. Grob anatomisch entsprach das Bild vollkommen dem

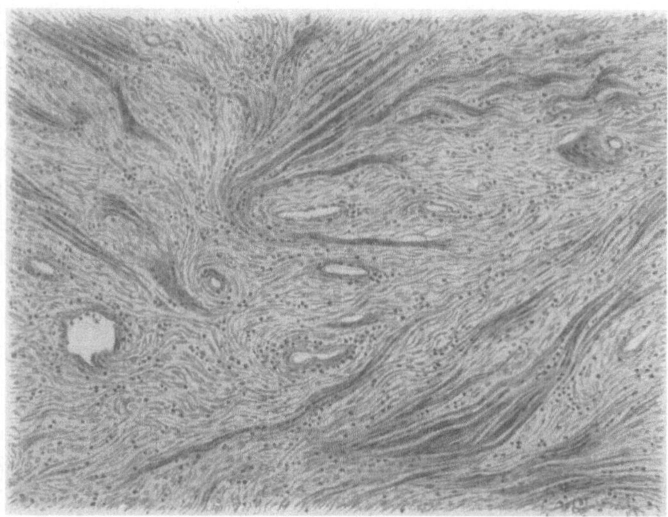

Abb. 75. Objekt der Abb. 72. Entzündung bei Prostatahypertrophie. Fibromuskuläre Umwandlung des Gewebes durch chronische Entzündung.

der Prostatahypertrophie und auch mikroskopisch ist die Verdrängung der Prostatadrüse an die Peripherie und ihre Umwandlung zur Kapsel ein Beweis für den zentralen Ausgang der Gewebswucherung. Daß Entzündung vorliegt, ist zweifellos,

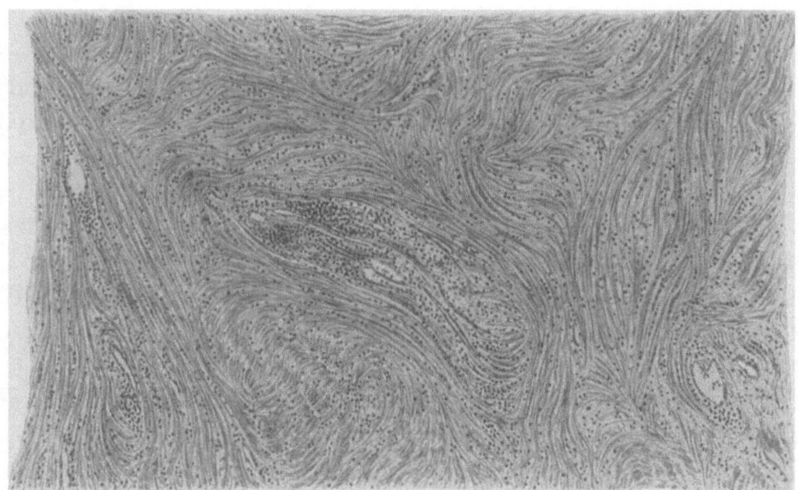

Abb. 76. Entzündung bei Prostatahypertrophie. Umwandlung in reines Muskelgewebe. Diffuse Rundzelleninfiltration.

die Abszesse beweisen dies, ebenso die überall in der fibrösen Masse zerstreuten Rundzelleninfiltrate.

Im Falle III, in welchem klinisch sowohl, als auch im mikroskopischen Bilde eine chronische Entzündung der Prostata vorhanden war, erfolgte in einer peripheren

Zone der Prostatageschwulst die Umwandlung des Geschwulstparenchyms in rein muskulöses Gewebe.

In allen diesen Fällen handelt es sich um Veränderungen, welche gemeinhin als fibröse oder fibrös-myomatöse Prostatahypertrophie beschrieben werden. Diese Formen kommen selten vor. ALBARRAN und HALLÉ fanden sie in 100 Fällen 3 mal, MOTZ in 30 Fällen 1 mal, und wir haben in 100 untersuchten Fällen nur in den drei mitgeteilten die Veränderung über größere Flächen vorgefunden.

In Verfolgung des von ALBARRAN und HALLÉ zuerst ausgesprochenen Gedankens einer sekundären Umwandlung der drüsigen Prostatahypertrophie in eine der faserigen drüsenlosen Formen, möchten wir auf Grund des klinischen Verlaufes im Einklange mit dem anatomischen Bilde der mitgeteilten Fälle annehmen, daß für die genannte Umwandlung der chronische, entzündliche Reiz in Frage kommt.

GREENE und BROOKS haben in ihren Untersuchungen dieselben Bilder fibröser und fibro-muskulärer Umwandlung gesehen. Die entzündlichen, den Prozeß begleitenden Veränderungen sind auch nach den Beobachtungen dieser konstant vorhanden. Auch die Reste zugrunde gegangener Drüsen inmitten faserigen Gewebes werden erwähnt. Daß GREENE und BROOKS von der Ansicht ausgehen, es seien die Entzündungen primär, und als Ursache für die Entwicklung der Prostatahypertrophie anzusehen, ist für unsere eben geäußerte Meinung irrelevant; wir wollten nur auf das Vorkommen von Entzündung als konstanten Begleiter der fibrösen Formen der Prostatahypertrophie hingewiesen haben.

B. Übergang in Karzinom.

Im Jahre 1900 haben ALBARRAN und HALLÉ die bemerkenswerte Tatsache festgestellt, daß in einem nicht geringen Prozentsatz der Fälle die klinisch als gewöhnliche Prostatahypertrophien klassifizierten Geschwülste im mikroskopischen Bilde unverkennbar die Zeichen maligner Entartung darbieten. Es fanden sich neben den Bildern der typischen adenomatösen Hypertrophie atypische glanduläre Wucherungen mit Einbruch in das interglanduläre Stroma, in die Scheiden der Nerven und in die Gefäße. Der Übergang von der typischen glandulären Hypertrophie bis zum infiltrierenden Krebs ließ sich in überzeugender Weise verfolgen.

Diese Angaben wurden von den meisten späteren Untersuchern bestätigt, nur über die Häufigkeit des Vorkommens sind die Meinungen divergierend. ALBARRAN und HALLÉ fanden die Atypie in 14, GREENE und BROOKS in 5, JUDD in 13, MOULLIN in 25, PAPIN und VERLIAC in 6, SQUIRE in 9, WALLACE in 12, YOUNG in 20, wir in etwa 10 vom Hundert.

Von anderer Seite wurden die Befunde angefochten. v. FRISCH, KAUFMANN, ROTHSCHILD mahnen zur Vorsicht in der Deutung der diesbezüglichen, mikroskopischen Bilder. Wenn man diese Zweifel auch gegenüber dem „Epithelioma adenoide" von ALBARRAN und HALLÉ begreifen könnte, so sind doch andererseits die mitgeteilten Befunde von epithelialer Infiltration der Gewebsspalten so überzeugend, daß ein Zweifel über die Richtigkeit ihrer Auffassung nicht zulässig erscheint. Die traurigen Beobachtungen, daß nach Enukleation von Prostatahypertrophie ein Krebsrezidiv in der Narbe auftritt, sprechen mehr als alle Einwände der Zweifler.

Die Frage, ob es sich um Koinzidenz von Prostatahypertrophie und Karzinom handle, oder um Umwandlung der ersteren in letzteres ist eigentlich müßig. Ob wir annehmen, daß in einem großen Prozentsatz Prostatahypertrophie in Karzinom übergeht, oder mit diesem gemeinsam vorkommt, ist für die klinische Auffassung irrelevant. Die mikroskopischen Bilder sprechen für die erste Annahme. In frühen Stadien ist der lobuläre Aufbau der Geschwulst noch vorhanden. Neben ganz typischer glandulärer Hypertrophie treten in einzelnen Lappen atypische Wucherungen der Drüsensubstanz in unverkennbarer Weise auf (Abb. 77). In weit vorgeschrittenen Fällen weist der drüsige Bau der konfluierenden Epithelmasse auf den Ursprung aus dem adenomatösen Anteil der Prostatageschwulst hin. Ein weiteres Stadium ist der Einbruch ins Zwischengewebe, das regellos von Epithelmassen durchsetzt ist, die von da aus weitergreifend in unveränderte Drüsenkomplexe oder zystisch

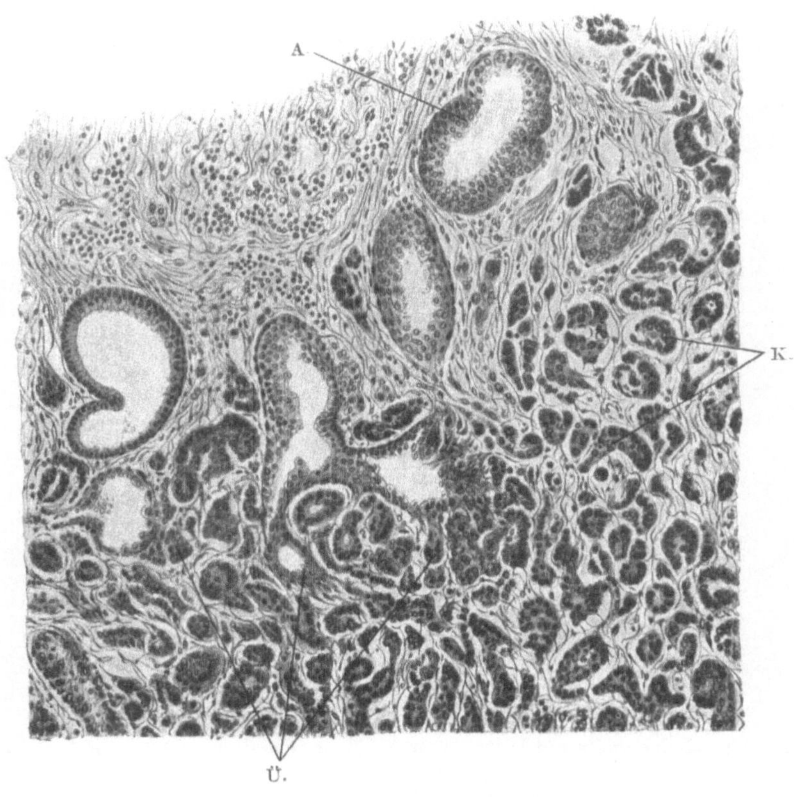

Abb. 77. Karzinom bei Prostatahypertrophie.
A. = Adenom. K. = Karzinom. Ü. = Übergänge von Adenom zu Karzinom. Vergrößerung $\frac{140}{1}$.

erweiterte Anteile einbrechen und hier das Stützgewebe diffus infiltrieren (Abb. 78). Einbrüche in Gefäße, ein Zusammenfließen der epithelialen Masse sind in weiterer Folge nachweisbar.

Wenn die Karzinomentwicklung intrakapsulär, also auf das Areale der Prostatahypertrophie begrenzt geblieben ist, so erweckt die Geschwulst grobanatomisch noch den Eindruck einer gewöhnlichen Hypertrophie. Es ändert sich das Bild, wenn die Neubildung auf die ehemalige Prostatadrüse übergreift. Das Bild weicht dann vom gewohnten ab und der maligne Charakter der Geschwulst wird ersichtlich. In WALLACES Monographie finden wir einen Fall dieser Art abgebildet, in welchem die Kapselgrenzen verwischt sind; die Geschwulst hat im stetigen Wachstum Vorder- und Hinterlappen der Prostatadrüse ergriffen. Nur die Konfiguration der Blasenmündung erinnert in der Form noch an den Ursprung aus dem Prostataadenom.

Die Umwandlung in Karzinom vollzieht sich ganz unmerklich. Das klinische Verhalten zeigt keine Abweichung vom gewohnten Bilde. Die Harnbeschwerden sind die der Prostatiker, entwickeln sich ganz allmählich in Monaten oder Jahren. Die Stadien der Erkrankung lassen sich von den ersten Reizerscheinungen bis zu den verschiedenen Formen der Harnverhaltung und der überdehnten Blase beobachten. Örtlich bietet die Geschwulst lange Zeit keine bemerkenswerte Abweichung von der Norm. Auch der Schattenriß der Blase auf der Röntgenplatte ist typisch mit breiter flacher Basis und Hebung des Blasenbodens. So ist die klinische Diagnose oft unmöglich, es sei denn, daß bei weitgehender Substitution der Geschwulst durch Karzinom der Tastbefund Abweichungen von der Norm zeigt. Gewöhnlich

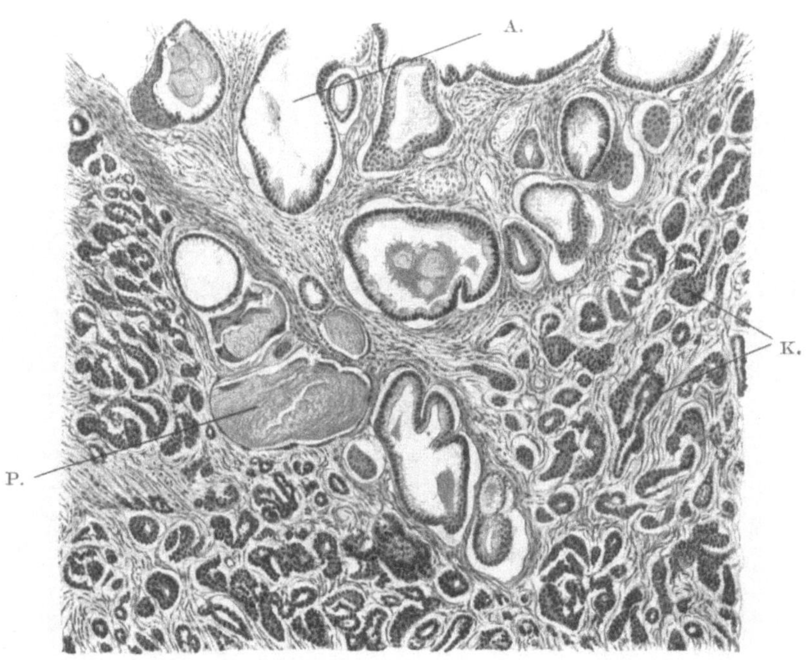

Abb. 78. Karzinom in Prostatahypertrophie.
A. = Adenom mit zystisch erweiterten Drüsenräumen. K. = Karzinom. P. = Konkretionen in Drüsen.
Vergrößerung $\frac{8,5}{1}$.

wird man erst durch die histologische Untersuchung der enukleierten Prostatageschwulst über den malignen Charakter derselben aufgeklärt. Man muß in der klinischen Beurteilung der Fälle stets der Tatsache eingedenk sein, daß etwa jeder 10. Fall von Prostatahypertrophie Karzinom sein kann. Auch die Indikationsstellung für die Operation wird durch die Häufigkeit der malignen Umwandlung insofern beeinflußt, als wir auch dieses Moment bei der Entscheidung berücksichtigen müssen.

Als bemerkenswert wäre noch hervorzuheben, daß die in dem Prostataadenom entstandene krebsige Wucherung kaum je zur regionären Infektion und Metastasenbildung führt. Die primär in der Prostatadrüse entstandenen Karzinome, die sogenannten Recklinghausenschen Geschwülste, zeigen, wie die der Mamma und der Schilddrüse die Neigung zur Metastasierung in Knochen, die bei der karzinomatösen Umwandlung der Prostatahypertrophie nicht vorzukommen scheint.

In dem nachfolgenden Falle war die Erkrankung unter vagen örtlichen Symptomen der Prostatahypertrophie verlaufen.

70 jähriger Mann, gestorben nach Operation einer inkarzerierten Hernie. Seit Jahren nächtlich vermehrter Harndrang und Dysurie. Klinisch: inkomplette Harnretention, Polyurie, Blase überdehnt. Autoptischer Befund: Bei der Besichtigung des Beckens von oben her erscheint die Blase als ovoider Körper, dessen Kuppe bis in Nabelhöhe reicht. Die Vorderwand der Blase ist mit Bauchfell bekleidet, welches bis zur Symphysenhöhe reicht. Im tiefen Cavum Douglasi

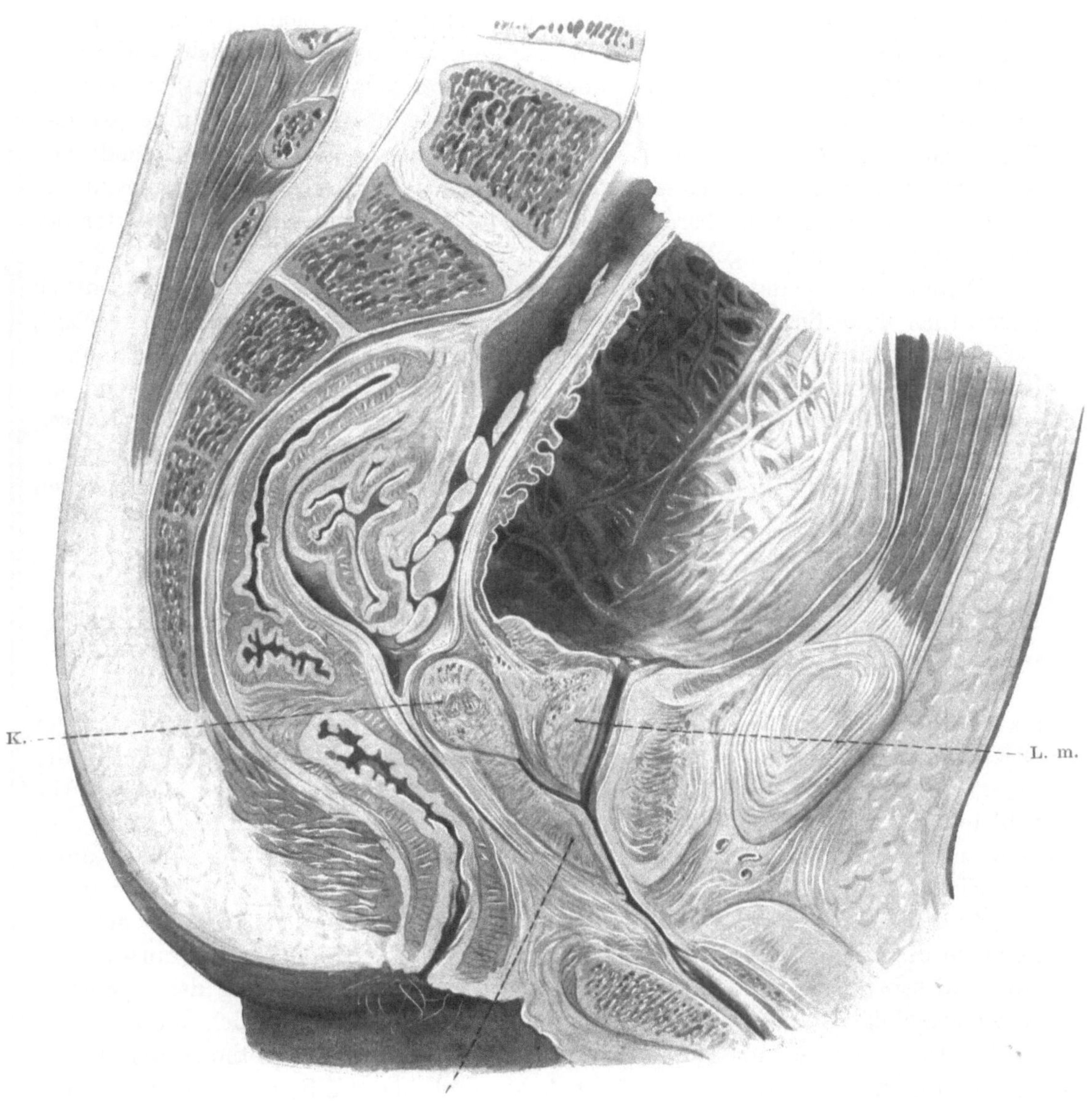

Abb. 79. Karzinom der Prostata.
K. = Karzinom. L. m. = Lobus medius. L. p. = Lobus posterior.

eine Resistenz tastbar. Beim Einblick in die abgekappte Blase zeigt sich die starke trabekuläre Hypertrophie. Die Harnröhrenmündung wie der ganze Blasengrund aufwärts gerückt, die erstere nicht deformiert; in der nächsten Umgebung wie im Trigonum sind an der Schleimhaut kleine flach über das Niveau prominierende kugelige Geschwülstchen sichtbar. Der Urethralwulst stark ausgeprägt, die Harnleitermündungen schlitzförmig.

Am Sagittalschnitt (Abb. 79) sieht man, daß den genannten kleinen Tumoren eine infiltrierte Zone der basalen Blasenschleimhaut entspricht. Mit der oberen gerade gestreckten prostatischen Harnröhre ist sakralwärts eine Aftermasse verbunden, die in ihrem Gefüge dem lappigen Bau der Prostatahypertrophie entspricht. Sie ist gegen den Lobus medius wie gegen den Ductus deferens durch eine deutliche Bindegewebsschicht abgegrenzt.

Vollständig vom Bilde der Prostatahypertrophie abweichend ist, daß ein am Schnitte ovaläres Feld der Geschwulst von gleichem Bau wie die paraurethrale Masse hinter dem Lobus medius im Raume zwischen diesem und der vorderen Mastdarmwand in der Verlängerung des Ductus deferens gelegen, vorhanden ist. Der Lobus posterior ist breiter als gewöhnlich.

Die schon aus dem makroskopischen Bilde sichtbare Abweichung vom gewohnten Typus der Prostatahypertrophie, die hinter dem Ductus deferens nicht vorkommt, findet ihre Erklärung in der mikroskopischen Untersuchung. Diese ergibt, daß die um die Harnröhre angeordnete Geschwulstmasse, die infiltrierte Zone an der basalen Blasenwand, der Lobus posterior, wie der an Stelle de Samenblase sitzende Geschwulstanteil in gleicher Weise das Bild eines aus Drüsenschläuchen aufgebauten Karzinoms zeigen, welches bereits an allen Stellen den histologischen Charakter der Prostatahypertrophie eingebüßt hat.

Dennoch ist aus dem Verhalten der periurethralen Geschwulstmasse namentlich hinsichtlich ihrer Begrenzung in der Länge und sakralwärts der Schluß berechtigt, daß hier das Karzinom auf dem Boden von Prostatahypertrophie zustande gekommen ist. In dem vorgeschrittenen Stadium, welches der Fall repräsentiert, finden wir neben der periurethralen Geschwulst auch die angrenzenden Teile der Blase, der Kapsel, der Vesiculae seminales, karzinomatös infiltriert.

Auch hier bestätigt sich die Angabe YOUNGS, daß in den vorgeschrittensten Fällen eine Ulzeration gegen die Blase, gegen das Rektum, wie gegen die Harnröhre fehlen kann.

VII. Operative Entfernung der Prostatahypertrophie.

Man kann die Prostatageschwulst in toto entfernen, wenn man die Geschwulstmasse im Zusammenhange mit der prostatischen Harnröhre nach oben von der Blasenwand, nach abwärts und nach beiden Seiten von den normalen Anteilen der Prostata abgrenzt und so aus dem Lager in der Prostata stumpf auslöst. Die Schleimhaut der Blasenmündung, wie die der Harnröhre, oberhalb des Colliculus, muß zirkulär scharf durchtrennt werden, worauf das Gebilde als Ganzes unter möglichster Schonung der Umgebung entfernbar geworden ist.

Zu der in diesen Zeilen ausgesprochenen Erkenntnis sind wir erst spät gelangt; sie hatte die Erforschung der Anatomie der Prostatahypertrophie zur Voraussetzung, die in dieser Frage merkwürdigerweise der ausgedehntesten Übung der Operation spät nachgefolgt ist. So war man lange der Meinung, es wäre möglich, die Prostatageschwulst unter Schonung der Harnröhre auszulösen; die Methode der Hemisektion der Prostatageschwulst und der Ablösung beider Hälften von der Harnröhre war lange Zeit die herrschende. Wie unklar die Begriffe waren, mag man aus der Tatsache entnehmen, daß selbst erfahrene Operateure der Meinung waren, die Prostata in toto entfernt zu haben, eine unhaltbare Ansicht, für welche auch anatomische Argumente angeführt wurden.

Nach unserer jetzigen Auffassung ist die Prostatektomie eine intrakapsulär durchgeführte Resektion der oberen prostatischen Harnröhre und der mit dieser zusammenhängenden Aftermasse.

Im anatomischen Teil wurde bereits erwähnt, daß die Prostatageschwulst ihre fixe Anheftung an der Pars superior urethrae prostaticae hat, von wo aus das

Wachstum in verschiedenen Richtungen vor sich geht. Wo die neugebildete Masse die Grenzen des genannten Harnröhrenabschnittes überschreitet, wird das benachbarte Gewebe verdrängt. Hier ist die Masse mit ihrer Umgebung nicht verwachsen, sondern durch lockeres Zellgewebe von ihr geschieden; so wird die Geschwulst von der Blasenschleimhaut leicht ablösbar sein, ebenso aus dem Lager der Prostata oder von der unteren prostatischen Harnröhre, wenn sie bei ihrem Wachstum an diese sich angelagert hatte.

Man gelangt an die Geschwulst von der Blase her nach Durchtrennung der Schleimhaut und Muskulatur der Blasenbasis; von der sakralen Fläche oder von unten her nach Durchschneidung des von der gedehnten Prostata gebildeten Mantels; von der Harnröhre endlich, wenn man nach Passage der Schleimhaut den unteren Pol der Geschwulst erreicht.

Der transvesikale, wie der urethrale Weg führen also direkt unter Schonung der Kapsel zur Geschwulst. Von der Perineal- oder Sakralseite her muß man die Prostatakapsel passieren ehe es gelingt, die Geschwulst bloßzulegen.

Wenn wir die Entwicklung der gegen die Prostatahypertrophie direkt gerichteten Eingriffe überblicken, so hatten die ältesten Methoden den in die Blase ragenden Anteil zum Angriffspunkt, während in der nächsten Phase die tiefergelegenen Abschnitte der Geschwulst zum Angriffspunkt gewählt wurden. Die Operationen dieser Zeit waren partielle Exzisionen, Exkochleationen.

Dem Kernpunkt der Frage, daß die Prostatageschwulst in größeren Komplexen ausschälbar ist, konnte man nicht näher kommen, solange die Überzeugung festsaß, daß die Prostatahypertrophie das Organ substituiere. Die Entfernung der Prostata aus ihren Faszienhüllen und dem großen Venenplexus hielt man mit Recht für undurchführbar.

Ganz allmählich ergab sich in dem letzten Dezennium des verflossenen Jahrhunderts die Kenntnis der Möglichkeit, bei Prostatahypertrophie Geschwulstknollen aus der Prostata stumpf auslösen zu können. Es muß hierbei das große Verdienst amerikanischer und englischer Chirurgen gebührend hervorgehoben werden, denen in dieser Frage die Priorität zukommt.

Mc GILL hat 1889 über 24 Fälle berichtet, in welchen er von der Blase aus prominente Anteile der hypertrophischen Prostata ausgeschnitten hatte, wobei bisweilen mit diesen zusammenhängende, tiefer sitzende Geschwulstmassen sich ausschälen ließen. FORSYT beschreibt eine, von Mc GILL 1888 in toto enukleierte Geschwulst der Prostata, die im Museum der medizinischen Schule in Leeds aufbewahrt ist. 1890 ist von BELFIELD die Totalenukleation auf demselben Wege ausgeführt worden. Damit war eigentlich die suprapubische Operation in ihren Grundzügen geschaffen.

Vom Perineum aus hat GOODFELLOW seit dem Jahre 1891, wie es scheint als der Erste die Prostatageschwulst enukleiert. Über die ersten Fälle wurde 1896, über weitere Beobachtungen 1901 unter dem Titel „Perineal Prostatektomy, a new operation" berichtet. GOODFELLOW eröffnet, in der Mittellinie eingehend, den häutigen Teil der Harnröhre, geht mit dem Finger in die Blase, und nimmt, während die andere Hand ober der Symphyse die Gebilde des Beckens nach abwärts drängt, die Ausschälung vor.

So war die Basis für die weitere Entwicklung der Frage geschaffen, es folgte die Durchbildung der Methodik und die klinische Erforschung des Wertes und der Gefahren der Operation. Den Schlußstein bildeten die Untersuchungen über die Anatomie der Prostatahypertrophie.

A. Die perineale Prostatektomie.

Unter diesem Sammelnamen sollen alle Methoden zusammengefaßt werden, welche den Weg zur Prostata vom Beckenausgang aus erstreben, also die perinealen im engeren Sinne, wie die perineo-sakralen und die ischio-rektalen.

Nach GOODFELLOW (1891) hat DITTEL (1893) auf perineo-sakralem Wege einen mandarinengroßen Knoten aus der Prostata ausgelöst. Auch ALEXANDER und NICOLL müssen unter den Begründern der perinealen Enukleation genannt werden, indem sie (1894) nach suprapubischer Eröffnung der Blase vom Hohlraum dieser die Prostata nach abwärts schoben, und die Enukleation von einem medianen Perinealschnitt aus durchführten.

Erst nach einem größeren Zeitintervall folgten die Berichte anderer Autoren über die Operation: PROUST (1900), SIGURTA (1900), ALBARRAN (1901), DELBET (1902), YOUNG, RUGGI (1903) u. a.

Den meisten dieser, durch Details voneinander unterschiedenen Methoden gemeinsam ist die Bloßlegung der Prostata, das Operieren in offener Wunde im Gegensatz zu dem bis dahin geübten Vorgehen in gedeckter Tiefe. Die Zugangsoperation wurde von GOSSET und PROUST, von ALBARRAN u. a. nach der von O. ZUCKERKANDL (1889) veröffentlichten Methode der perinealen Bloßlegung der Prostata, mittelst eines prärektalen Bogenschnittes ausgeführt. Dieser Hautschnitt hat verschiedene Modifikationen erfahren, die als durchaus unwesentlich zu bezeichnen sind.

Die Operationen wurden in Steinschnittlage ausgeführt; diese in exzessiver Beckenhochlagerung anzuwenden, halten wir, wie v. FRISCH, für überflüssig.

Die Harnröhre wurde von der Pars membranacea bis in die Blasenmündung gespalten und nach dieser Hemisektion jede der beiden Hälften, nachdem sie an ihrer Konvexität stumpf ausgelöst waren, scharf von der Harnröhre abpräpariert; ein eventuell in die Blase ragender Lappen wurde in die Wunde gedrängt und abgetragen.

Anatomisch unrichtig bei diesem Vorgehen war es, die obere prostatische Harnröhre erhalten zu wollen, die, aus dem Zusammenhang gelöst, nie lebensfähig sein konnte. Auch die Verletzung des häutigen Teiles muß als ein Nachteil der Operation bezeichnet werden.

Während die Mehrzahl der Autoren die Kapsel der Prostata in der Mittellinie spaltete, schont YOUNG einen Streifen dieser und löst, von zwei seitlichen Längsschnitten der Kapsel, die Geschwulst in zwei Hälften aus. Auf diese Weise sollen die Ductus ejaculatorii geschont werden.

Die mit diesen Operationen erzielten Resultate waren hinsichtlich der Harnretention sehr günstige, wenn auch zahlreiche Mängel derselben übereinstimmend hervorgehoben wurden.

Man kann die gegenwärtig geübten Methoden wie ehemals in gedeckte und offene einteilen: als erstere bezeichnen wir jene, in welchen, von einem kurzen Hautschnitte aus, dem operierenden Finger ein Weg zur Prostatakapsel gebahnt wird. Dieser führt entweder durch die Harnröhre zur Schleimhautseite oder direkt zur Außenfläche der Prostatakapsel. Die WILMSsche Operation ist der Typus dieser Art, bei welcher ein 4—5 cm langer Schnitt, parallel dem absteigenden Schambeinaste durch Haut und Faszie geführt wird. Mit einer Kornzange wird die Kapsel durchstoßen und von der Lücke aus die Ausschälung der Prostatageschwulst als Ganzes vorgenommen. Die urethralen Methoden der Prostatektomie, von DELBET begonnen, stammen aus früherer Zeit. PRAETORIUS empfiehlt neuerdings den urethralen Weg, doch wirken seine zugunsten der Methode angeführten Fälle nicht überzeugend.

VOELCKER geht bei seiner Operationsmethode von dem gewiß richtigen Bestreben aus, alle Akte des Eingriffes so übersichtlich als möglich zu gestalten, die Geschwulst als Ganzes zu entfernen, streng intrakapsulär zu operieren und demgemäß jede Verletzung des Muskelapparates der Harnröhre zu vermeiden.

Die Operation wird in „Bauchreitlage" vorgenommen; der Kranke liegt auf dem Bauche, die Oberschenkel sind gebeugt, ebenso die Kniegelenke, die Unterschenkel ruhen bequem auf entsprechend angebrachten Kissen. Mittels einer dicken Polsterrolle unter dem Bauche des Patienten wird das Becken in seiner Lage festgehalten und es möglich gemacht, den Oberkörper des Patienten entsprechend zu senken.

Der Hautschnitt geht 2—3 cm neben der Mittellinie, gleich ob rechts oder links von der Steißkreuzbeinverbindung bis an den Anus. Nach Durchtrennung der Fettschicht des Cavum ischio-rectale gelangt man an den Levator ani, dessen Fasern durchschnitten werden. Nachdem man durch den Levator ani auf diese Weise vorgedrungen ist, hat man die viszerale Beckenfaszie, welche Prostata und Mastdarm einhüllt, vor sich. Es handelt sich nun nach Eröffnung dieser Beckenfaszie von dem vorderen, die Prostata umfassenden Ende des Rektum ausgehend, die Trennung von Prostata und Rektum durchzuführen. Ein Venengeflecht markiert jederseits das vordere Ende des Rektums.

Nun kann man in den Bindegewebsspalt zwischen beiden Organen eindringen und durch Ablösung des Mastdarmes die Hinterfläche der Prostata entsprechend freilegen, womit die Zugangsoperation beendet ist.

Der weitere Vorgang vollzieht sich intrakapsulär; der Prostatamantel wird quer mit dem Messer eingeschnitten und in zwei Lappen nach oben und unten von der Geschwulst abgelöst.

Ein Längsschnitt in die Geschwulst selbst eröffnet die Harnröhre, durch deren Schlitz ein Traktor in die Blase eingeführt wird, mit dessen Hilfe sich die Prostata nach abwärts ziehen läßt.

Man löst allmählich die Geschwulstmasse an ihrer Konvexität so vollständig als möglich aus. VOELCKER erleichtert sich dieses Vorgehen, indem er vom Harnröhrenschlitz aus die Tumormasse in der Mittellinie blasenwärts durch Scherenschnitte in zwei seitliche Hälften spaltet.

Die Ablösung vom Blasenhals wird stumpf vorgenommen, die Schleimhaut zirkulär scharf durchschnitten und zur Blutstillung mit einer Anzahl von Katgutnähten abgesteppt.

Die Prostatamasse läßt sich vollständig nach außen umkippen, so daß sie nur noch an der Harnröhre hängt. Diese wird so zentral als möglich quer durchtrennt.

Blasendefekt und Harnröhrenstumpf werden durch Naht miteinander vereinigt, der Kapseldefekt gleichfalls verschlossen, worauf die Wunde drainiert und durch Naht verkleinert wird.

WILDBOLZ' Operation gleicht in der streng intrakapsulären Durchführung der VOELCKERS. In Steinschnittlage wird mittelst eines prärektalen Bogenschnittes die Prostata bloßgelegt. Der Bulbus wird herauspräpariert und die Verbindung zwischen diesem und dem Sphincter ani durchschnitten. Nach Durchtrennung des Musculus recto-urethralis gelangt man durch stumpfes Ablösen der vorderen Mastdarmwand an die Hinterfläche der Prostata, die nach Einlegen eines stumpfen Wundhakens rektalwärts ausreichend freiliegt.

In der Mittellinie, ca. 1 cm hinter dem Apex beginnend, wird die Kapsel bis an die Querfurche zwischen Prostata und Samenblasen seicht gespalten. Vorerst bleibt die Harnröhre uneröffnet. Mittelst Kropfsonde und Finger wird die Kapsel von der Geschwulst mit besonderer Sorgfalt am Vorderende abgehoben, welches möglichst weit, stumpf von der Harnröhre abgetrennt wird, damit diese später entsprechend zentral durchschnitten werden können. Mit Längsschnitt in die bloßgelegte Geschwulst wird die Harnröhre eröffnet und quer hinter dem bloßgelegten Vorderanteil durchschnitten. Ein YOUNGscher Retraktor, durch die Harnröhrenwunde in die Blase ein-

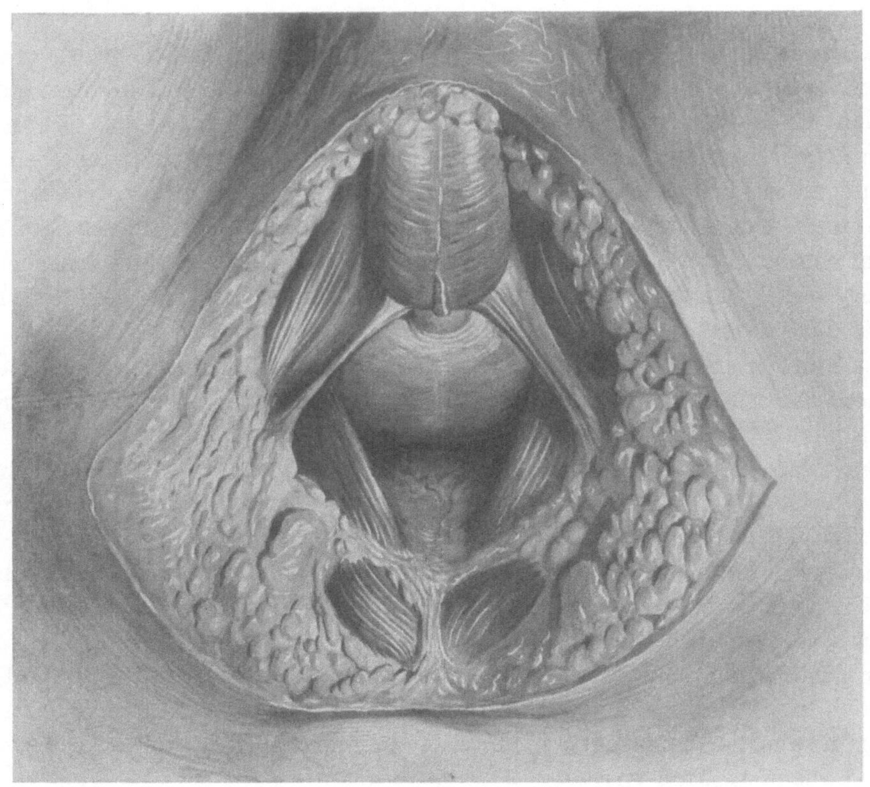

Abb. 80. Perineale Freilegung der Prostata. Erste Phase.

geführt, ermöglicht ein kräftiges Vorziehen der Prostatageschwulst. Diese wird nun möglichst ausreichend aus ihrer Umgebung gehoben, wobei an der Rückseite in der queren Sphinkterfurche, der Grenzlinie zwischen Prostata und Samenblasen, die Trennung scharf mit dem Messer vorgenommen werden muß. Die weitere Ablösung vom Sphinkter und vom Blasenboden kann bis an die Harnröhrenblasengrenze nunmehr leicht vorgenommen werden, die Schleimhaut an dieser Stelle wird scharf durchtrennt, womit die Ausschälung vollendet ist.

Die urethrovesikalen Stümpfe werden miteinander durch Naht vereinigt, über diese erfolgt die Naht der Prostatakapsel bis auf eine Drainlücke. Die Wunde am Damme wird bis dicht an das Drain durch Nähte verschlossen.

Das eigene Verfahren, welches ich (ZUCKERKANDL) seit Jahren, wenn auch nicht als Methode der Wahl, sondern nur ausnahmsweise verwende, entspricht den beiden genannten Methoden insoferne, als die Operation, anatomisch übersichtlich, intrakapsulär vorgenommen und die Prostatageschwulst in toto ausgeschnitten wird. Von der WILDBOLZschen Operation unterscheidet sich die von mir geübte nur durch den Schnitt in der Kapsel, den ich seitlich verlege, durch die Nichtanwendung des Retraktors, an dessen Stelle ich früher den Prostatabohrer, in neuerer Zeit das Anseilen mit Fadenschlingen verwende. Die Harnröhre wird nicht eröffnet, sondern erst in einer bestimmten Phase der Operation quer durchschnitten.

In Steinschnittlage wird ein großer prärektaler Bogenschnitt von einem Sitzknorren zum anderen geführt. Bloßlegung des Bulbus urethrae, dessen Verbindung

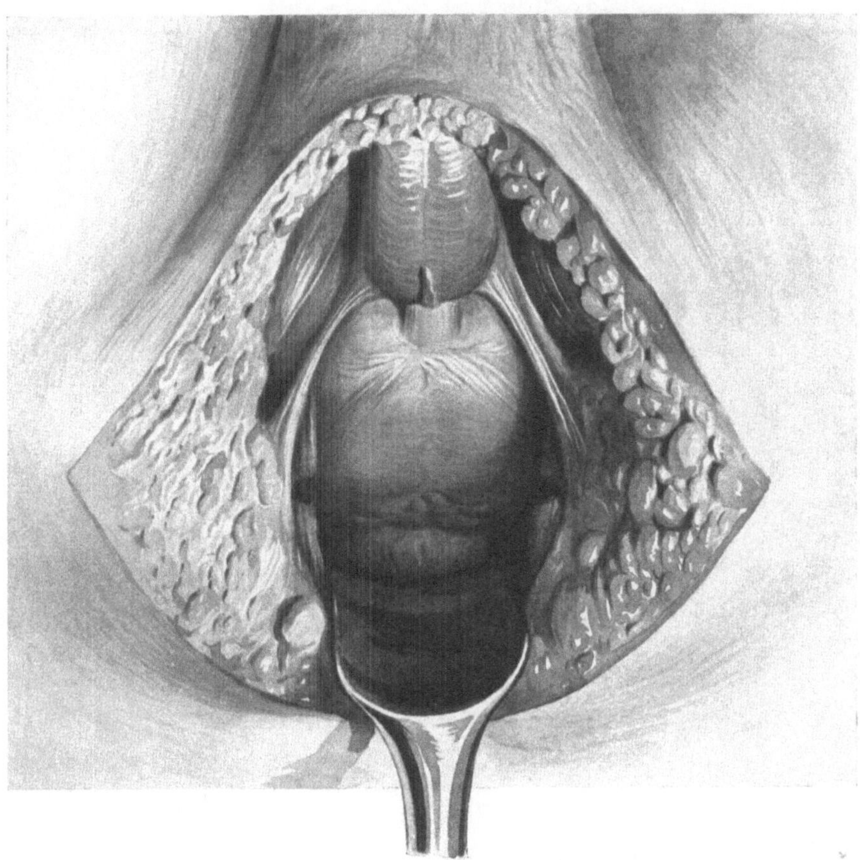

Abb. 81. Perineale Freilegung der Prostata. Zweite Phase.

zum Sphincter ani am Centrum tendineum perinei durchschnitten wird. Eng am Bulbus vorgehend wird der Musculus recto-urethralis in ganzer Ausdehnung durchschnitten, worauf die Ablösung des Mastdarms stumpf vorgenommen und die Hinterfläche der Prostata freigelegt werden kann.

In Abb. 80 ist diese Phase der Operation dargestellt: an den Bulbus angeschlossen sieht man die Pars membranacea mit der freigelegten Hinterwand der Prostata, diese ist nach vorne zu von dem M. transversus perinei profundus nach unten von der vorderen Mastdarmwand und nach den Seiten von den Levatores ani begrenzt.

Durch Einsetzen eines Spatels sakralwärts und Einkerbung der Levator ani gelingt es, die Prostata bis an die Samenblasen freizulegen (Abb. 81). Die Zugangsoperation ist damit beendet.

Die Prostatakapsel wird durch einen seitlichen Schrägschnitt, der, an der Wurzel der Pars membranacea beginnend, bis an die Samenblasen geführt wird, gespalten. Die Kapsel wird von der Geschwulst abgehebelt und diese, mittelst eines Bohrers oder mit einem Seidenfaden angeseilt, kräftig vorgezogen (Abb. 82).

Man sucht nun zunächst intrakapsulär das vordere Ende der Geschwulst und die Pars prostatica inferior frei zu präparieren. Man sieht, daß der vordere Pol der Geschwulst der Harnröhre nur angelagert ist, und von dieser sich stumpf abheben läßt, so daß bei möglichst zentraler intrakapsulärer Durchtrennung der Harnröhre

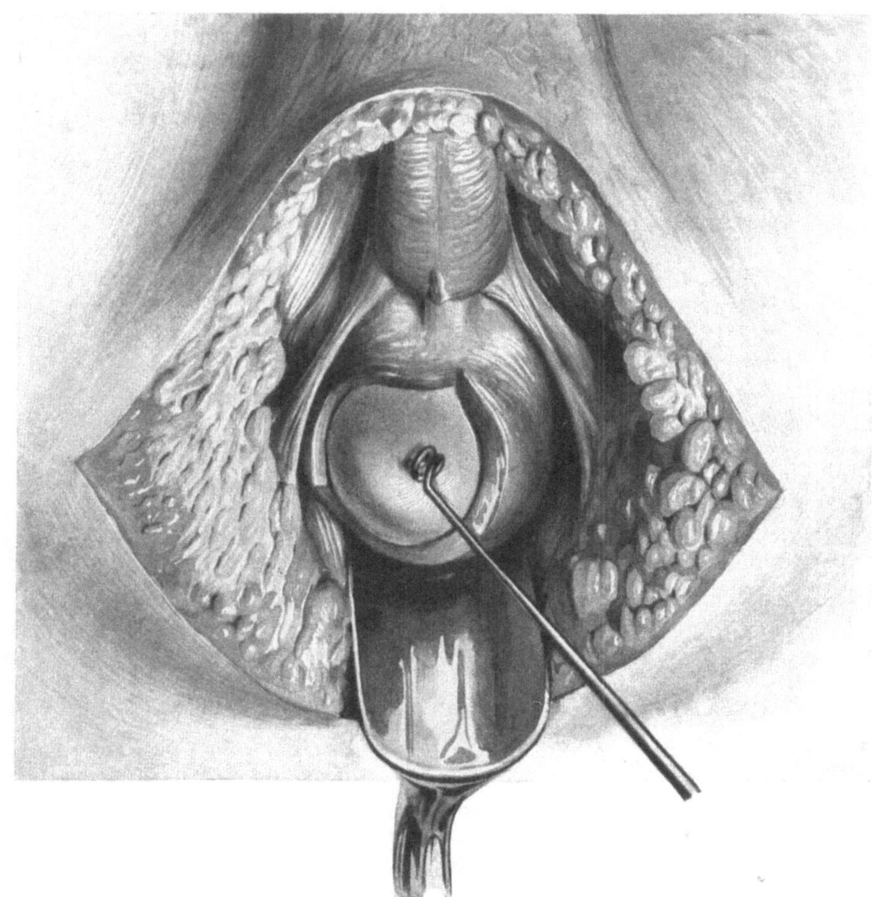

Abb. 82. Perineale Prostatektomie. Freilegung der Geschwulst. Dritte Phase.

diese in beträchtlichem Ausmaße (Pars inferior urethrae prostaticae) erhalten werden kann.

Nach Durchschneidung der Harnröhre an dieser Stelle wird der Tumor gestürzt, vorgezogen und Schritt für Schritt von der Sphinkterkante und weiter vom Blasenboden stumpf abgelöst. Endlich hängt der Tumor nur durch Schleimhaut an der Harnröhrenblasengrenze mit dieser zusammen und kann entfernt werden, sobald die Trennung hier zirkulär vorgenommen wurde (Abb. 83, 84).

Über einem eingeführten Katheter wird der Harnröhrenstumpf mit der Blase durch zirkuläre Naht vereinigt. Partielle Naht der Prostatakapsel, Drainage und Tamponade des Kapselraumes. Verkleinerung der Hautwunde durch Naht.

Die hier geschilderten Methoden der Prostatektomie haben im Gegensatz zu den Operationen einer früheren Zeit das Gemeinsame, daß der ganze Vorgang der Exstirpation sich innerhalb des Kapselraumes vollzieht. Damit wird der häutige Teil der Harnröhre aus dem Bereich der Operation ganz ausgeschaltet, was für den späteren Blasenverschluß von Bedeutung ist. Ferner wird in allen Methoden die Prostatageschwulst als Ganzes im Zusammenhang mit der Harnröhre entfernt.

Sie unterscheiden sich, abgesehen von der Voroperation, durch den Kapselschnitt, den VOELCKER quer, WILDBOLZ in der Mittellinie longitudinal, ZUCKERKANDL schräg an einer der Seiten führt. Die beiden ersteren verwenden den Retraktor, wobei

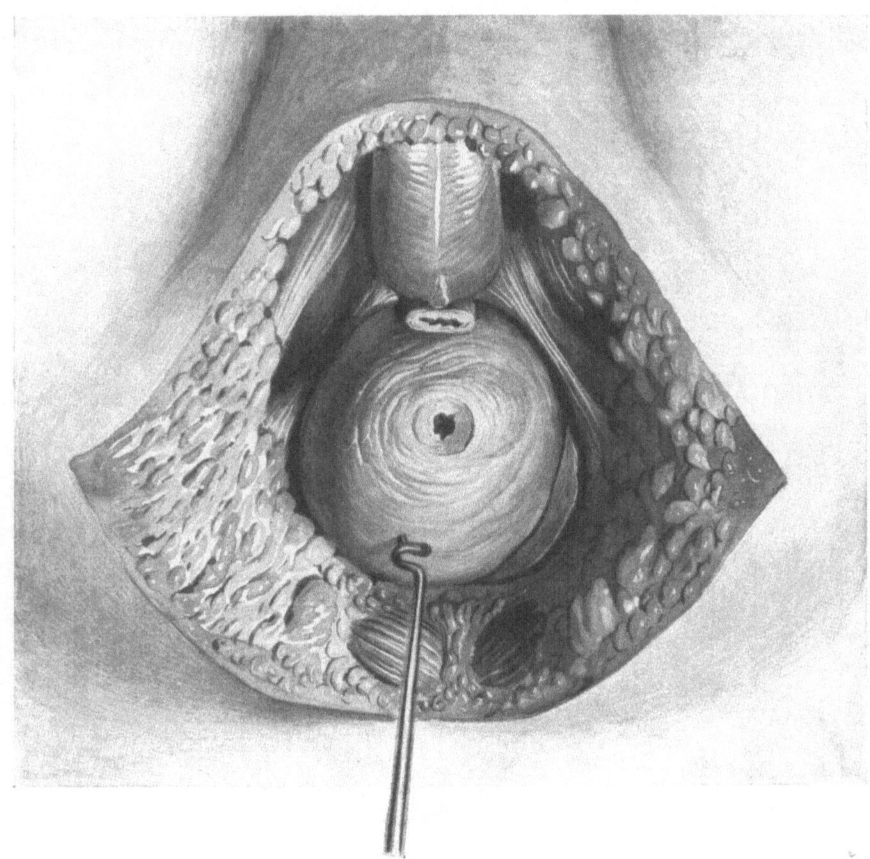

Abb. 83. Perineale Prostatektomie. Harnröhre durchschnitten, Tumor gestürzt. Vierte Phase.

VOELCKER zur Erleichterung der Ausschälung die Geschwulst in der Mitte spaltet; ZUCKERKANDL zieht die Geschwulst an Zügeln aus ihrer Nische und läßt die Harnröhre uneröffnet.

Die Differenzen sind, wie es scheint, nicht von irgend prinzipieller Bedeutung. Nur das Verhalten gegen die Ductus deferentes bedarf der besonderen Erörterung.

Es war schon frühzeitig das Bestreben, bei der Prostatektomie die Ductus deferentes zu schonen und es wurde bereits erwähnt, daß YOUNG zu diesem Zwecke zwei seitliche Schnitte durch die Kapsel führte und in der Mittellinie einen Streifen schonte, um so den Samengängen aus dem Wege zu gehen. Beim queren Kapselschnitt werden die Ductus glatt durchtrennt, beim Längsschnitt durch die Kapsel sind sie gefährdet. Der seitliche Schnitt schont sie.

Es scheint als ob bei der Prostatektomie, auch wenn die Ductus geschont bleiben, eine allmähliche Obliteration der Samengänge häufig einträte. Nach alledem ist die Frage berechtigt, ob man nicht die Bemühungen, die Ductus zu schonen, lieber ganz aufgeben und prinzipiell eine Verödung der Gänge anstreben sollte. In vollkommenstem Maß erreicht man dies, wenn man die Kapsel quer eröffnet.

Die perinealen Operationen sind in ihrer modernen, oben geschilderten Form den anatomischen Verhältnissen vollkommen angepaßt. Das Operationsgebiet ist hinreichend übersichtlich, der Defekt an der Harnröhre so zentral als möglich und der der Blase gerade so groß als unbedingt notwendig ist. Es ist die Möglichkeit

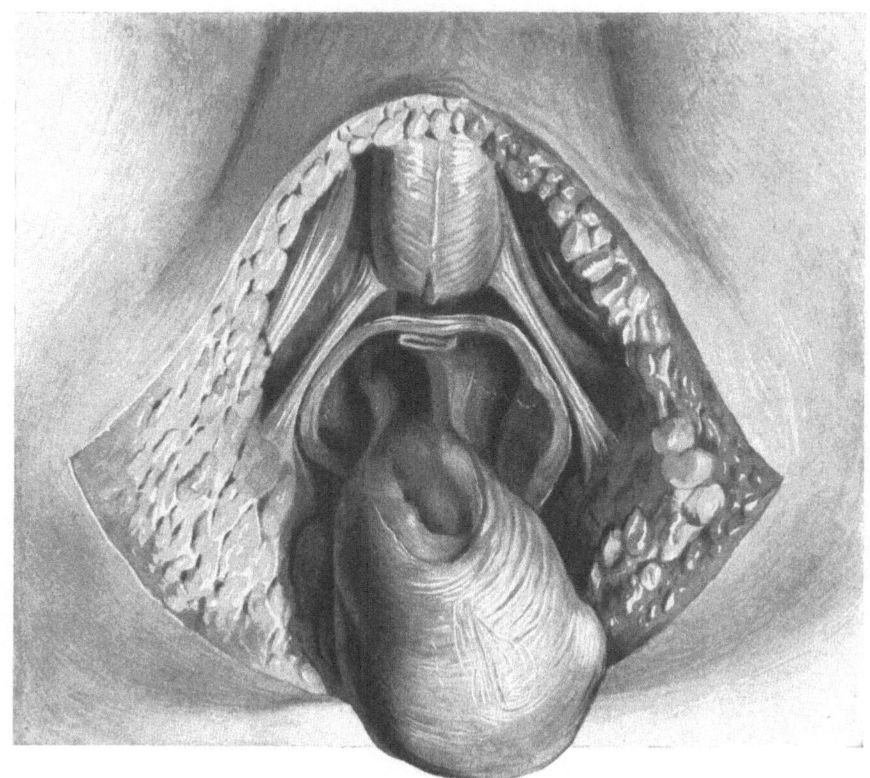

Abb. 84. Perineale Prostatektomie. Ablösung des Tumors von der Blase. Fünfte Phase.

einer Blutstillung gegeben und die Wundversorgung durch zirkuläre urethrovesikale Naht eine im chirurgischen Sinne ganz exakte.

Wenn trotz alledem bei anerkannt geringerer Lebensgefahr die Perineotomie gegenüber der suprapubischen Operation zur Zeit in den Hintergrund gestellt ist, so ist der Grund der, daß die Zugangsoperation vom Beckenausgang technisch schwieriger ist, daß die Möglichkeit einer Mastdarmverletzung besteht, daß die Fähigkeit der Erektion leidet und bisweilen der Blasenverschluß nach abgeschlossener Heilung unvollkommen funktioniert. Trotzdem sind die Bestrebungen, die perinealen Methoden weiter auszubilden, um den genannten Mängeln zu begegnen, voll berechtigt und es muß erwähnt werden, daß gegenüber den Methoden der früheren Zeit wesentliche Fortschritte schon erzielt wurden.

B. Die suprapubische (transvesikale) Prostatektomie.

Mc Gill hat als erster von der suprapubisch eröffneten Blase her, nach Durchtrennung der Schleimhaut, die Prostatageschwulst submukös enukleiert; die totale Ausschälung auf diesem Wege hat Belfield (1890) empfohlen.

Systematisch wurde die suprapubische Ausschälung von Fuller, dessen erster Bericht 1895 erschienen ist, geübt. Während der Ausschälung drängt Fuller mit der Faust vom Mittelfleische aus die Organe des Beckens nach oben. Ramon Guiteras hat die Methode insoferne modifiziert, als er den Gegendruck mit dem

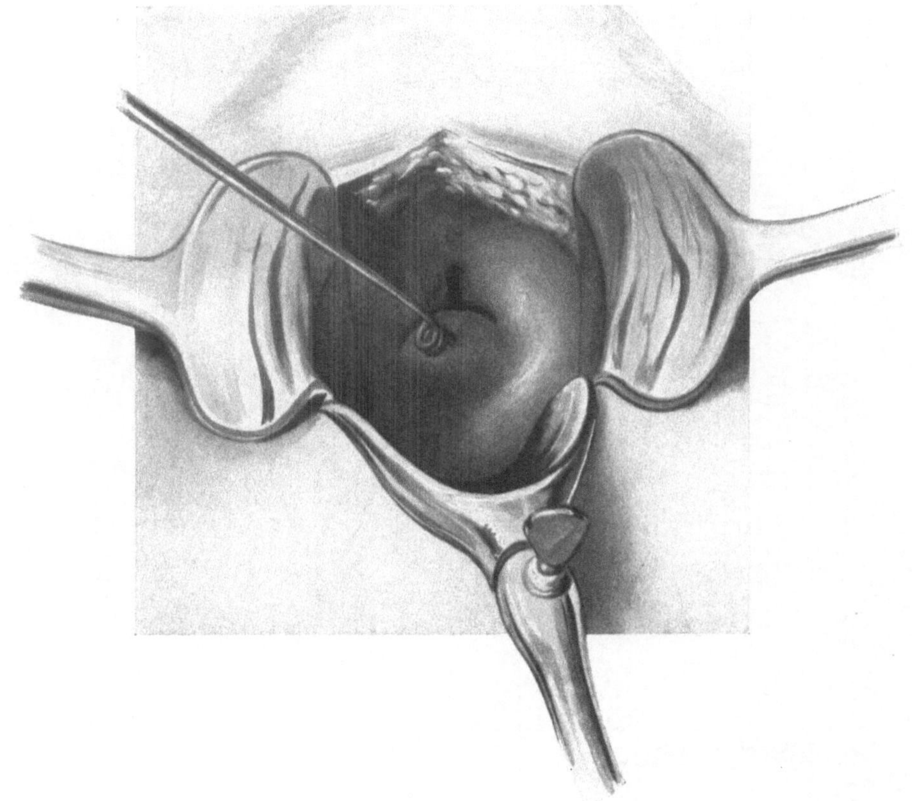

Abb. 85. Suprapubische Prostatektomie. Blase eröffnet. Prostatageschwulst angebohrt und fixiert.

Zeigefinger der anderen Hand vom Mastdarm her ausübt. Freyer, nach dem die Operation den Namen trägt, operiert im gedeckten Terrain und öffnet die Blase nur so weit, daß die Wunde den Finger passieren läßt. Auch er bedient sich der Unterstützung des rektal eingeführten Fingers.

Seitlich vom vorragenden Lappen wird mit dem Fingernagel die Schleimhaut der Blase durchtrennt, und die betreffende Hälfte der Geschwulst ausgehülst, ebenso nach neuerlicher Schleimhautdurchtrennung die zweite Seite und im Zusammenhang der in die Blase ragende Anteil der Geschwulst. Der ausgehülste Tumor wird aus seiner Nische in die Blase gewälzt und mit einer Zange entfernt.

Mit der Geschwulst ist auch die obere prostatische Harnröhre in Wegfall gekommen, die Enukleation ist bei dieser Art des Vorgehens anatomisch richtig vor sich gegangen, die Basis der Wundnische bildet der nach oben offene Kelch der zur

Kapsel gedehnten Prostata mit dem peripheren Stumpf der interkapsulär durchtrennten Harnröhre; die basale Blasenwand bildet die Decke der Wunde mit dem zirkulären Schleimhautdefekt.

FREYER hat die Leistungsfähigkeit dieser Operation in einer großen Reihe von Fällen erprobt.

Was dem Chirurgen an dieser Art zu operieren mißfällt, ist, daß der ganze Vorgang dem Auge unzugänglich in der Tiefe erfolgt. Das Bestreben, den Ein-

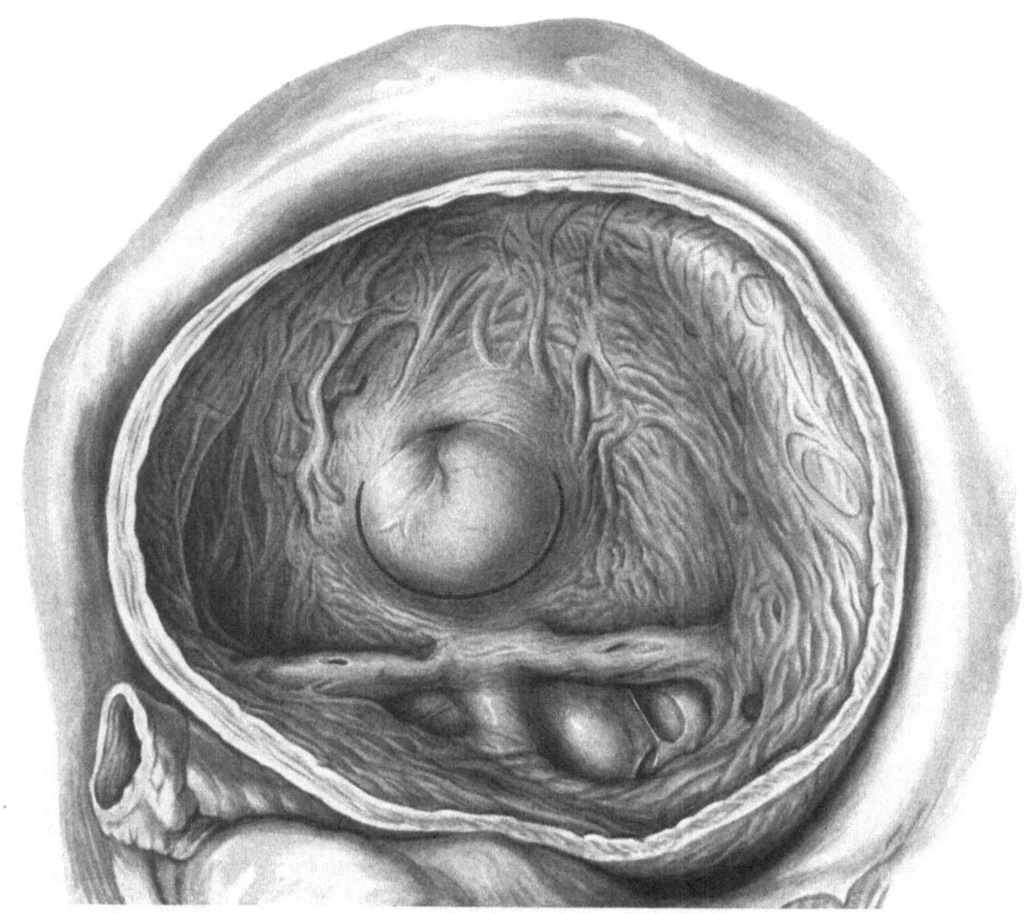

Abb. 86. Transvesikale Prostatektomie. Halbkreisförmige Umschneidung der Schleimhaut an der Blasenmündung.

griff übersichtlicher zu gestalten, ist von verschiedenen Seiten angestrebt worden, doch bei dem Wege von oben nie ganz erreicht worden. Auch bei dem folgenden Verfahren ist nur ein Teil der Operation sichtbar, und die Wundversorgung im chirurgischen Sinne so gut wie unmöglich. Dennoch ist dieses Verfahren dem FREYERschen insoferne überlegen, als die ersten Akte der Operation, die Orientierung über die Konfiguration der Blasenmündung, die Umschneidung derselben, die Bloßlegung der oberen Begrenzung der Prostatageschwulst unter Leitung des Auges vor sich gehen.

Die Blase wird in typischer Weise mit einem Längsschnitt freigelegt und in der Mittellinie näher dem oberen Pol eröffnet. Die Seitenwände werden, der Wundmitte entsprechend, mit je einem kräftigen Seidenfaden angeseilt. Für die Dauer der Operation wird der oberste Winkel der Blasenwunde mit einer Seidennaht an die Haut geheftet. Durch diese Hilfsnaht ist die Blase der Oberfläche nähergerückt, kann nicht in die Tiefe zurücksinken und ist dem Eingriffe in ihrer Tiefe ganz wesentlich zugänglicher gemacht.

Die Blasenwunde wird mit Spateln entfaltet und in Beckenhochlagerung das Innere des Organs frei gelegt. Zunächst wird die Prostata angebohrt und mit Hilfe des Instrumentes kranialwärts gehoben (Abb. 85). Es folgt nun die Umschneidung

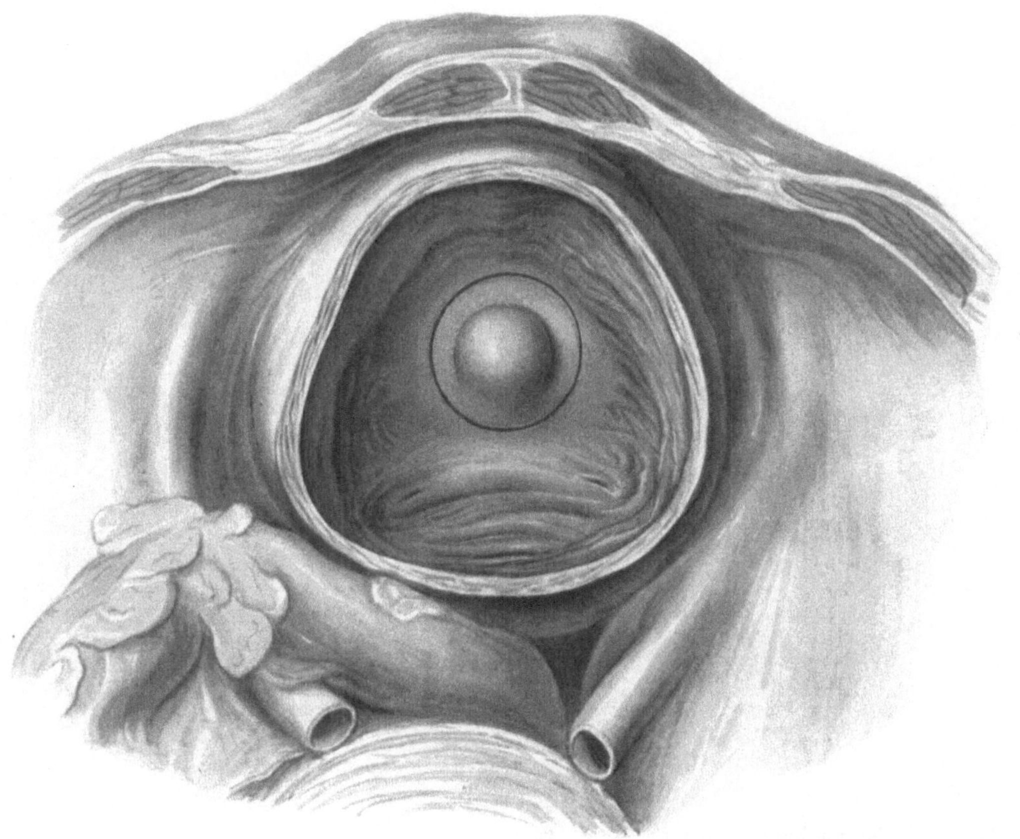

Abb. 87. Transvesikale Prostatektomie. Zirkuläre Umschneidung der Schleimhaut an der Blasenmündung.

der Schleimhaut zur Bloßlegung der Geschwulst. Es ist schwer für diese Schnittführung allgemein gültige Regeln aufzustellen. Im allgemeinen umkreist der Schnitt die Blasenmündung; er ist entweder halbkreisförmig nach vorne offen oder kreisförmig geschlossen. Ragt die Prostatageschwulst als Geschwulst in die Blase, so verläuft der Schnitt an der Basis der kugeligen Vorwölbung; er ist nach vorne offen, wenn vorne im Niveau der Blase an der Mündung ein querer Wulst den Sphinkterrand markiert (Abb. 86). Sitzt dagegen die Mündung auf der Höhe der Geschwulst, so ist der kreisförmige Schnitt an der Basis vorzuziehen (Abb. 87). Ebenso wird man die Mündung zirkulär umschneiden, wenn diese wie in den Fällen des ersten Typus unverändert geblieben ist. Stets, namentlich bei größeren, vorragenden Geschwülsten verdient das Verhalten der basalen Schleimhaut zur

Geschwulst besondere Berücksichtigung. So wird man, wenn das ganze Trigonum auf den Tumor verlagert ist, den Schnitt entsprechend näher an die Mündung verlegen.

Man durchtrennt die Schleimhaut und Muskulatur und gelangt direkt auf das durch seine helle Farbe und durch seine lappige Struktur gekennzeichnete Geschwulstgewebe, welches mit einer Kochersonde an seiner Oberfläche möglichst isoliert wird (Abb. 88). Man führt nun einen starken Seidenfaden durch die bloßgelegte Geschwulst und entfernt den Bohrer. Die nun folgende Ausschälung wird bei starkem Zug an

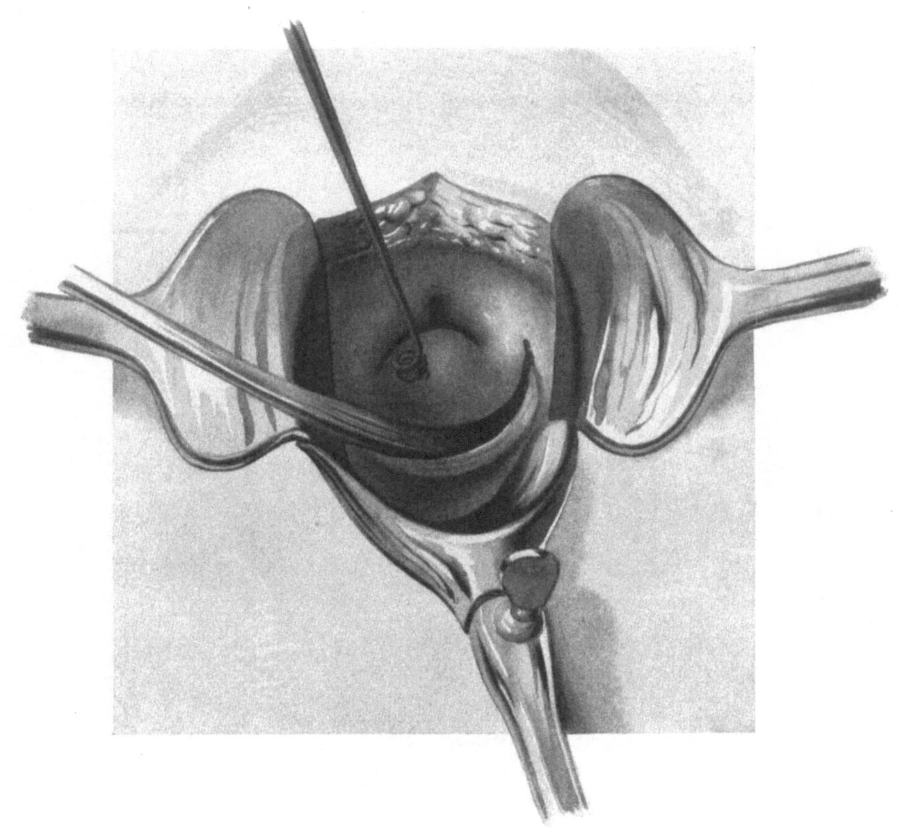

Abb. 88. Suprapubische Prostatektomie. Isolierung der Geschwulst mittels der Kochersonde.

der Fadenschlinge ausgeführt. Bei dieser Art des Vorgehens entfällt das Entgegendrängen vom Mastdarm aus.

Innerhalb der Blase ist die Auslösung leicht und die richtige Schicht nicht zu verfehlen. Schwierig wird die Passage erst am Sphinkterring, wo dieser, mit der Prostatakapsel innig verwachsen, erst nach scharfer Trennung ein Eindringen in den Kapselspalt gestattet. In der richtigen Schicht gleitet der Finger (Abb. 89, 90) ganz leicht. Von da an ist ein Fehlgehen nicht mehr möglich; man kann in dieser Zone die Geschwulst in ihrem ganzen Umfange einschließlich ihres unteren Poles isolieren. Wenn nötig, setzt man an immer tieferen Punkten der Geschwulst Fadenzügel an, bis man an der Basis zum Stiel der Harnröhre gelangt, den man entweder quer durchschneidet oder durchreißt.

Anders gestalten sich die Verhältnisse in den Fällen vom zweiten Typus. Es wurde bereits erwähnt, daß der Schleimhautschnitt die Mündung umkreisen soll, da der

Tumor die Harnröhre nach allen Seiten geschlossen umgibt. Dann ist der Umstand zu berücksichtigen, daß in diesen Fällen die Prostatakapsel nahe an den Sphinkter heranreicht, also die obere Fläche der Geschwulst zum großen Teile deckt, so daß

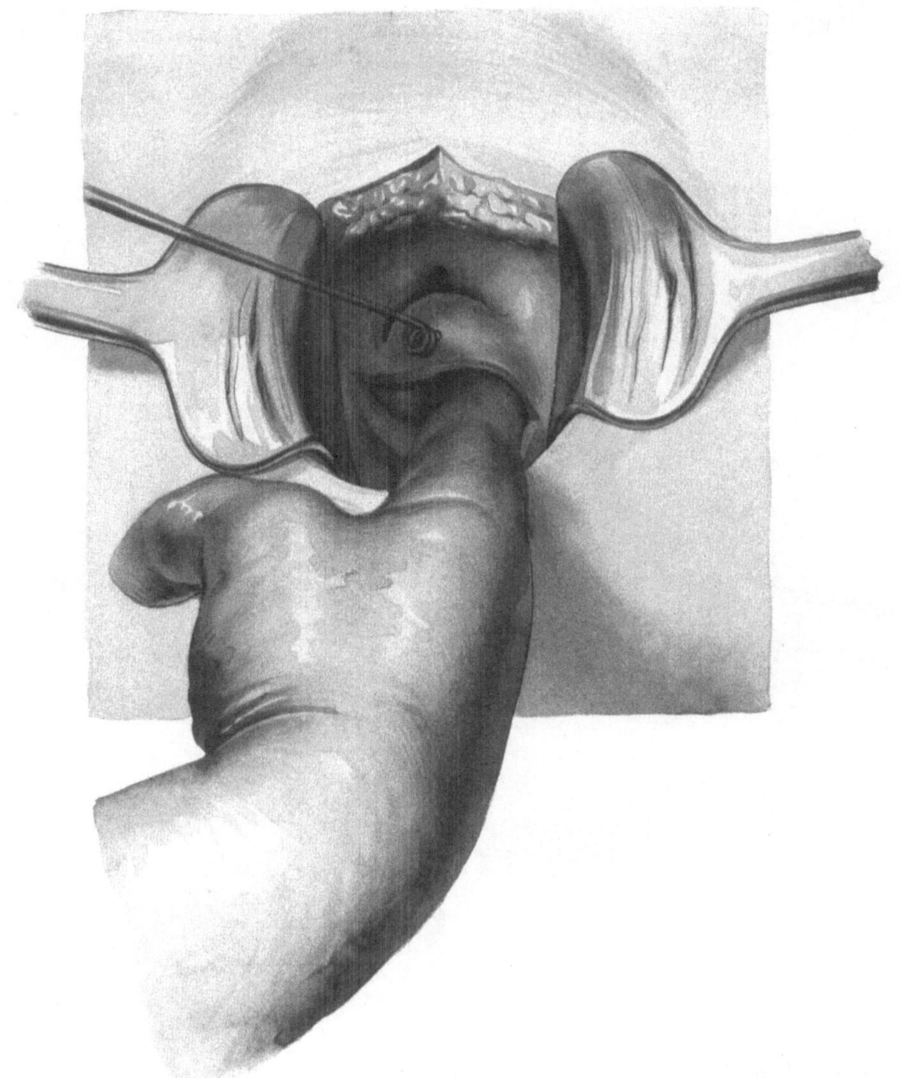

Abb. 89. Suprapubische Prostatektomie. Enukleation der Geschwulst mit dem Finger.

man, um an den Tumor zu gelangen, die ganze Blasenwand und eine Schicht Kapsel passieren muß.

Auch soll der Schnitt nahe der Mündung angelegt werden, damit man die starke Ringfaserschicht des Sphinkter durch stumpfes Abdrängen erhalte.

Es hat seine Schwierigkeiten, in diesen Fällen den Weg zur Auslösung zu finden. Es wird sich empfehlen die Verbindung zwischen Sphinkter und Kapsel scharf zu durchtrennen.

Zur Erleichterung des Vorganges empfiehlt RUBRITIUS die Ausschneidung eines Keiles aus dem Rande der Mündung. An der Schnittfläche der Wunde sieht man das angeschnittene Geschwulstgewebe in seiner Abgrenzung und kann den richtigen Weg zur Enukleation leicht finden. B. SQUIER beginnt die Operation an der vorderen Kommissur mit einem urethralen Längsschnitt. Beide eben genannten Methoden sind für Fälle vom zweiten Typus empfehlenswert.

Wenn bisher die Auslösung der Geschwulst in zentrifugaler Richtung vorgenommen wurde, so läßt sich der ganze Vorgang auch umgekehrt durchführen. JUDD (MAYOS

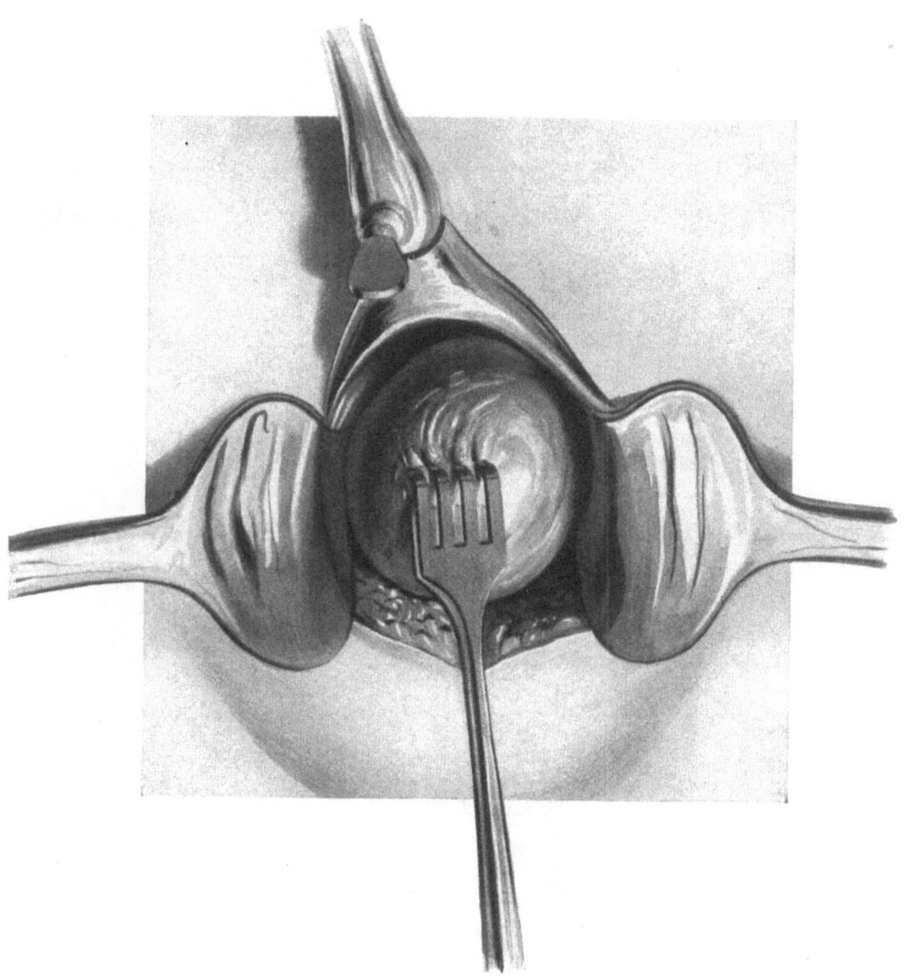

Abb. 90. Suprapubische Prostatektomie. Herausheben der Geschwulst vor der Durchtrennung der Harnröhre.

Klinik) führt den Finger in die prostatische Harnröhre und gelangt am unteren Pol der Geschwulst, die Schleimhaut durchsetzend, in den Kapselraum.

Der Finger sprengt an der vorderen Wand die Schleimhaut und gelangt am unteren Pol der Geschwulst vorbei in den Kapselraum. Die Geschwulst wird ihrer Konvexität entsprechend losgelöst, und in der letzten Phase der Operation die Durchtrennung der Schleimhaut an der Blasenmündung vorgenommen. Diese Art der Ausschälung wird in neuerer Zeit von RINGLEB u. a. empfohlen. Die ausgelöste Geschwulst wird mit dem Finger in die Blase verlagert und mit einer Zange entfernt.

Die Blutstillung ist der schwache Punkt der Operation. Es blutet flächenhaft aus der Kapsel und aus stärkeren Gefäßen des Schleimhautrandes. Exakt, im chirurgischen Sinne, die Blutung zu stillen, ist nicht möglich; es sind zahlreiche Methoden der Blutstillung beschrieben, ohne daß eine von diesen die Gewähr des sicheren Erfolges darböte. Permanente Berieselungen nach der Operation, die Aspiration (CHUTWOOD), die Tamponade der Wunde mit Gaze, nach verschiedenen Methoden (MARION, CHUTE), die urethrale Einführung eines Kautschukballons (HAGNER) sind empfohlen. KREISSL hat den Schnitt durch die Schleimhaut zur Vermeidung stärkerer Blutung mit einem gezähnten Messer ausgeführt.

Nach dem eigenen Verfahren werden spritzende Gefäße des vesikalen Schleimhautrandes umstochen (die urethrale Schleimhautwunde ist unzugänglich), die Wundhöhle wird mit dem Finger komprimiert, wenn nötig gegen den rektal eingeführten Zeigefinger mit Gaze fest ausgestopft. Die permanente Irrigation der Blase scheint ein wirksames Mittel der Blutstillung.

Vor dem Verschluß der Blase resp. vor der Tamponade wird die Wundnische genau ausgetastet, etwa an der Wand haftende Geschwulstknoten müssen stumpf ausgelöst werden.

Ein fingerdickes Knierohr, daneben ein dünneres Kautschukrohr (zur Berieselung) tauchen bis in den Blasengrund. Partielle Blasennaht und Kystopexie an die Mm. recti.

Die Meinung, daß die Wundnische nach Ausschälung der Geschwulst sich durch Muskelwirkung verengert, ist, wie größere Erfahrung zeigt, nicht immer zutreffend. Der ganze Hohlraum wird nach erfolgter Enukleation durch Entspannung kleiner, doch bleiben die Wände häufig schlaff.

Die Operation in zwei zeitlich getrennten Akten vorzunehmen, ist von vielen Seiten empfohlen worden, wir können in der prinzipiellen Teilung des Eingriffes keinen Vorteil sehen; der nicht widerstandsfähige Patient kann einem der beiden Akte erliegen. Außerdem ist zu berücksichtigen, daß die Ausschälung einige Zeit nach der vorgenommenen Sectio alta größere Schwierigkeiten darbieten kann.

Wenn wir die beiden Hauptmethoden, die perineale und die transvesikale, hinsichtlich der Anatomie der Wunde miteinander vergleichen, so ist bei der ersteren die Wundnische an ihrem tiefsten, bei der letzteren an ihrem obersten Anteil offen. Beim Perinealschnitt ist die Kapsel an der sakralen Begrenzung entsprechend der größten Breite der Geschwulst durchschnitten. Beim Weg von obenher ist die basale Blasenwand durchtrennt und die Verbindung zwischen Blasensphinkter, Prostatakapsel und Geschwulst zu passieren, ehe der Weg zur Ausschälung geöffnet werden kann.

Es muß zugestanden werden, daß die anatomischen Verhältnisse für den Sekretablauf bei den perinealen Methoden günstigere sind. Allein die Erfahrung zeigt, daß die Eröffnung der Wundnische nach unten nicht die Bedeutung besitzt, wie man vermuten sollte. Die Vorschläge, durch ein kombiniertes Operationsverfahren, suprapubische Enukleation, perineale Drainage, dem Übelstande des erschwerten Sekretabflusses zu begegnen (FULLER, ISRAEL, CASPER) konnten sich nie durchsetzen.

Nach allen Statistiken ist der Eingriff der transvesikalen Operation schwerer zu bewerten, als die perineale und trotz aller dieser Vorteile ist gegenwärtig der hohe Blasenschnitt für die große Mehrzahl der Operateure noch immer die Methode der Wahl. Die Einfachheit der Voroperation, die leichte Zugänglichkeit zur Enukleation erklären die bevorzugte Anwendung der Methode. Immerhin erscheint im Hinblick auf die Verbesserungen der perinealen Methoden die Übung dieser in größeren Reihen zur genauen Wertung der Operation geboten.

VIII. Die Wundnische und der Heilungsvorgang nach Prostatektomie.

Einen Überblick über die Wundverhältnisse nach der Prostatektomie kann man nur aus Präparaten gewinnen. Am Operationstische ist eine diesbezügliche Orientierung unmöglich. Am übersichtlichsten gestalten sich die Verhältnisse bei postmortal ausgeführten Operationen am gehärteten Objekte. Die Wundhöhle bleibt

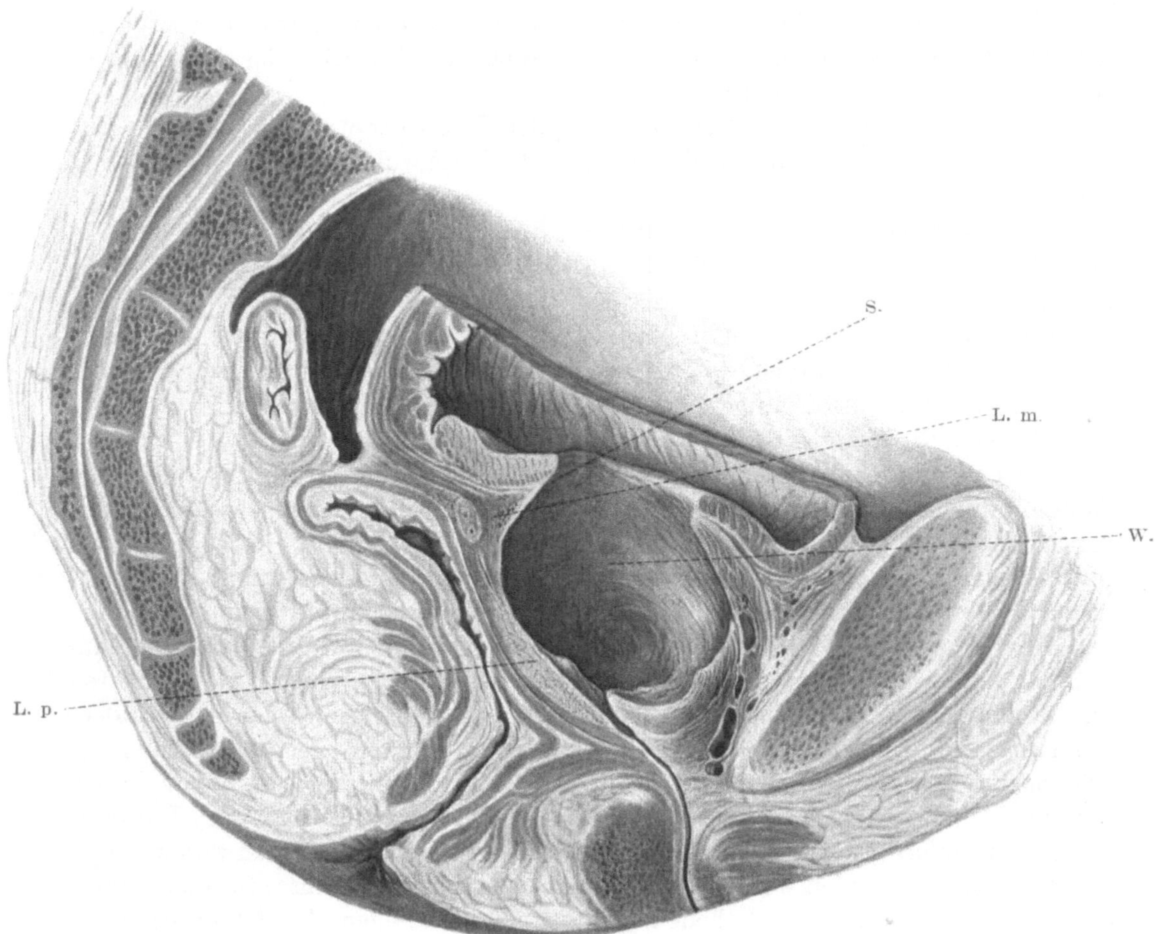

Abb. 91. Wundbett nach Enukleation der Geschwulst. Medianschnitt linke Hälfte.
L. m. = Lobus medius. L. p. = Lobus posterior. S. = Sphinkterrand. W. = Wundbett.

hier nach Ausschälung der Geschwulst starr entfaltet und entspricht in dieser Hinsicht nicht den Verhältnissen am Lebenden. Aber gerade in dieser Fixierung werden die anatomischen Grenzen am besten zu studieren sein.

Am Sagittalschnitt eines Falles vom Typus I (Abb. 27) überblickt man die nach Aushülsung der Prostatageschwulst entstandene große Wundhöhle, die gewissermaßen das Negativ der entfernten Geschwulst darstellt. Die Decke wird von der stark emporgehobenen basalen Blasenwand gebildet, die in ihrem vorderen Anteile einen der Blasenmündung entsprechenden Wunddefekt aufweist.

Die Wundnische selbst zerfällt durch die vorspringende Leiste des gedehnten Sphinkter in zwei Anteile, von denen der obere intravesikal, der untere seinem Sitze nach als subvesikal bezeichnet werden kann. Nach unten wird die Wundhöhle durch den scharfen Schnittrand der prostatischen Harnröhre begrenzt, in welcher der Colliculus knapp unterhalb der Trennungsfläche der Harnröhre sichtbar ist. Der Ductus deferens liegt außerhalb der Wundhöhle in der hinteren unteren Begrenzung dieser.

Die vordere Wand des Defektes wird von einer mehrere Millimeter dicken Schicht gebildet, die aus komprimiertem Drüsengewebe und aus Muskulatur besteht. Nach hinten unten ist in der begrenzenden Wand vor den Samenblasen und dem Ductus deferens eine schmale Zone

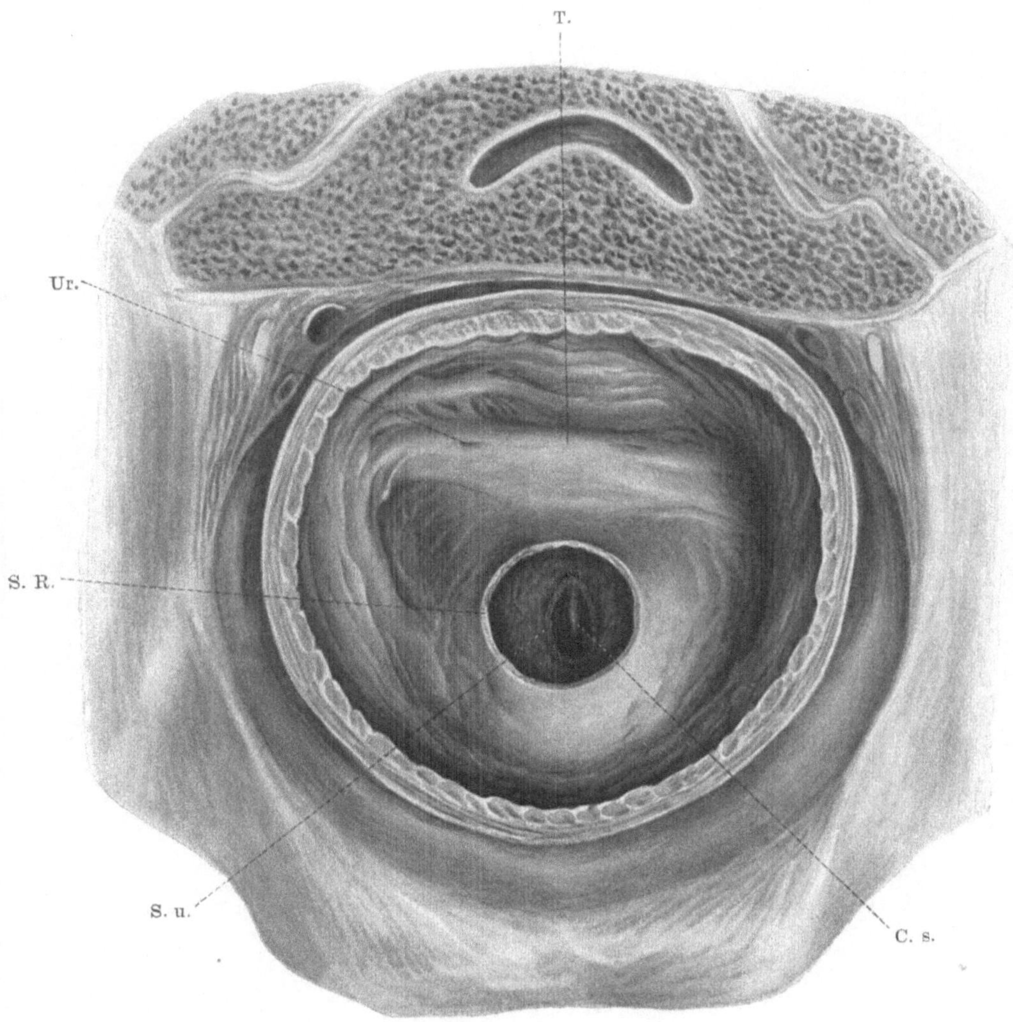

Abb. 92. Wundbett nach Enukleation der Geschwulst von oben gesehen.
C. s. = Colliculus seminalis.   S. R. = Schnittrand der Blasenschleimhaut.   S. u. = Schnittrand der Urethralschleimhaut.   T. = Torus interuretericus.   Ur. = Uretermündung.

vorhanden, die den komprimierten Resten des Lobus medius entspricht. Hinter dem Ductus stellt der platte Lobus posterior eine mächtige Verstärkung der basalen Kapsel dar. Von oben her sieht man in der Tiefe der vom kreisförmigen Blasendefekt begrenzten Wunde den unversehrten Colliculus.

Beim zweiten Typus B sind die Grenzen der Wundnische die gleichen, wir finden die Kapsel bis an den vesikalen Wunddefekt heranreichend (Abb. 91). Die engste Stelle der Wunde, die dem ungedehnten Sphinkter entspricht, sitzt zu oberst im Niveau der ehemaligen Blasenmündung (Abb. 92).

Die Vergleichung beider Typen läßt die Unterschiede im Verhalten der Kapsel deutlich erkennen. Im ersteren Falle ist die obere Begrenzung der Kapsel im Rahmen des gedehnten Sphinkter, vorne im Niveau der Mündung, sakral aber unter dieser gelegen. Kranial von dieser Stelle wird die Bedeckung der Wundnische nur von Blasen-

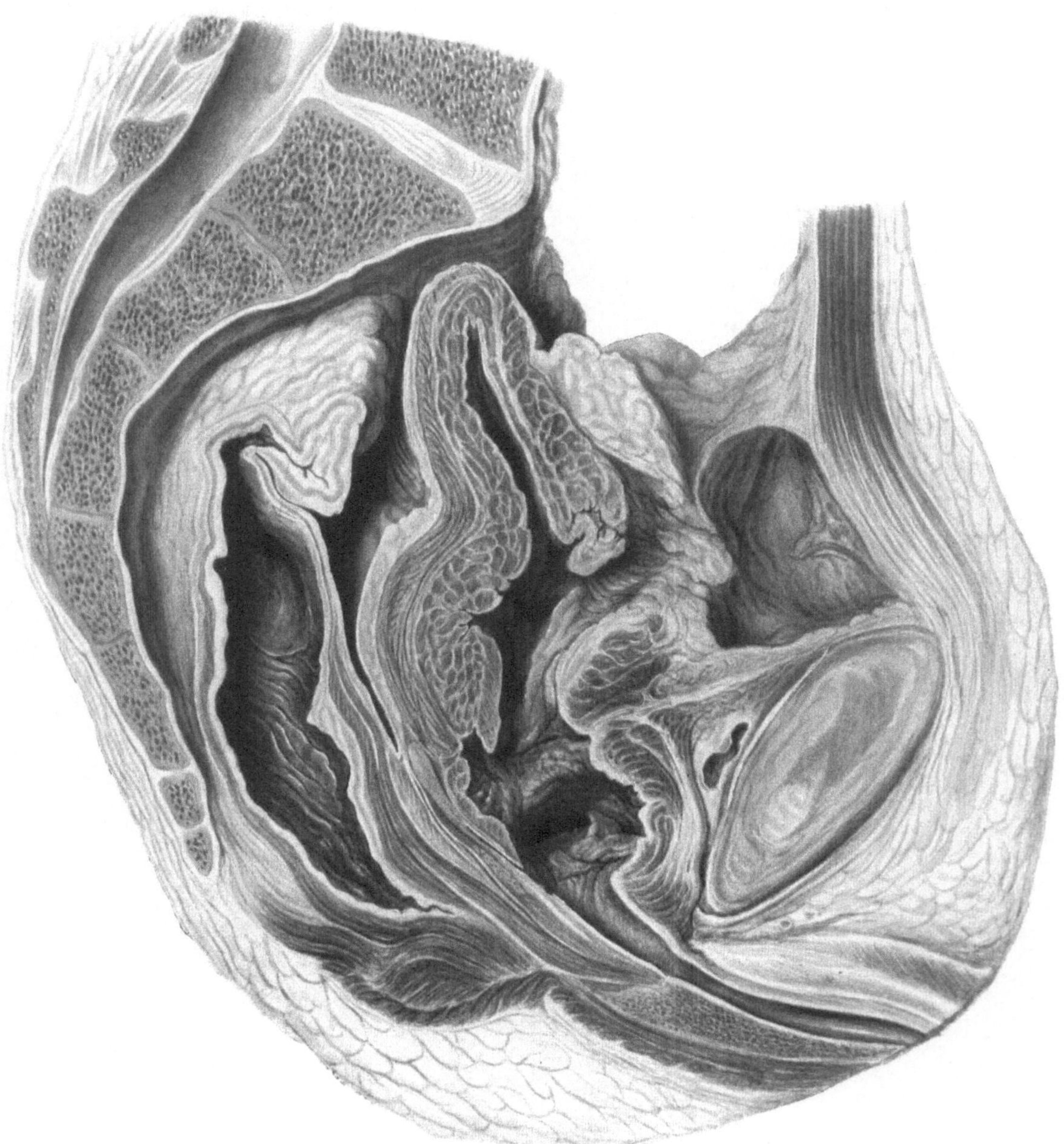

Abb. 93. Wundhöhle nach Prostatektomie 1 Tag nach der Operation. Medianschnitt linke Hälfte.

schleimhaut gebildet. Anders beim zweiten Typus, bei welchem die Schleimhaut und Muskulatur der basalen Blase, ferner die darunter gelegenen oberen Anteile der zur Kapsel gedehnten Prostata die Wunde decken. Die Prostatakapsel hat in diesem Falle ihre Relation zum ungedehnten Sphinkter, der die Mündung enge umkreist, behalten.

Weniger übersichtlich erscheinen die Wundverhältnisse an Präparaten von intravital ausgeführten Prostatektomien. Es kollabiert hier die Wundhöhle und die ihres Haltes beraubte Blasenwand sinkt nach abwärts.

Der nachfolgende Fall (Abb. 93) veranschaulicht die Wunde eines am Tage nach der Operation Verstorbenen: wir finden die Blase kontrahiert, dickwandig, an ihrer Vorderwand im unteren Drittel eröffnet. Der RETZIUSsche Raum ist aufgewühlt und enthält eine walnußgroße Höhle. Der Torus interuretericus springt stark vor; unmittelbar davor sinkt das Trigonum steil nach abwärts und es endet hier die Schleimhaut in der Gegend des ehemaligen Orifizium, wo die Wundhöhle beginnt. Die Wundhöhle ist von unregelmäßig walzenförmiger Gestalt, hat zerklüftete Wände, mißt im antero-posterioren Durchmesser $2^1/_2$ cm und hat eine Länge von $1^1/_2$ cm. Die Wundhöhle setzt sich in die untere prostatische Harnröhre fort und ist unterhalb des Colliculus gegen diese mit scharfem Rande abgesetzt. Der Schnittrand der Blasenschleimhaut ist tief nach abwärts gesunken und die ganze Gegend der ehemaligen Mündung erscheint trichterförmig eingezogen.

Die Wundnische ist nach allen Seiten von einer derben, nach vorne zu über 1 cm dicken Kapsel umgeben. Nach oben bildet die Blasenbasis mit dem Wunddefekt die Grenze, nach rückwärts eine etwa 3 mm dicke Schicht, hinter welcher die Samenblase, der Ductus deferens und der plattgedrückte Lobus posterior gelegen sind.

In diesem Falle ist die Durchtrennung der Harnröhre nicht korrekt, weil sie jenseits des Colliculus vorgenommen wurde.

Von außen her präpariert ist die Birnform der Blase ersichtlich, an deren basalen Anteil die in allen Dimensionen vergrößerte Prostata sich anschließt. Harnleiter stark hypertrophisch und gedehnt (Abb. 94).

In dem folgenden Falle (Abb. 95) ist der Tod 6 Tage nach der Operation eingetreten; die Wundhöhle ist abgegrenzter und enger geworden. Am Sagittalschnitt die enorm dickwandige, auf ihr kleinstes Volum zusammengezogene Blase; an ihrer vorderen Wand, nahe dem Scheitel, ist sie eröffnet und so ein röhrenförmiger Kanal

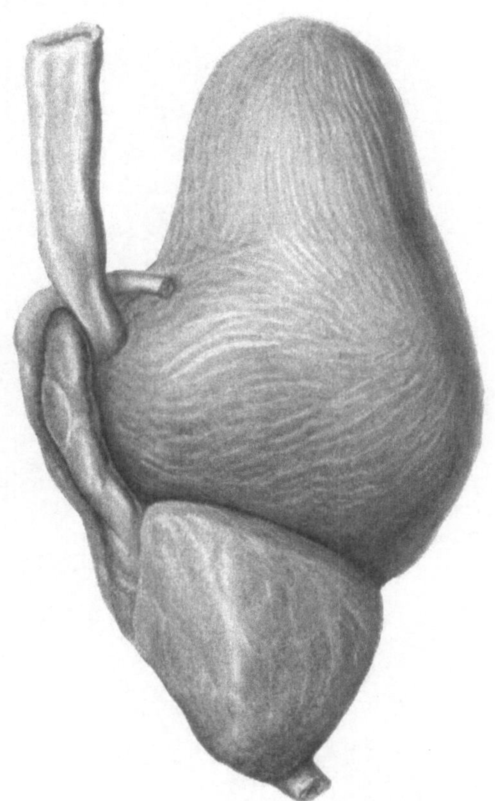

Abb. 94. Objekt der Abb. 93. Blase und Prostata von außen präpariert.

etabliert, der aus dem Blaseninnern nach außen zur suprasymphysären Gegend führt. Der Torus interuretericus ist deutlich ausgeprägt, die Harnleitermündung normal. An Stelle der ehemaligen Mündung ein Schleimhautdefekt, der in den Wundtrichter führt, der in der Länge 2,5 und im antero-posterioren Durchmesser an seiner engsten Stelle 1 cm, an seiner weitesten 2 cm mißt. Die Wände der Höhle sind uneben, stellenweise mit Fibrinauflagerungen besetzt. Der Wundtrichter setzt sich in die Harnröhre fort, die Schleimhaut der letzteren oberhalb des Colliculus scharf gegen die Wunde abgesetzt.

Die Wundhöhle ist von der Blasenbasis überdacht; gegen die Symphyse und das Kreuzbein zu ist der Durchschnitt einer mächtigen Kapsel sichtbar, die vorne aus einer Schicht von Bindegewebe und glatter Muskulatur besteht, nach rückwärts von einer gleich starken Schicht gebildet wird, in welcher sich der komprimierte Lobus medius, der Ductus deferens und der Hinterlappen deutlich differenzieren lassen.

Von außen her präpariert zeigt die Prostata normale Konfiguration und Größe (Abb. 96).

In dem folgenden Falle (Abb. 97) ist der Heilungsverlauf bis zum Ende der zweiten Woche gediehen. Der Wunddefekt ist stark verkleinert röhrenförmig, glattwandig, die vordere Wundlefze reicht tief in den Defekt und ist mit dem Urethralstumpf vereinigt. In der Harnröhre der

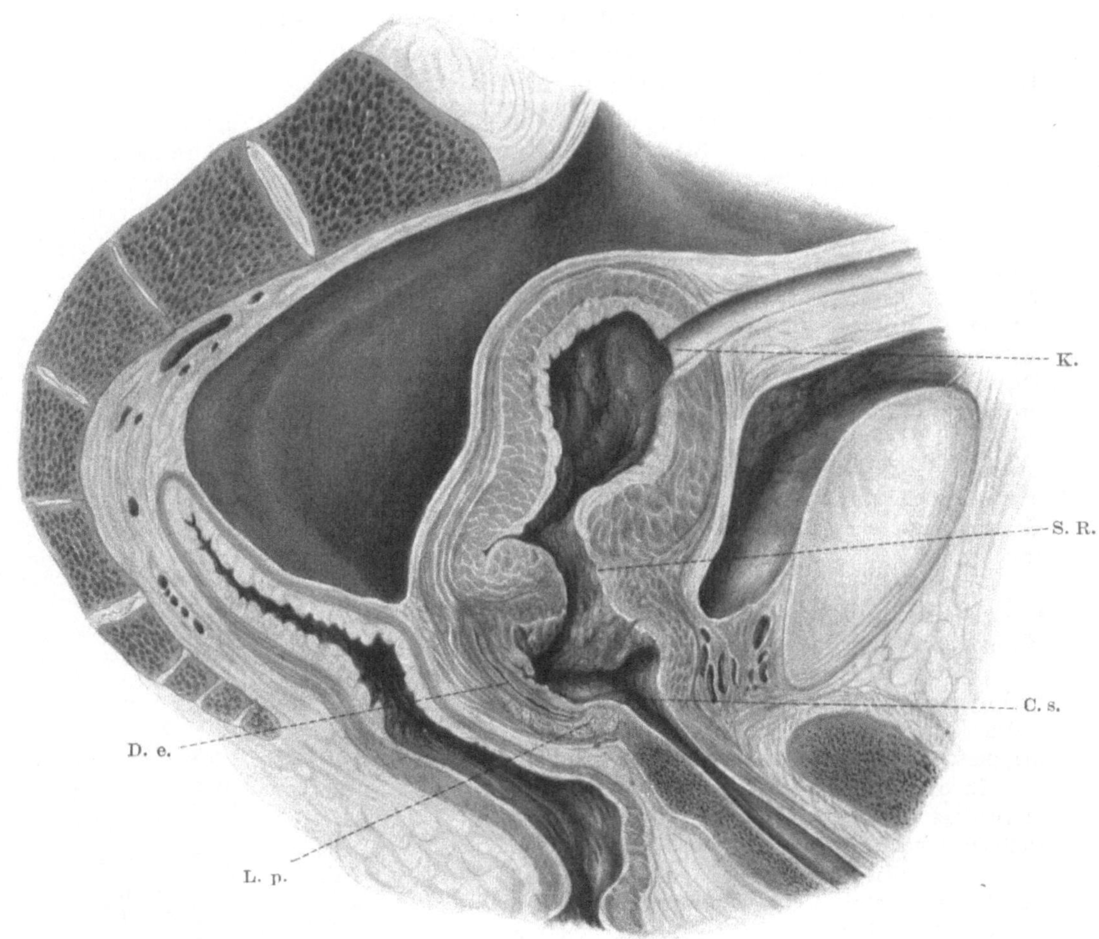

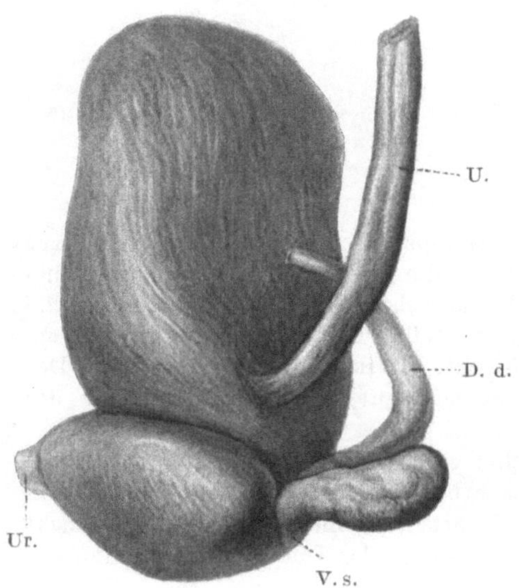

Abb. 95. Wundhöhle nach Prostatektomie 6 Tage nach
der Operation. Medianschnitt linke Hälfte.
C. s. = Colliculus seminalis.   D. e. = Ductus ejaculatorius.   K. = Katheterrinne.   L. p. = Lobus posterior.
S. R. = Schnittrand an der Blasenschleimhaut.

Abb. 96. Objekt der Abb. 95. Blase und
Prostata von außen präpariert.
D. d. = Ductus deferens.   U. = Ureter.
V. s. = Vesicula seminalis.   Ur. = Urethra.

geschwellte Colliculus; im Raume zwischen Wunde
und Mastdarm sind Kapsel, Samenblase, Ductus
deferens und Lobus posterior gut differenzierbar.

Wenn in den bisher beschriebenen Fällen
der Vorgang der Ausschälung aus der Kapsel
in der anatomisch richtigen Schicht vor sich
gegangen ist, so zeigt der nachfolgende, durch
einen technischen Fehler letal verlaufene Fall,
wie verhängnisvoll es werden kann, wenn
man die richtige Schicht bei der Ausschälung
verläßt.

Die Enukleation ist hier (Abb. 98) extrakapsulär erfolgt und die Prostatageschwulst ist im
Zusammenhange mit der sie umhüllenden Kapsel,

Faszie, Samenblasen und Ductus deferens entfernt worden. Infolge dieses falschen Weges ist die untere prostatische Harnröhre mit einem Teil der Pars membranacea verloren gegangen, die Zellgewebsräume am Beckenboden wurden eröffnet, ein mächtiger Bluterguß ist in die Wundhöhle erfolgt und hat von da sich ausbreitend, das Zellgewebe des Beckens und das der Subserosa weitgehend infiltriert.

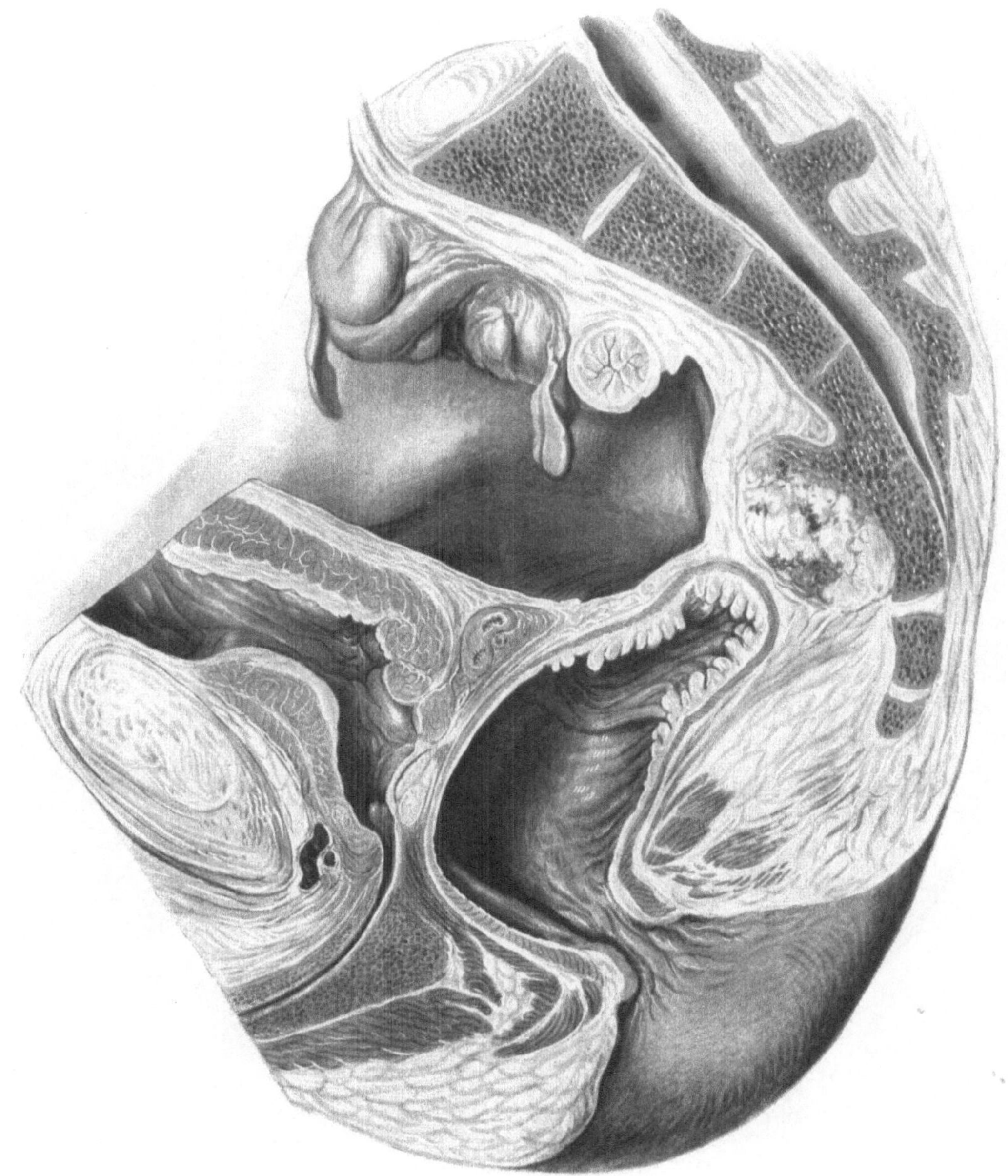

Abb. 97. Wundhöhle nach Prostatektomie 14 Tage nach der Operation. Medianschnitt rechte Hälfte.

Am Sagittalschnitt sieht man die Blase enorm hypertrophiert, leer, in ihrem basalen Anteil ein kreisförmiger Wunddefekt, der durch Kontraktion der Muskulatur fast geschlossen ist. Unterhalb der Blase, an Stelle der Prostata eine über walnußgroße, mit geronnenem Blute strotzend gefüllte Wundhöhle, die nach abwärts sich verjüngend bis an die peripher von der Prostata gelegene Harnröhre reicht. Eine anderweitige anatomische Differenzierung der Wand oder des Diaphragma urogenitale ist wegen ausgedehnter blutiger Durchtränkung der paraurethralen Gewebe nicht möglich.

An der vorderen Wand ist die Kapsel symphysenwärts in der gewohnten Form als mächtige, faserige Schicht vorhanden.

Der Unterschied ist namentlich an der hinteren Begrenzung der Wunde ersichtlich. Hinter der Blase erstreckt sich die Wundhöhle nach aufwärts bis knapp an die

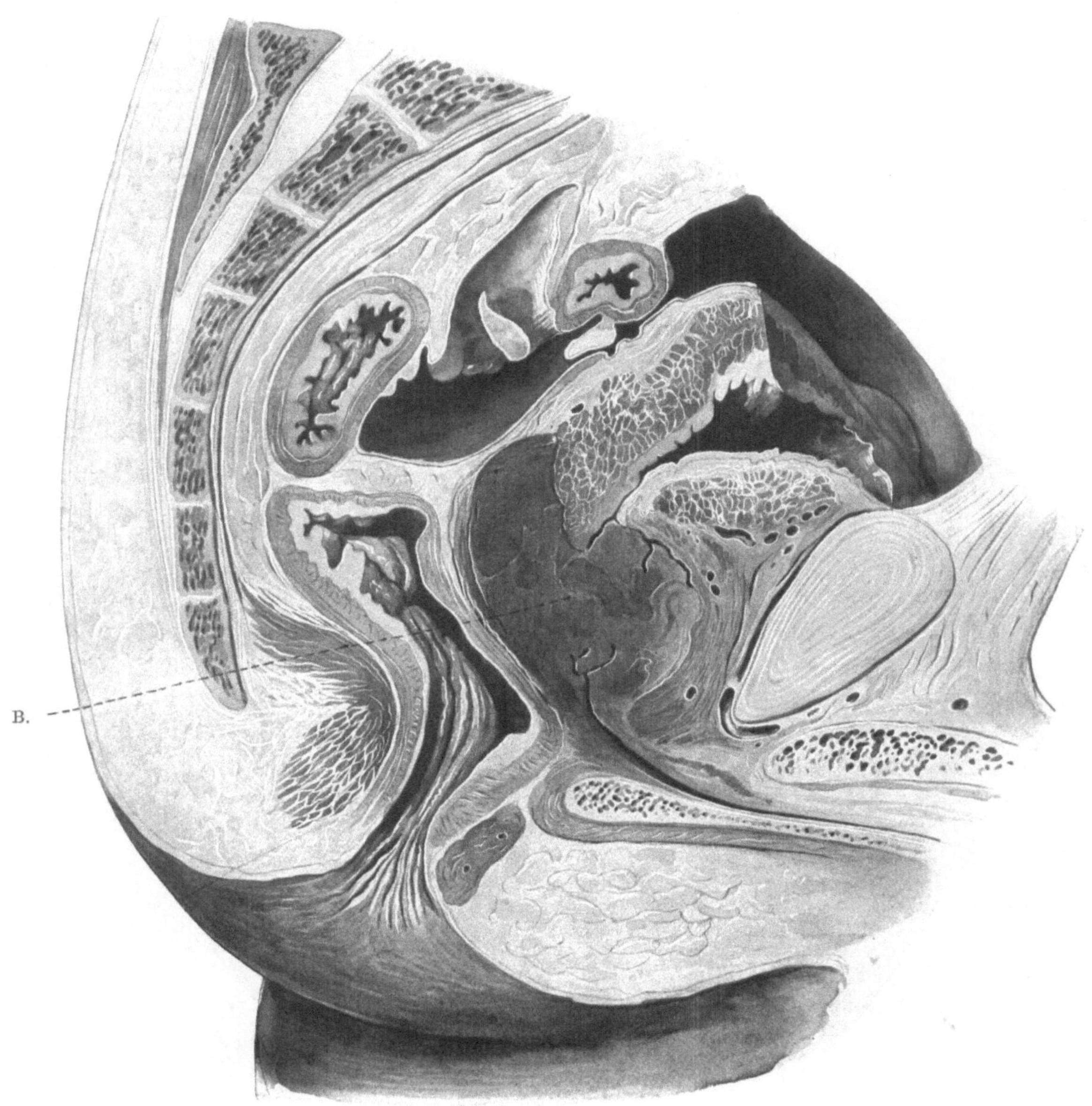

Abb. 98. Wundbett bei extrakapsulärer, fehlerhaft durchgeführter Ausschälung.
B. = Bluterguß in die Prostatanische. Samenblasen und periphere Anteile der Prostata (Lobus post.) fehlen.

Serosa des Douglas; in weiterer Folge reicht die Höhle direkt bis an die vordere Mastdarmwand; an dieser Stelle fehlt die Kapsel völlig und die sonst in dem Gewebe zwischen Wunde und Mastdarm enthaltenen Gebilde, Samenblasen, Ductus deferentes, Hinterlappen der Prostata sind nicht sichtbar. Auch vom Diaphragma urogenitale fehlt jede Spur, so daß das Blut in kontinuierlicher Folge die weitere Fortsetzung der Harnröhre und ihre Umgebung infiltriert.

Die Ausschälung ist in diesem Falle also gegen die Regel extrakapsulär vor sich gegangen.

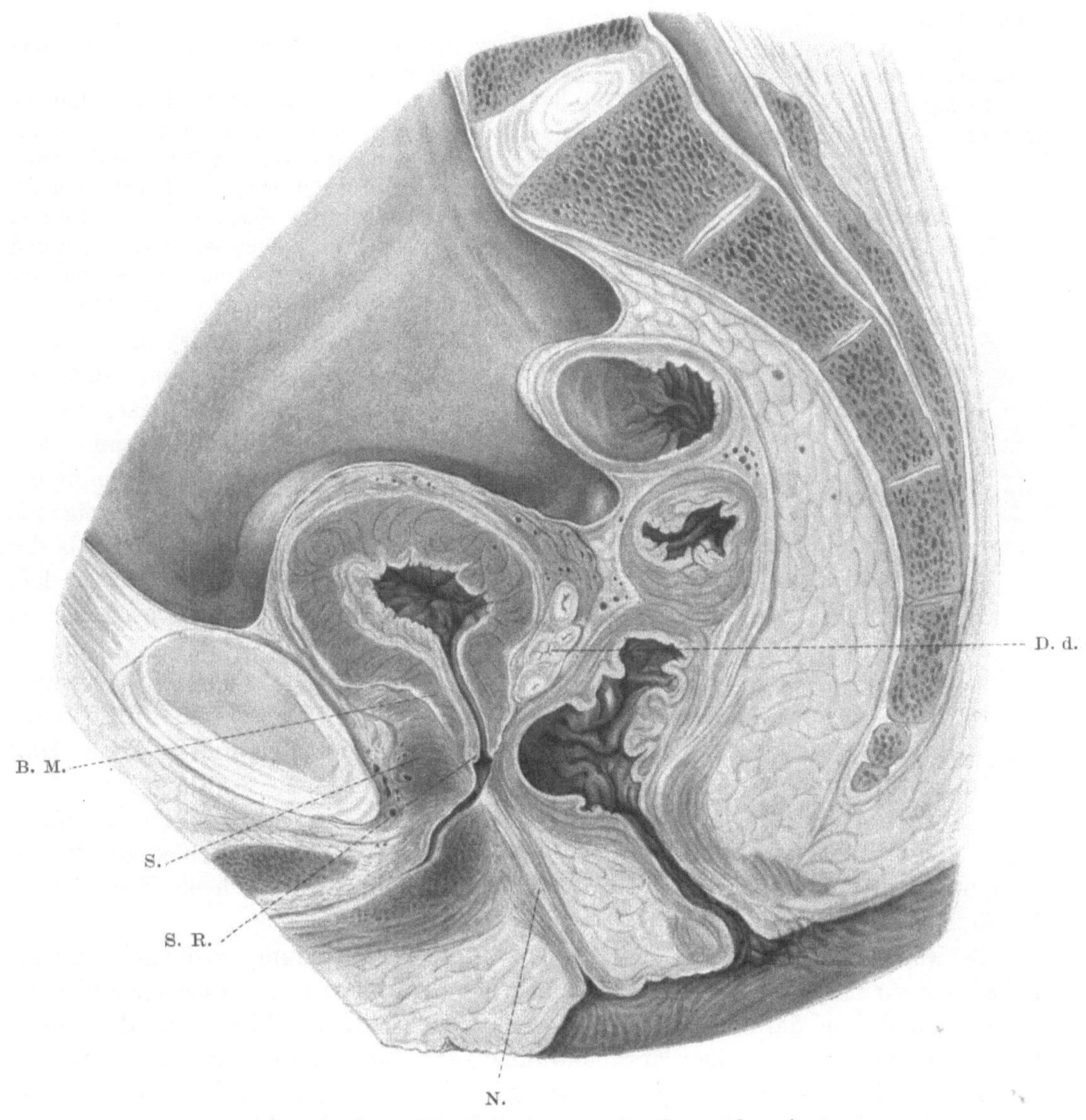

Abb. 99. Heilerfolg 2 Jahre nach der Prostatektomie.
B. M. = Blasenmuskulatur.   D. d. = Ductus deferens.   N. = Narbe der perinealen Wunde.
S. = Sphinkter, vordere Hälfte.   S. R. = Schleimhautrand der Blase.

Den Zustand nach vollständig abgeschlossener Heilung zeigt der folgende Fall, der 2 Jahre nach der perinealen Prostatektomie verstorben ist.

Bei der Ansicht von oben sieht man eine stark kontrahierte, mit dem Scheitel die Beckeneingangsebene nicht erreichende Blase. Hinter dieser ein normal konfiguriertes Cavum Douglasi. Durchschneidet man das Becken median, so zeigt sich (Abb. 99) zunächst die vollkommen zusammengezogene, mit einer mächtigen, über $1^1/_2$ cm dicken Wand versehene Blase. Die Zellgewebsräume um dieses Organ sind stark verbreitert und in eine faserige Masse umgewandelt.

Die Muskulatur der Blase findet nicht wie gewöhnlich ihr Ende mit dem Rande des Sphinkter an der Mündung der Blase, sondern wir sehen, daß sowohl die vordere als auch die sakrale Blasenwand, tief nach abwärts verzogen, die Harnröhre bis an die Mündung des Ductus deferens begrenzen. Die Harnröhre verläuft vom Orifizium steil, fast senkrecht nach abwärts. An der Grenze der Einmündung des Ductus erfolgt der Übergang in die Pars inferior urethrae prostaticae. An dieser Stelle endigt die in die Harnröhre verzogene und sie begrenzende Schleimhaut der Blase.

Vom Perineum aus zieht geradlinig eine Narbe zur Harnröhre; sie trifft diese an einer Stelle, die 1 cm peripher von der Ductusmündung gelegen ist.

In dem stark verbreiterten, schwieligen Gewebe zwischen Blase und Mastdarm sind die in ihrer Wand verdickten, in ihrer Lichtung fast verödeten Samenblasen gelegen. Im Raume zwischen Mastdarm und Blase ist der Ductus deferens sichtbar, der Colliculus fehlt.

Die vordere Mastdarmwand ist durch Narbenzug stark nach vorne verzogen und innig an die Stelle geheftet, wo die aus der Blasenwand gebildete Harnröhre endet.

In diesem Falle ist die Heilung derart vor sich gegangen, daß der untere Abschnitt der Blase, in die Wundhöhle eingestülpt, mit dem Harnröhrenstumpf zur Vereinigung gelangt ist. Der ganze absteigende Schenkel der Harnröhre muß als der Blase zugehörig bezeichnet werden. Die scheinbare Bildung eines Orificium internum ist wohl auf Kontraktion der unteren Partie der zirkulären Muskel zurückzuführen, während die längsverlaufenden Fasern ihren Halt verloren haben.

Aus den mitgeteilten Befunden an der Wunde in verschiedenen Zeiten nach der Prostatektomie bis zur abgeschlossenen Heilung läßt sich ein Schluß über die Art der Reparation ziehen.

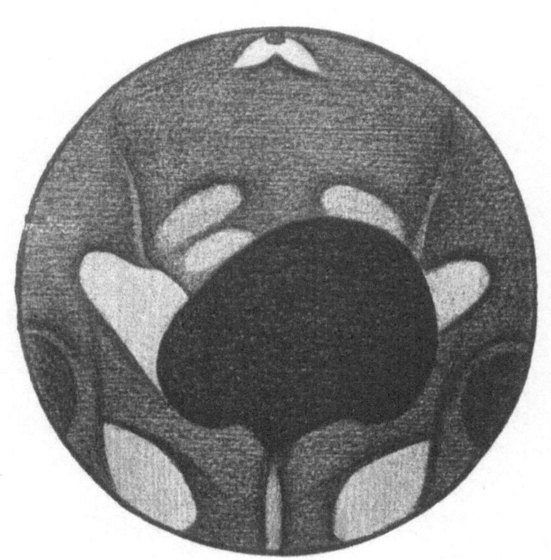

Abb. 100. Trichterförmiger Übergang der Blase in die Harnröhre nach Prostatektomie. (Skizze nach Röntgenplatte.)

Bei weit gedehntem Sphinkter wird an der Stelle des Orifizium, wo die Schleimhaut in die Tiefe zur Harnröhre einsinkt und mit ihr verwächst, ein Trichter bestehen bleiben, dessen Grund von der unteren prostatischen Harnröhre gebildet wird, der seinen muskulären Verschluß in der Pars membranacea urethrae findet. Wo der Sphinkter ungedehnt, die Blasenmündung unverändert geblieben ist, kann die Heilung in so vollkommener Weise erfolgen, daß man bei der Untersuchung mit dem Kystoskop einen Unterschied gegenüber den normalen Verhältnissen nicht nachweisen kann.

So ergeben sich auch bei der Untersuchung der Blase mit Röntgenstrahlen zweierlei Typen der geheilten Fälle nach Prostatektomie. Eine, bei welcher die Blase gegen die Harnröhre klafft und die ehemalige Wundhöhle als Nebenblase gewissermaßen bestehen bleibt, und eine zweite, bei welcher sich die Harnröhre als Kanal an die geschlossene Blasenmündung anschließt. Im ersteren Falle kann man bei entsprechender Füllung, wie dies C. SCHRAMM betont, mit dem Kystoskop Einblick in den Hohlraum bekommen, ja sogar den Colliculus einstellen, wenn dieser bei der Operation erhalten geblieben war (Abb. 100).

IX. Kombiniertes Vorkommen von angeborenen Divertikeln der Blase und Hypertrophie der Prostata.

Die Vertiefung urologischer Diagnostik hat es mit sich gebracht, daß wir klinisch die Kombination der Prostatahypertrophie mit den Divertikeln der Blase kennen und diese Möglichkeit und ihre Konsequenzen entsprechend zu bewerten gelernt haben. Es ist das Zusammentreffen von angeborenen Divertikeln und Prostatahypertrophie für die klinische Würdigung jeder der beiden Kategorien insoferne von Bedeutung, als die beiden einander im ungünstigen Sinne beeinflussen.

Schon der unkomplizierte Fall von kongenitalem Divertikel veranlaßt eine Hypertrophie des Blasenmuskels, unter Umständen eine Insuffizienz desselben. Nach BLUM ist diese durch funktionelle Überbelastung des Detrusors veranlaßt, welcher bei seiner Arbeit den Harn leichter in das Divertikel als nach außen treibt. Solche Kranke entleeren den Harn exzentrisch, retrograd, in das eigene Divertikel. Es ist begreiflich, daß die Folgen der Harnstauung rascher und in schwererer Form auftreten werden, wenn an der Blasenmündung ein erhöhter Widerstand gegeben ist.

Die angeborenen Divertikel sind gewöhnlich von kugeliger Form, verschieden groß und haben eine an Muskeln arme faserige Wand. Sie münden mit enger kreisförmiger Öffnung, die von einem Sphinkter umgeben, bald geschlossen ist, bald klafft, in die Blase. Dem Sitze nach kommen die basalen an oder um die Harnleitermündung sitzenden sogenannten Uretermündungsdivertikel am häufigsten vor.

Wir finden diese entweder nur einseitig oder symmetrisch zu beiden Seiten über und seitlich vom Winkel des Trigonum. Sie sind entweder solitär oder in derselben Gegend multipel. Im ersteren Falle können sie beträchtliche Größe erreichen, die sogar die der Blase weit übertrifft, im letzteren Falle finden wir sie kirsch- bis nußgroß.

Der Harnleiter ist entweder von der Divertikelöffnung durch einen kleineren oder größeren Zwischenraum getrennt oder mündet knapp am Rande des Divertikels in die Blase. Auch kommt es vor, daß der Ureter, in den Hohlraum des Divertikels eingepflanzt, bei der kystoskopischen Betrachtung nicht sichtbar ist. In den ersteren Fällen kann man annehmen, daß der Harnleiter in seinem extravesikalen Verlaufe an die Wand des Divertikels angelagert, leicht isolierbar ist.

Als toter, der Blase angelagerte Raum gewinnen die Divertikel bei Infektion ihre besondere Bedeutung. Es steigern sich mit dem Einsetzen derselben alle Krankheitszeichen. Eine erfolgreiche Behandlung der Eiterungen der unteren Harnwege ist in diesem Falle unmöglich. Selbst die Katheterbehandlung als palliativer Vorgang versagt bei der Kombination von Divertikel und Prostatahypertrophie völlig.

Der folgende Fall zeigt die anatomischen Verhältnisse bei der genannten Kombination in typischer Weise.

73 jähriger Mann im fieberhaften Zustand mit multiplen Gelenksschwellungen und katarrhalischen Erscheinungen über beiden Lungen aufgenommen. Tod an katarrhalischer Pneumonie. In den letzten Lebenstagen Auftreten von Harnbeschwerden. Es läßt sich eine ausgeprägte Hypertrophie der Prostata, Trabekelblase und ein rechtsseitiges Divertikel feststellen.

Am Sagittalschnitt (Abb. 101) der in situ gehärteten Blase sieht man den Fundus derselben durch eine mächtige, die Harnröhre rings umgebende Prostatageschwulst nach aufwärts gehoben. Die Muskulatur der Blase, namentlich an der hinteren Wand stark hypertrophisch. Der Torus interuretericus ist ein starker Wulst, der an der linken Seite zwei Harnleitermündungen trägt. An der Hinterwand der Blase, fingerbreit links von der Medianebene, ebensoweit über dem Trigonum in der Höhe der beiden linken Harnleiterostien der linsengroße, kreisförmige Zugang zu einem Divertikel, das von stark ausgebildeten, radiär angeordneten Muskelwülsten begrenzt ist.

Von außen her kann man ein der linken Blasenhälfte aufsitzendes, hühnereigroßes, kugeliges Divertikel freipräparieren, welches durch seine glatte Wandung scharf von der muskulösen Blase geschieden ist. Das Divertikel reicht mit seinem unteren Anteil an die Blasenprostatagrenze, in die es sich tief einsenkt, wobei es Samenblasen und Ductus deferentes aus ihrer Lage in die Horizontale verdrängt. Der Ductus deferens zieht im breit geschwungenen Bogen, locker an das Divertikel gelötet, über dessen seitliche stärkste Vorwölbung. Im Winkel zwischen Blasenwand, Prostata und Vorderwand des Divertikels die beiden linken in einer Scheide eingeschlossenen Harnleiter, die vom Divertikel vollständig isoliert, nur locker an dasselbe geheftet, verlaufen. Die Prostata zeigt von außen präpariert die mächtige Vergrößerung durch Hypertrophie. Nach Abhebung des Ductus deferens und des Ureters läßt sich das Divertikel bis an seine Mündung stumpf von der Blase abheben, wo es durch einen etwa bleistiftdicken kurzen Hals mit der Blase zusammenhängt (Abb. 102).

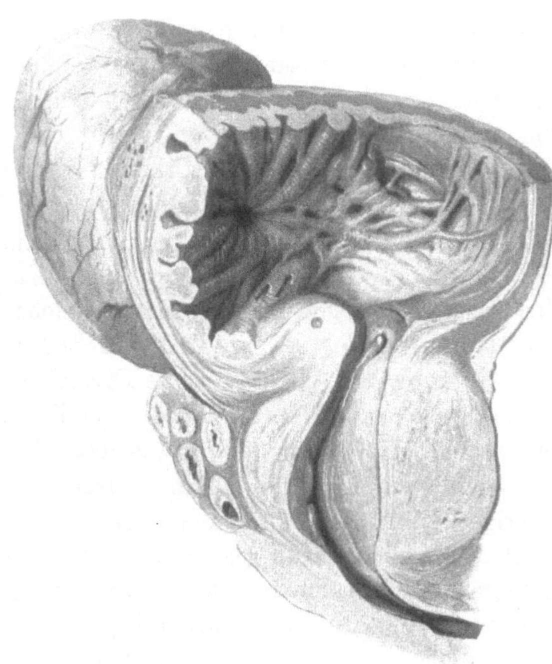

Abb. 101. Prostatahypertrophie und Divertikel der Blase. Ureter sinister supranumerarius. Medianschnitt, linke Hälfte.

In den beiden folgenden Fällen sind die Divertikel symmetrisch vorhanden. Die Harnleiter münden in dem einen Falle gesondert von den Divertikelöffnungen in die Blase, während sie im zweiten Falle außerhalb der Blase jederseits in den Divertikelhohlraum eingepflanzt sind.

Zufälliger Befund bei der Obduktion eines, an einer interkurrenten Krankheit Verstorbenen. Die Harnblase in ihrer Wandung verdickt; trabekuläre Hypertrophie. Die Mündung durch eine an der Sakralseite vorragende zapfenartige Bildung deformiert. Harnleiter schlitzförmig, der Torus interuretericus leicht hypertrophisch. Nach außen vom oberen Ende des Harnleiterwulstes symmetrisch an beiden Seiten je zwei kreisförmige Zugänge zu extravesikalen Hohlräumen. Der Sagittaldurchschnitt läßt die erwähnte

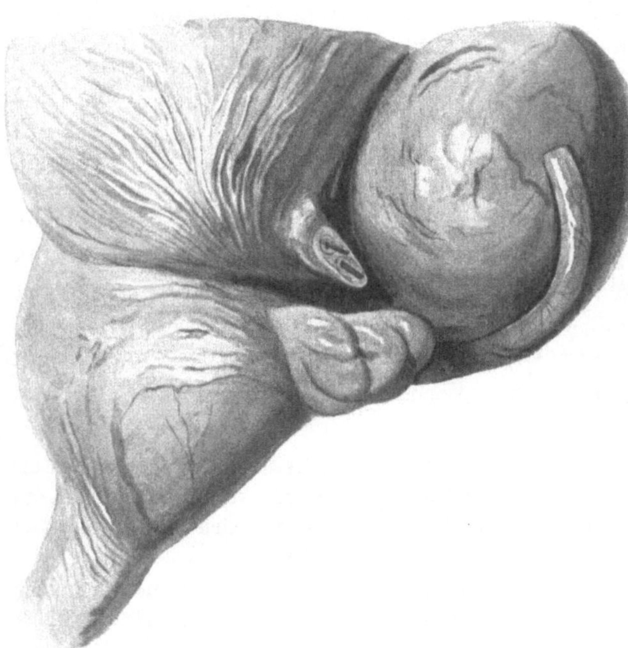

Abb. 102. Objekt der Abb. 101. Blase und Prostata von außen dargestellt. Lateralansicht.

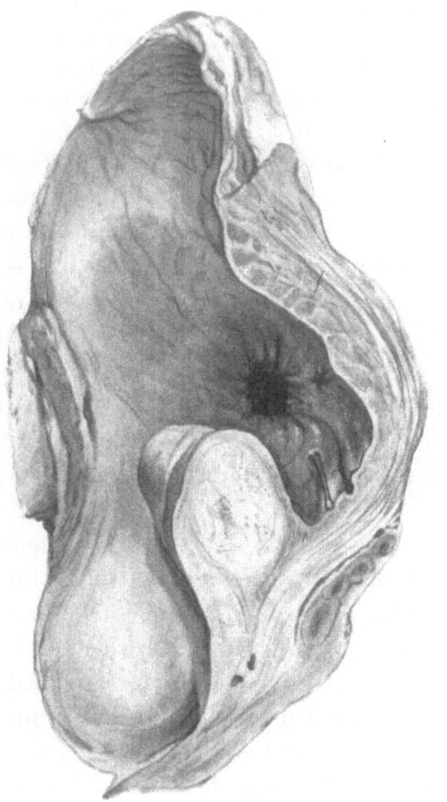

Abb. 103. Prostatahypertrophie und Blasendivertikel. Medianschnitt, rechte Hälfte.

Abb. 104. Objekt der Abb. 103. Blase und Prostata von außen präpariert.

Vorwölbung der Blasenmündung als einer typischen Prostatahypertrophie zugehörig erkennen. Von außen gesehen findet man der Blase aufsitzend zwei kugelförmige, kirschengroße Aussakkungen, welche mit schmalem Halse, entsprechend den erwähnten zwei Lücken, mit der Blase in Verbindung stehen. Zwischen den beiden Divertikeln senkt sich vollständig von diesen isolierbar der Harnleiter in die Blasenwand ein und zieht im weiteren Verlaufe in der Furche zwischen beiden Geschwülsten, nur locker an diese geheftet, nach aufwärts (Abb. 103, 104).

Auch der folgende Fall ist ein zufälliger Befund am Obduktionstische. Es handelt sich gleichfalls um beiderseitige, symmetrisch angeordnete Uretermündungsdivertikel als Komplikation von Prostatahypertrophie.

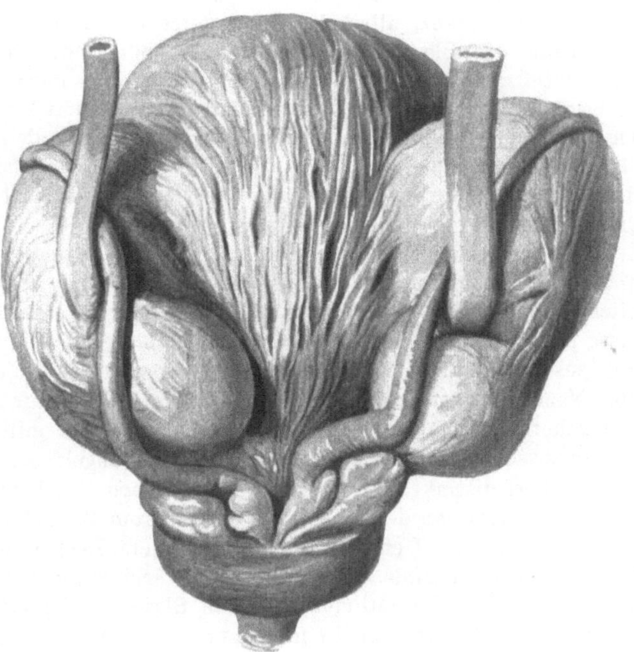

Abb. 105. Prostata und Blasendivertikel von außen präpariert. Dorsalansicht.

8*

Die Säcke sind hühnereigroß und die hypertrophischen Harnleiter münden von der Rückseite her jederseits in den Divertikelhohlraum. Die Vereinigung der Samenblasen und Ductus ist durch die Vergrößerung der Prostata von der Blase abgedrängt, so daß der Blasenfundus in größerem Ausmaße freiliegt. Dementsprechend sind die Wurzelstücke der Ductus deferentes bis an die Kreuzung mit den Harnleitern stark verlängert (Abb. 105).

Eigene Erfahrungen wie Mitteilungen in der Literatur zeigen, daß die Enukleation der Prostatageschwulst allein bei Komplikation mit kongenitalen Divertikeln nicht ausreicht um die vorhandenen Störungen zu beheben. Man muß den Hohlraum des Divertikels ausschalten, wenn die Prostatektomie den gewohnten Erfolg haben soll. So sind denn nach Prostatektomie Divertikelexstirpationen und umgekehrt notwendig geworden. Die kombinierte Operation in einer Sitzung erscheint als Methode der Wahl (YOUNG, BLUM).

Man exstirpiert auf extraperitonealem Wege das Divertikel von der Wunde des hohen Blasenschnittes aus und enukleiert nach Eröffnung der Blase die Prostatageschwulst in typischer Weise. YOUNG hat das Divertikel suprapubisch, die Geschwulst in gleicher Sitzung perineal entfernt.

Man wird sich zur Operation entschließen, wenn es sich um solitäre einseitige Divertikel handelt und wenn man den Harnleiter der betreffenden Seite gesondert von der Divertikelmündung in der Blase wahrnimmt. Man kann annehmen, daß in einem solchen Falle der Harnleiter isolierbar an der Außenwand des Divertikels verläuft. Mündet er in das Divertikel, so ist dieses nur nach Resektion des Ureters und Neuimplantation in die Blase entfernbar. Schon bei einseitigem Vorkommen setzen wir die zugehörige Niere der Gefahr aszendierender Infektion, evtl. der Verödung durch Hydronephrosenbildung aus. Münden beide Harnleiter in Divertikel, so ist der Fall nicht operabel.

In dem folgenden Falle wurden Divertikelexstirpation und Prostatektomie in einer Sitzung ausgeführt.

J. B., 61 Jahre alt, war bis vor 2 Jahren gesund. Beginn der Erkrankung mit erhöhter Harnfrequenz, allmählich sich steigernder Dysurie nebst dem Gefühle unvollkommener Entleerung der Blase, allmählich zunehmende Schwäche und Abmagerung. Mitte Februar 1920 bietet der Kranke das Bild des Prostatismus im 3. Stadium mit Blasenhyperdistention. Es besteht chronisch inkomplette Harnretention mit einem in der Menge von 500—1000 g schwankenden Residuum. Über der Symphyse ein kugelig elastischer Tumor, der der erweiterten Blase zu entsprechen scheint, fühlbar. Diese Resistenz wird nach Entleerung mit dem Katheter kleiner, schwindet aber nicht völlig. Der Harn ist diluiert, aber klar und frei von Eiweiß. Die Prostata bei Palpation vom Rektum vergrößert.

Die zystoskopische Untersuchung zeigt schwere trabekuläre Hypertrophie, deutliche Hypertrophie des Trigonum und des Torus interuretericus. Über und außen von der linken Harnleitermündung ein weiter Zugang, anscheinend zu einem Divertikel. Bei Jodkalifüllung der Blase sieht man auf der Röntgenplatte links im Becken, mit der Blase durch einen schmalen Hals zusammenhängend, einen faustgroßen, auf der Platte unregelmäßig kreisförmigen Schattenriß. Nach einer mehrwöchentlichen vorbereitenden Kur mit Katheterismus, später mit Verweilkatheter, Operation am 23. 3. 1920. Sectio alta mit dem Längsschnitt; nach Bloßlegung des REZIUSschen Raumes ist links an die Blase angelagert, von dieser durch Farbe, glatte Oberfläche scharf distinkt, die Wand einer zystischen Geschwulst sichtbar. Diese läßt sich subperitoneal einerseits von der Blase, andererseits vom Bauchfell unter starkem Zuge und sukzessiver Unterbindung von Gefäßen so weit aus dem Becken auslösen, daß sie endlich nur durch einen fingerdicken Hals mit der Blase in Verbindung, vollkommen gestielt, freigelegt ist. Mittels Schere wird der Isthmus zwischen Blase und Divertikel durchschnitten und der gesetzte Defekt durch Zweietagennaht mit Katgut sehr exakt verschlossen. Dann erfolgt die Eröffnung der Blase an der Vorderwand und die typische Enukleation einer mittelgroßen Prostatageschwulst von gewöhnlicher Form. Wundversorgung in gewohnter Weise, Drainage des Blasenhohlraumes mit dem Knierohr, ein Gazestreifen in den paravesikalen Raum bis an die Nahtstelle.

Wundverlauf vollständig normal. Am 30. 4. geheilt entlassen. Revision am 16. 5. Normale Miktion. Harnpausen mehrstündig. Harn klar. Kein Residuum.

Das exstirpierte Divertikel ist zweimannsfaustgroß, von unregelmäßiger Kugelform, hat stellenweise eine Wanddicke von 1 cm und darüber und ist im Inneren von einer warzig unebenen Schleimhaut ausgekleidet. Die mikroskopische Untersuchung ergibt: dichte Infiltration der Schleimhaut bis an die Muskulatur, die in ungleichmäßiger, zum Teil beträchtlich dicker Schicht unter der Schleimhaut gelegen ist. Nach außen eine breite Lage kernarmen, derbfaserigen, reich vaskularisierten Bindegewebes.

X. Rezidive nach der Prostatektomie.

Als Rezidiv im anatomischen Sinne können nur Geschwülste gelten, die, nach kunstgerecht ausgeführter Operation zustande gekommen, ihrer Topik und ihrem Bau nach alle Kriterien der Prostatahypertrophie besitzen.

Im Beginne der Übung der Operation galt manchem das Vorhandensein eines, der Prostatadrüse entsprechenden Gebildes, das nach der Operation nachweisbar war, für eine neue Bildung, eine Auffassung, die durch unsere Untersuchungen, wonach die Prostata bei der Prostatektomie stets zurückgelassen wird, zunichte wurde.

Auch das Auswachsen eines, bei der Operation zurückgebliebenen Geschwulstrestes zu einem Tumor kann uns ebensowenig als echtes Rezidiv erscheinen, wie die Entwicklung von Karzinom im Narbenbette nach Ausschälung einer malignen, degenerierten Prostatageschwulst. Wahre Rezidive können nur von zurückgelassenen Teilen der Schleimhaut, der oberen prostatischen Harnröhre ihren Ausgang nehmen, da unseres Wissens eine andere Quelle für die Entwicklung von Prostatahypertrophie nicht existiert.

Es ist bemerkenswert, daß gerade die Autoren mit großen Erfahrungen über Prostatektomie, wie FREYER, YOUNG, PROUST, MARION die Möglichkeit eines Rezidivs skeptisch beurteilen, die meisten von der richtigen Voraussetzung ausgehend, daß das Ursprungsgebiet für die Prostatahypertrophie bei der Operation wegfällt.

Auch wir waren derselben Meinung, bis wir durch eine Erfahrung von der Möglichkeit der Wiederkehr einwandfrei überzeugt wurden.

In der gesamten modernen Literatur sind im ganzen etwa 10 Fälle auffindbar, in denen eine Wiederentwicklung von Prostatahypertrophie nach vorausgegangener Radikaloperation nachgewiesen wurde. In einigen von diesen wurde die Rezidivgeschwulst operativ entfernt, in anderen sind anatomische Befunde erhoben worden. HEDINGER hält auf Grund eines Obduktionsbefundes die Regeneration von den der Urethra anliegenden Resten für möglich. Die Wiederkehr ist im Zeitraum von Monaten oder erst nach Jahren beobachtet.

Im allgemeinen ist die Anzahl der Rezidiven im Hinblick auf die enorme Menge von Operationen als verschwindend zu bezeichnen; doch muß die Tatsache zur Kenntnis genommen werden, daß ein wirkliches Rezidiv auch nach kunstgerecht ausgeführter Operation möglich ist.

Will man in der Technik der Operation auf diesen Umstand Rücksicht nehmen, so trachte man die Geschwulst als Ganzes zu entfernen und eine möglichst totale Exzision der Schleimhaut der oberen prostatischen Harnröhre durchzuführen.

Der von uns beobachtete Fall ist der folgende:

Der damals 52 Jahre alte Mann wurde 1908 an die chirurgische Abteilung Z. aufgenommen. Er klagte über erschwertes, häufiges Harnlassen und über Trübung des Harnes. Ein plethorischer, sehr fettleibiger Mann mit einem systolischen Geräusche an der Herzspitze. Der Harn war stark verdünnt, eiterig. Residualurin 500 g. Indigkarminausscheidung verspätet. Prostata stark vergrößert, prostatische Harnröhre verlängert. Kystoskopisch eine zapfenartig in die Blase ragende Prostatageschwulst. Trabekuläre Hypertrophie. Nach mehrwöchentlicher Katheterbehandlung, bei welcher der Harn sich bessert, Operation am 10. 12. 1908. Suprapubische Prostatektomie.

Die entfernte Geschwulst (Abb. 106) zeigt die typische Form der aus drei Anteilen aufgebauten, nach vorne offenen Prostatageschwulst. Der mediane mit Schleimhaut bedeckte Teil hat die Blasenmündung überragt. Die jederseits angeschlossenen kleineren Knollen bildeten die seitlichen Begrenzungen der Harnröhre. Diese sind an ihren medialen, der Harnröhre zugekehrten Flächen mit Schleimhaut bedeckt, die mit einem scharfen Rande endet. Die vordere Schleimhautbedeckung der Harnröhre fehlt am Präparate und ist offenbar zurückgeblieben.

Die Heilung erfolgte in gewohnter Frist und der Kranke konnte mit wiedergewonnener Funktion der Blase entlassen werden.

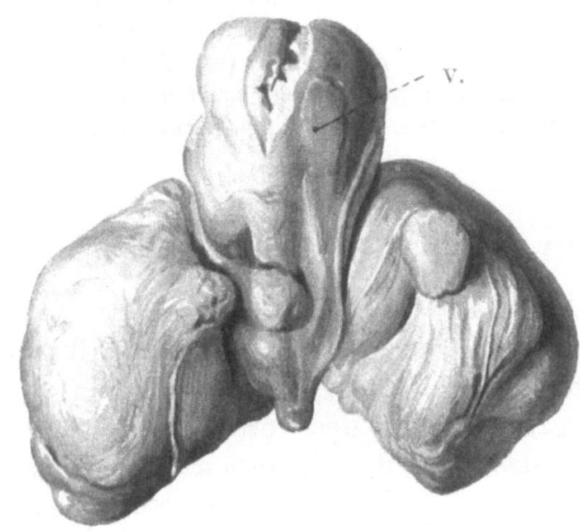

Abb. 106. Enukleierte Prostatageschwulst von vorne gesehen.
V. = vesikaler Anteil der Geschwulst.

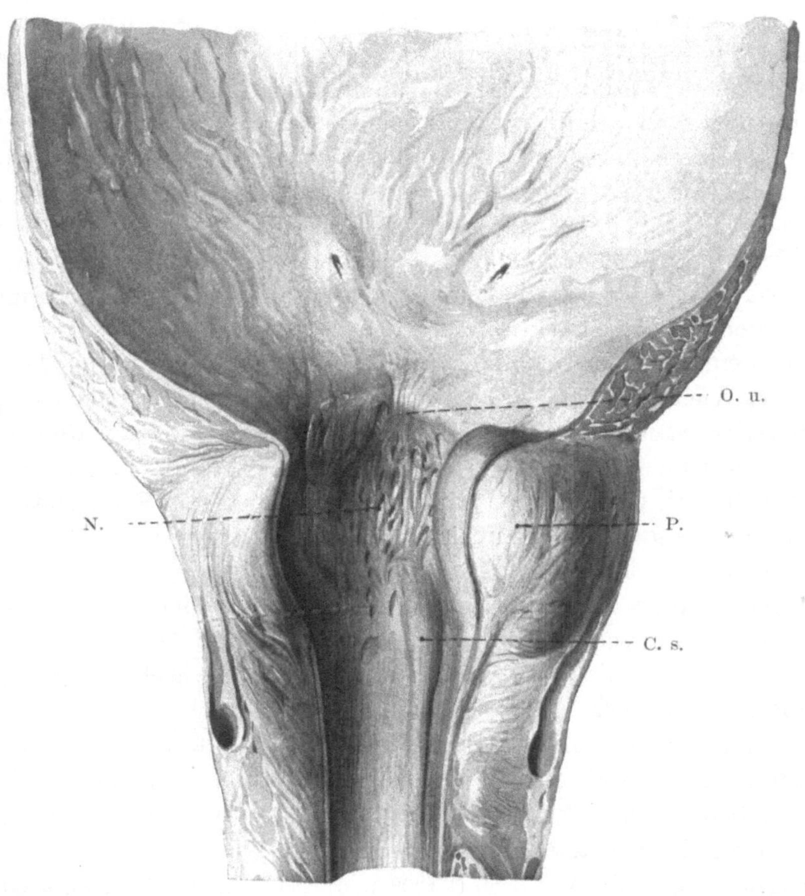

Abb. 107. Fall der Abb. 106. Rezidive 6 Jahre nach der Operation. Blase und Harnröhre von vorne eröffnet.
C. s. = Colliculus seminalis.　N. = Narbe nach der Prostatektomie.　O. u. = Orificium urethrae.
P. = Prostatageschwulst.

Nach eingeholten Nachrichten soll nach einem zweijährigen Intervall guten Befindens der Zustand sich abermals verschlechtert haben. Der Harn blieb eiterig und zeitweilig traten Fieberbewegungen auf. Unter dem Bilde einer fieberhaften Erkrankung, die mit Polyurie und starken Eiterausscheidungen einherging, starb der Kranke im Februar 1914.

Die Obduktion (Prof. STOERCK) ergab: chronische Zystitis der hypertrophischen Harnblase bei Prostatahypertrophie mit Bildung einer prostatischen Vorwölbung an der vorderen linken Zirkumferenz des mäßig quer verengten Orificium internum urethrae; Prostatektomie vor 7 Jahren. Eiterige Ureteritis und Pyelitis bei beträchtlicher Erweiterung der Ureteren. Beiderseitige Nephrolithiasis. In beiden Nieren ältere Pyelonephritis linkerseits mit ausgedehnten Narbenbildungen der Rinde, rechts mit einer keilförmigen bis an die Oberfläche reichenden Nekrose und Vereiterung des Parenchyms; rechtsseitige eiterige Perinephritis mit konsekutiver diffuser, fibrinös-eiteriger Peritonitis.

Atherom der Aorta, Emphysem der Lungen, hochgradige, allgemeine Adipositas.

Das Präparat (Abb. 107) zeigt eine offenbar durch Narbenzug bedingte Verbildung des Trigonum, asymmetrische Lagerung und Richtung der Harnleitermündungen. Unterhalb des deformierten Blasendreiecks stellt der gedehnte Sphinkterring den Übergang zur prostatischen Harnröhre her. Diese ist an ihrer Hinterwand gehöhlt und hier von einer bis an das Caput gallinaginis reichenden Narbe von maschigem Gefüge eingenommen. Von der linken Seite her ragt ein mit glatter Schleimhaut der vorderen Harnröhrenwand bekleideter, und dieser breit aufsitzender Tumor gegen die Harnröhre vor, durch welchen diese auf einen schmalen Saum eingeengt wird. Die untere prostatische Harnröhre ist normal.

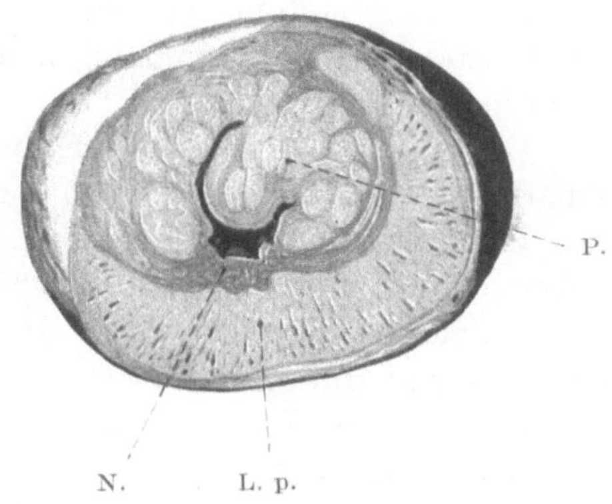

Abb. 108. Objekt der Abb. 107. Querschnitt durch die Prostata.

L. p. = Lobus posterior. N. = Narbe.
P. = Prostatageschwulst.

Am Querschnitt (Abb. 108) ist sakral die sichelförmige Prostatadrüse sichtbar, die, reich an Bindegewebe, nur Reste von Drüsen enthält. Die Harnröhre ist ein enger halbkreisförmiger Spalt, der dorsalwärts von der Narbe vorne und seitlich von dem erwähnten Tumor begrenzt ist, welcher, die Wand substituierend, seiner Mitte etwa entsprechend, kugelig prominiert. Die Geschwulst ist allenthalben mit der Harnröhrenschleimhaut innig verwachsen, gegen die komprimierte Prostatadrüse durch ein bindegewebiges Lager abgegrenzt. Die histologische Untersuchung ergibt das typische Bild der adenomatösen Prostatahypertrophie.

Nach den anatomischen Kriterien handelt es sich um eine wahre Hypertrophie der Prostata, charakterisiert durch den Sitz in der oberen prostatischen Harnröhre, die Verwachsung mit der Schleimhaut und die Bildung einer Kapsel gegen die komprimierte, peripher gelegene Prostatadrüse. Die histologische Untersuchung bestätigt in einwandfreier Weise diese Annahme.

Der Umstand, daß die primäre Geschwulst als Ganzes, jedoch mit Schonung der Schleimhaut der vorderen Harnröhrenwand, entfernt wurde, läßt den Schluß zu, daß es sich um eine neue Bildung, um ein echtes Rezidiv handle, welches den Ausgang nur von dem zurückgebliebenen Schleimhautrest genommen haben konnte.

XI. Diagnose der Prostatahypertrophie.

Den Ausgang der diagnostischen Eingriffe zur objektiven Ermittlung einer Prostatahypertrophie bildet der Nachweis des mechanischen in der Prostatadrüse sitzenden Hindernisses; es ist zu zeigen, daß ein solches im vorliegenden Falle die letzte Ursache aller Erscheinungen bildet. Wir haben Größe, Form und Ausdehnung der Geschwulst zu bestimmen und zu zeigen, in welcher Art die angrenzenden Teile von seiten der wachsenden Masse in Mitleidenschaft gezogen worden sind. Weiters sollen die durch das mechanische Hindernis bedingten Veränderungen der Blase, der Harnleiter und der Nieren festgestellt werden. Endlich sind komplizierende Prozesse festzustellen. Eine allgemeine Untersuchung, die das Gefäß- und Nervensystem besonders berücksichtigt, vervollständigt den erhobenen Befund. Erst in diesem Umfange ermittelt, kann der Krankheitsprozeß pathologisch-anatomisch, wie klinisch richtig beurteilt werden.

Die Analyse der Symptome wie des Harnes geht der objektiven Untersuchung voraus. Das Symptomenbild weist der Diagnose den Weg und läßt eine Hypertrophie der Prostata gegen Erkrankungen ähnlicher Erscheinung mehr minder scharf abgrenzen.

Die einzelnen Phasen des Krankheitsbildes sind in ihren Symptomen ziemlich scharf charakterisiert; im Anfange handelt es sich um Erscheinungen der Hypertonie der Blase, namentlich des Nachts. In weiterer Folge um dysurische Symptome neben unvollkommener oder völliger Harnverhaltung, die intermittierend im Beginne, später dauernd werden können. In den vorgeschrittensten Stadien der Blasenüberdehnung und Harnintoxikation beherrschen Symptome von seiten des Magens wie des Darmes das Krankheitsbild. Von vesikalen Zeichen ist die Inkontinenz im Schlafe ein konstantes Symptom dieser Phase des Leidens. Bei zunehmender Drucksteigerung im Harnsysteme beeinflußt das Leiden den allgemeinen Ernährungszustand in steigendem Maße.

Bei den entzündlichen Erkrankungen wird das Symptomenbild weiter kompliziert. Es treten die Zeichen der Prostatitis, Zystitis, Pyelonephritis in Erscheinung. Tiefgreifende Eiterung mit Stagnation in Divertikeln, Abszessen, in Sacknieren gehen mit dem charakteristischen Fieberbilde chronisch septischer Prozesse einher.

Wenn man bedenkt, daß überdies oft als Folgeerscheinung Steinbildungen in der Blase, den Harnleitern und den oberen Harnwegen auftreten, daß die hypertrophische Prostata häufig karzinomatös entartet, so ist es begreiflich, daß das Symptomenbild oft recht kompliziert wird und daß die Gliederung und Deutung des oft verworren erscheinenden klinischen Bildes großer Aufmerksamkeit und Erfahrung bedarf.

Der Harn kann seiner Menge und Zusammensetzung nach lange Zeit ganz unverändert bleiben, auch wenn die Störungen schon recht beträchtlich sind. Harnstauungen haben ihren Einfluß auf die renale Funktion; die dauernde Überdehnung der Blase geht mit der Ausscheidung eines farbstoffarmen diluierten Harnes in vermehrter Menge vor sich. Versagt die Niere, so schwindet die Polyurie. Das vollständige Versagen der Nierenfunktion ist von Oligurie und Anurie begleitet.

Die ganze Aufeinanderfolge kann bei aseptischem Harne vor sich gehen. Die Infektion ist ein Akzidens und kann in allen Stadien spontan oder provoziert auftreten. Der Harn wird dabei eiterig, enthält Bakterien, oft Eiter in sehr beträchtlicher Menge, wenn tote Räume die Eiterstauung begünstigen. Zylinder fehlen in der Regel.

In allen Fällen von Prostatahypertrophie beim Typus I sowohl wie bei II erfährt die obere prostatische Harnröhre die bekannten Veränderungen. Um den Nachweis dieser handelt es sich in erster Linie, wenn wir die intraprostatische Geschwulst feststellen wollen. Neben der Harnröhrenverlängerung ist die Hebung des Blasenbodens eine allen Formen der Prostatahypertrophie zukommende Veränderung. Bei den Fällen vom Typus I wird das geänderte Relief der Blasenmündung diagnostisch von Bedeutung sein. Da überdies die Prostatageschwulst in ihrem vesikalen und subvesikalen Anteil in verschiedenem Grade verändert sein kann, ergibt sich folgerichtig, daß nicht eine Methode der Untersuchung für alle Fälle Geltung haben wird. Die vorwiegend in den basalen Teilen sitzende Vergrößerung wird anderer Mittel des Nachweises bedürfen als die Deformierung der Harnröhre, der Blasenmündung oder die Hebung der Blasenbasis.

Die in allen Dimensionen vergrößerte Prostata wird durch einfache oder bimanuelle Rektaluntersuchung leicht nachweisbar sein. In Knieellenbogenlage kann man, die vordere Wand des Mastdarms betastend, die gewöhnlich beiderseits symmetrisch kugelig aufgetriebene, stark vergrößerte Prostata fühlen; meist teilt eine seichte, vertikale, mediane Rinne die Prostatageschwulst in zwei Hälften. Diese Teilung entspricht nicht einer Lappung, sondern ist dadurch bedingt, daß die Harnröhre, zwischen den beiden Hälften gelegen, in der Medianlinie von geringerer Geschwulstmasse bedeckt, nachgiebiger erscheint. Ist dies nicht der Fall, ist die Harnröhre gleichmäßig von der Geschwulst umwachsen, so ist der Tumor kugelig und läßt die erwähnte Zweiteilung vermissen.

Die Prostatageschwulst fühlt sich derb-elastisch an, eine Beschaffenheit, die das Prostataadenom geradezu charakterisiert.

Man soll es nie unterlassen an die Palpation die Untersuchung des exprimierten Sekretes anzuschließen. Man erhält aus der Urethra nach Expression des Tumors ein Sekret, welches ausschließlich dem Adenom selbst entstammt. Es entspricht in den gewöhnlichen Fällen dem der unveränderten Prostatadrüse, nur fällt die Masse an geschichteten Prostatakonkretionen auf. Ist das Sekret trübe, enthält es Eiter, Lymphozyten und die für Prostataentzündung charakteristischen, mit stark lichtbrechenden Körnern erfüllten großen Zellen, so handelt es sich um Entzündung im Adenome selbst.

Der Nachweis der charakteristischen Vergrößerung der Prostata bei rektaler Untersuchung ist ein unzweideutiger Beweis für Prostatahypertrophie. Dagegen läßt das normale Verhalten der Drüse bei rektaler Untersuchung das Vorhandensein einer Prostatahypertrophie keineswegs ausschließen. Die vom Rektum erreichbaren Teile können unverändert bleiben, wenn das Wachstum vorwiegend gegen die Blase erfolgt. Fehlt die rektale Geschwulst oder ist sie nicht genügend ausgeprägt, so werden als wichtige Symptome das Höherrücken des Blasengrundes, sowie die Verlängerung der prostatischen Harnröhre zunächst nachzuweisen sein.

Für die erstere ist die Röntgenuntersuchung der Blase die Methode der Wahl. Bei Füllung mit Kontrastflüssigkeit [Jodkali 10% (RUBRITIUS), Bromnatrium 25% (BRAASCH), Jodlithium 25% (E. JOSEPH)] zeigt die normale Blase (VOELCKER-LICHTENBERG) im frontalen Schattenriß stumpfe Birnform oder ein Oval, wobei das untere Ende schmäler mit konvexer Begrenzung hinter dem oberen Drittel der Symphyse gelegen ist. Beim Prostatiker ist der Blasengrund nicht konvex, sondern flach, breit, nach beiden Seiten ausladend, über dem Niveau der Symphyse gelegen (Abb. 109). In frühen Stadien schon deutich markiert, werden diese Veränderungen bei höheren Graden sich immer schärfer ausprägen (Abb. 110). Füllt man nach einer derartigen Untersuchung die Blase mit Luft, so wird man auf der photographischen Platte, durch die Reste der Kontrastflüssigkeit markiert, bisweilen den Kontur der vesikalwärts prominierenden

Prostatageschwulst deutlich zur Ansicht bringen können (ZUCKERKANDL) (Abb. 111).
Gelungene Aufnahmen zeigen bisweilen auch die seitlichen Ausladungen und die
Höhe der Geschwulst, somit den ganzen frontalen Aufriß dieser in recht klarer
Weise (Abb. 112).

Wichtig erscheint der Nachweis der Harnröhrenverlängerung. Die Urethra ist

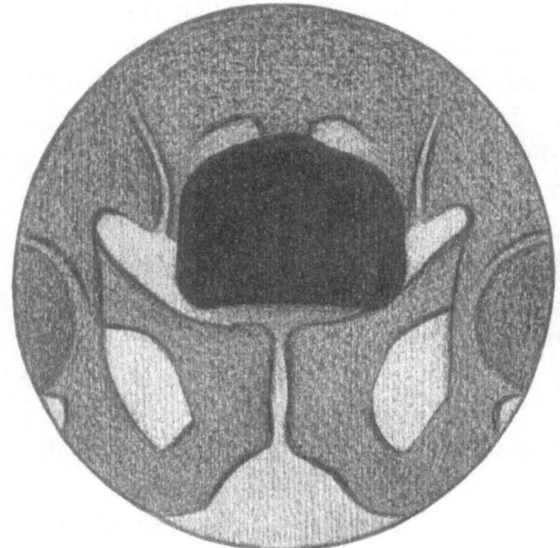

Abb. 109. Schattenriß der Blase bei Prostatahypertrophie.

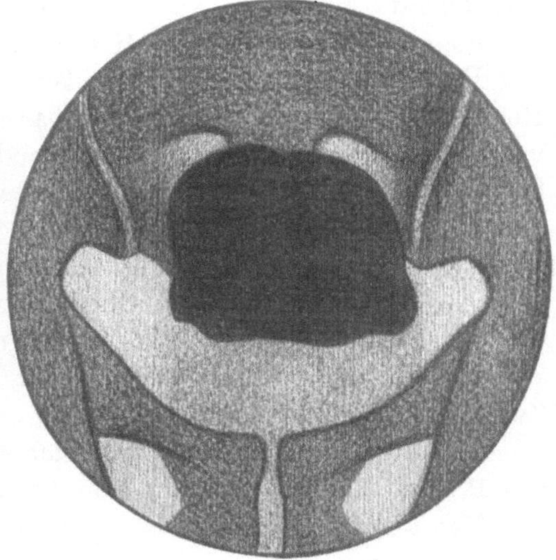

Abb. 110. Starke Hebung des Blasenbodens.

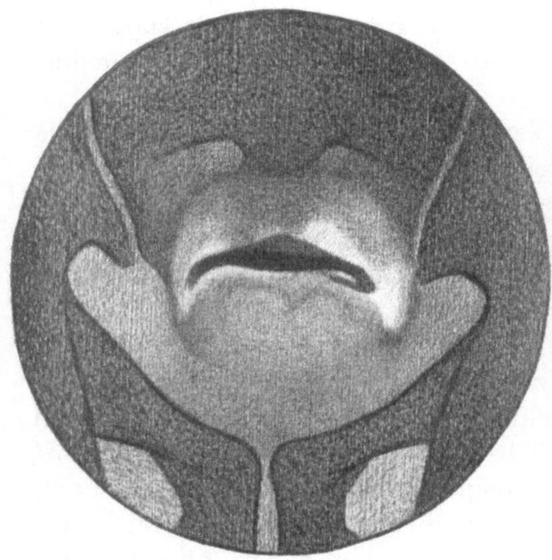

Abb. 111. Darstellung der Prostatageschwulst bei
luftgefüllter Blase. Auf dem Prostatatumor Reste
der Kontrastflüssigkeit.

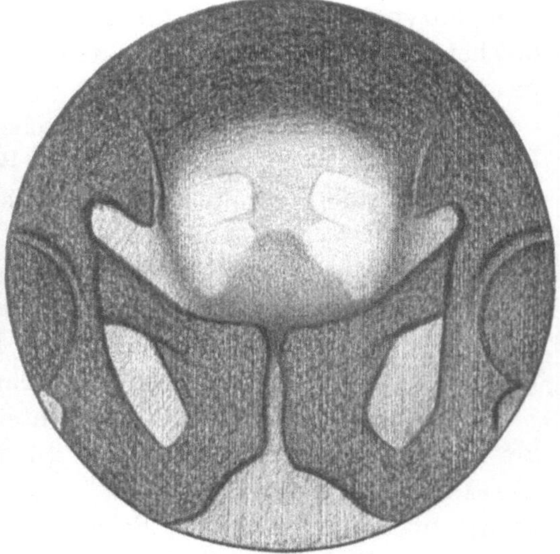

Abb. 112. Darstellung der Prostatageschwulst bei
luftgefüllter Blase.

vom Colliculus bis zur Mündung gestreckt, verlängert und gegen den jenseits des Colliculus gelegenen Abschnitt oft bis zu einem Winkel von 90 Grad geknickt. Der
Nachweis dieser Abweichungen von der Norm ist unschwer zu erbringen. Ein gerades,
am Ende geknöpftes Instrument, ein gerader Kautschukkatheter verfängt sich,

wenn der Winkel der Harnröhre scharf ausgeprägt ist, in der hinteren Wand, wo er ein Hindernis trifft, das er nicht überwindet. Die am Ende mit einer kurzen Knickung versehenen Instrumente finden längs der vorderen Harnröhrenwand den Weg in die Blase. Dieser zeigt eine beträchtliche Verlängerung, welche man direkt messen kann. Markiert man bei Entfernung des Instrumentes aus der Blase den Eintritt der Katheterspitze in die Harnröhre und den Austritt aus der engen Pars membranacea am Instrumente, so läßt sich der durchlaufene Weg hier direkt ablesen. Mit starren Instrumenten erkennt man die Verlängerung der prostatischen Harnröhre, wie ihre Abweichung im oberen Anteile, wenn man das Instrument tiefer einschieben und stärker unter die Horizontale senken muß, damit die Spitze in den Hohlraum der Blase gelange.

Die Dehnung der prostatischen Harnröhre wird dort anzunehmen sein, wo durch den Katheter, wenn er diesen Raum betritt, stagnierende Flüssigkeit (Harn, Eiter, Blut) abläuft.

Der Blutgehalt der Schleimhaut der Harnröhre ist im Bereiche der Hypertrophie weit größer als in der Norm. Die venöse Stase ist so ausgeprägt, daß selbst die zarteste Berührung mit weichen Instrumenten Läsionen zu setzen vermag, die von oft unverhältnismäßig starken venösen Blutungen gefolgt sind. Es ist bekannt, daß auch spontane Rupturen dieser Gefäße bei Prostatikern in Form von oft recht abundanten urethralen Blutungen vorkommen.

Endoskopisch kann man die seitliche Einengung der prostatischen Harnröhre durch vorragende Anteile des Tumors mittelst des GOLDSCHMIDT-WOSSIDLOschen Urethroskopes darstellen. Während in der normalen Harnröhre die Wände sich bei Berieselung entfalten und einen Hohlraum begrenzen, in welchen der Colliculus hereinragt, finden wir bei Prostatahypertrophie die Lichtung seitlich gleichmäßig oder ungleichmäßig eingeengt. Die Wände können einander berühren und zeigen bei Irrigation verminderte oder gänzlich aufgehobene Exkursionsfähigkeit.

Mittels des Kystoskopes werden wir ein Bild der Blasenmündung erhalten, wobei der Nachweis eines normal konfigurierten Orifizium die Prostatahypertrophie noch nicht ausschließen läßt. Man sieht im positiven Falle im Gegensatz zum scharfen konkaven Rand die Mündung von einzelnen kugelig prominierenden Geschwülsten eingenommen. Meist liegt die stärkste Vorwölbung median an der sakralen Seite (Abb. 113). In Einzelbildern läßt sich die Geschwulst auf ihrer Höhe am Abhang und am Übergange in das normale Niveau der Blasenmündung übersichtlich darstellen. Bei mehrfachen kugeligen Bildungen ist an der Grenze zwischen den benachbarten Vorwölbungen ein V förmiger Spalt sichtbar (Abb. 114). Wir entscheiden auf diese Weise, ob eine Geschwulst die Mündung überdacht oder ob sie von mehreren solchen begrenzt ist, ob die Lappen mediane oder seitliche Lage haben, endlich ob die Mündung auf der Höhe der Geschwulst sitzt oder von dieser überlagert wird.

Bei subvesikalem Sitz des Prostatatumors ohne Deformation der Mündung ist die ganze Blasenbasis kranialwärts gehoben, die Mündung aber nicht verändert. Sie zeigt im kystoskopischen Bilde eine plumprandige, aber ebene Begrenzung.

Die hohe Lage der Blasenmündung erkennen wir im kystoskopischen Bilde, wenn wir gleichzeitig ein Segment der Mündung selbst und einen Teil des Blasengrundes, eine Harnleitermündung, den Harnleiterwulst zu überblicken imstande sind. Diese Ansicht ist nur bei ausgesprochener Verlagerung der Mündung nach aufwärts möglich und diesbezüglich ein diagnostisch wertvolles Zeichen (Abb. 115).

Abb. 113. Prostatahypertrophie als kugelige Geschwulst in die Blase ragend.

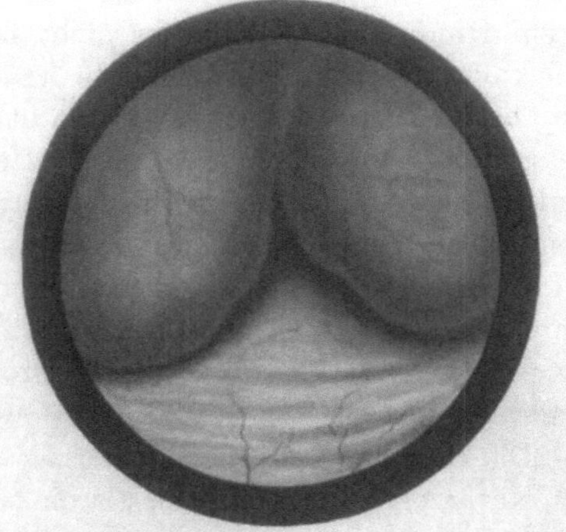

Abb. 114. Prostatahypertrophie als gelappte Geschwulst in die Blase ragend.

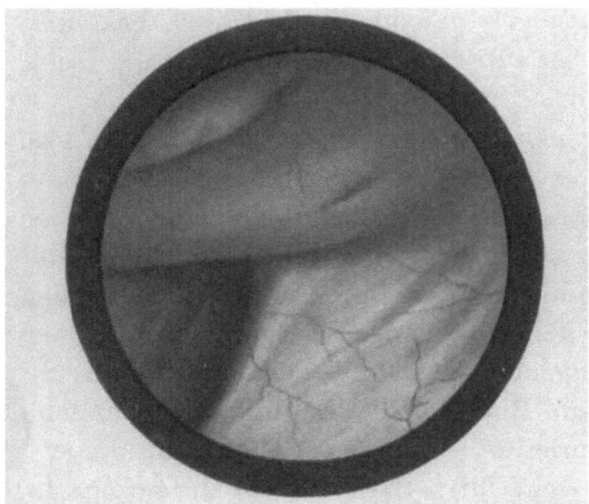

Abb. 115. Hypertrophie des Torus interuretericus.
Seitlicher Anteil mit der Harnleitermündung.

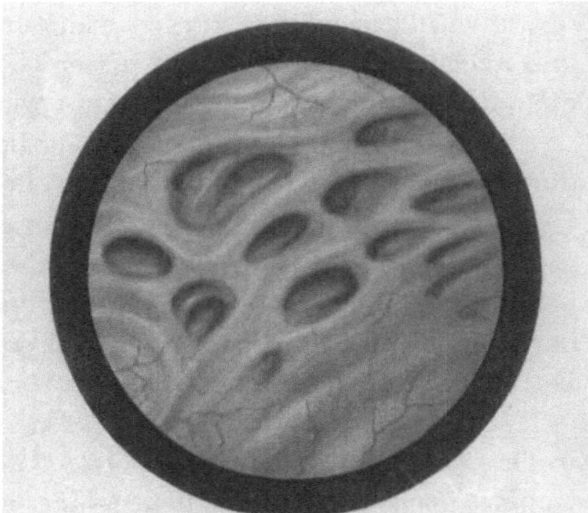

Abb. 116. Trabekuläre Hypertrophie und Bildung
falscher Divertikel.

Abb. 117. Hypertrophie des Torus interuretericus, bei chronischer Harnstauung. Mittlerer Anteil.

Die Schleimhaut über der Prostatageschwulst zeigt bisweilen bemerkenswerte Veränderungen, sie ist blutreicher als in der Blase, oft von varikösen Venen durchzogen, die bisweilen korkzieherartig gewunden über das Niveau vorragen.

Mit Hilfe des Kystoskopes läßt sich aus Teilabschnitten durch Kombination das Gesamtbild der Veränderung der Blasenmündung konstruieren (YOUNG).

Ist das prostatische Hindernis erkannt und seiner Form und Größe nach bestimmt, so müssen die an den Harnwegen zustandegekommenen anatomischen Folgen der Harnstauung festgestellt werden. An der Blase ist die Hypertrophie der Muskulatur zu beachten, die ihrer Form, ihrem Grade nach am Detrusor wie am Trigonum festzustellen ist. Für den Nachweis dieser Veränderungen kommen Kystoskopie und Röntgenuntersuchung in Anwendung. Die trabekuläre Hypertrophie des Detrusor gibt äußerst anschauliche Bilder. Die zwischen den vorspringenden Balken grubig vertiefte Schleimhaut liefert bei scharfer Beleuchtung mit ihren kontrastreichen Schatten Bilder von einer Klarheit, wie wir sie an der offenen Blase nie erlangen (Abb. 116). An der Blasenbasis ist das Augenmerk besonders auf das zwischen den Harnleitern ausgepannte Muskelband zu richten, welches sich bisweilen außerordentlich verdickt, stark über das umgebende Niveau prominierend darstellt (Abb. 117). Auch die Verlängerung des Bandes über die Harnleitermündung hinaus durch Dehnung des intramuralen Ureterabschnittes ist im kystoskopischen Bilde gut erkennbar. Aus den früher mitgeteilten anatomischen Tatsachen ergibt sich, daß der Nachweis der Hypertrophie des Trigonum und der Verlängerung des Torus interuretericus für die Diagnose der Veränderungen der oberen Harnwege von besonderer Wichtigkeit ist.

Die kystoskopischen Befunde lassen sich durch die Untersuchung auf der Röntgenplatte noch wesentlich ergänzen. Die Ausbreitung und der Grad der Divertikelbildung wird sich bei Füllung der Blase mit schattengebender Flüssigkeit übersichtlicher darstellen lassen und wir finden am Schattenrisse die Blase oft traubenförmig begrenzt. Über die Dicke der Blasenwand erhalten wir durch Röntgenuntersuchung der luftgefüllten Blase besonders instruktive Bilder. Die Röntgenplatte (Abb. 118) zeigt den Hohlraum der Blase als helles Feld. Die mächtige Wandhypertrophie ist überaus deutlich markiert.

Auch die Dehnung des intramuralen Harnleiteranteiles, sowie die Dilatation der jenseits der Blase gelegenen Teile des Ureters lassen sich bei Kontrastfüllung der Blase auf der Röntgenplatte außerordentlich instruktiv darstellen. In dem Bilde (Abb. 119, 120) sieht man die engen, in die Länge gezogenen intramuralen Anteile, an die sich, im extravesikalen Teil in scharfem Winkel zu den ersteren gestellt, die mächtig gedehnten Abschnitte der Ureteren anschließen.

Neben den anatomischen Veränderungen ist es klinisch von ganz besonderer Wichtigkeit zu ermitteln, ob und inwieweit die Blase funktionell geschädigt ist, inwieweit sie ihrer Aufgabe den Harn vollkommen abzugeben unter den obwaltenden Umständen gerecht werden kann oder nicht. Die Ermittelung der funktionellen Schädigung der Blase ist nicht schwierig. Tastet man die Blase als kugelige Geschwulst nach der Harnentleerung über der Symphyse, so ist ihre Funktion wahrscheinlich gestört. Sicher ist dies, wenn der eingeführte Katheter bei wiederholter Untersuchung Restharn zutage fördert oder wenn die Harnretention überhaupt komplett ist.

Was die Veränderungen der oberen Harnwege anlangt, so konnten wir aus dem kystoskopischen Bilde ihr Vorhandensein im allgemeinen feststellen oder ausschließen. Oberhalb eines normal konfigurierten Trigonums sind Dehnungen der

oberen Harnwege nicht wahrscheinlich. In weiterer Vertiefung des diagnostischen
Problems erwächst uns die Aufgabe, den Grad und die Art der vorhandenen Nieren-
erkrankung festzustellen. Anatomisch handelt es sich um Dehnungen der Ureteren,

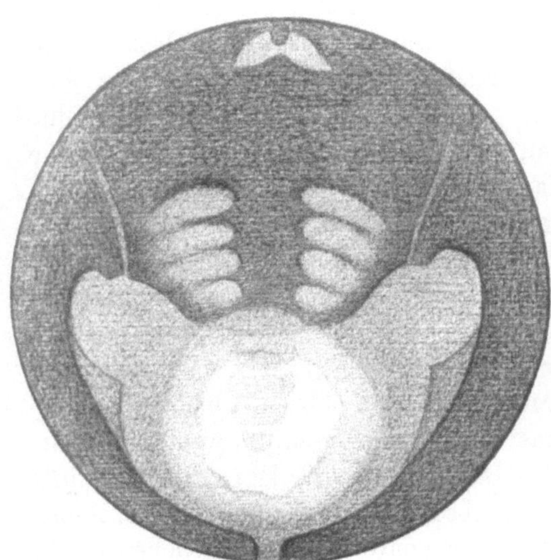

Abb. 118.   Blasenwandhypertrophie bei Luft-
füllung im Röntgenbilde.

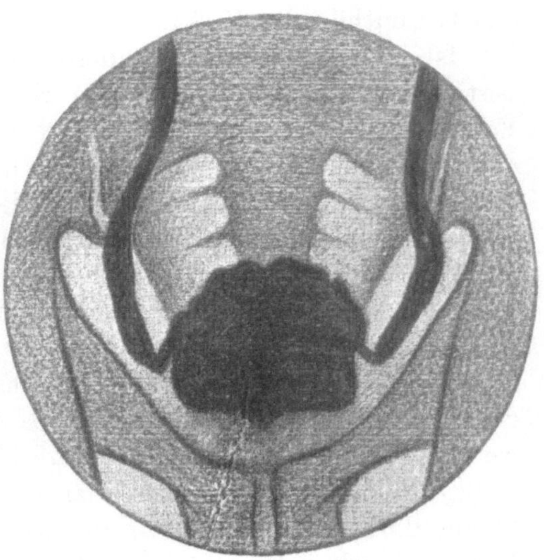

Abb. 119. Hebung des Blasenbodens. Erweiterung
der Harnleiter, Balkenblase im Röntgenbilde.

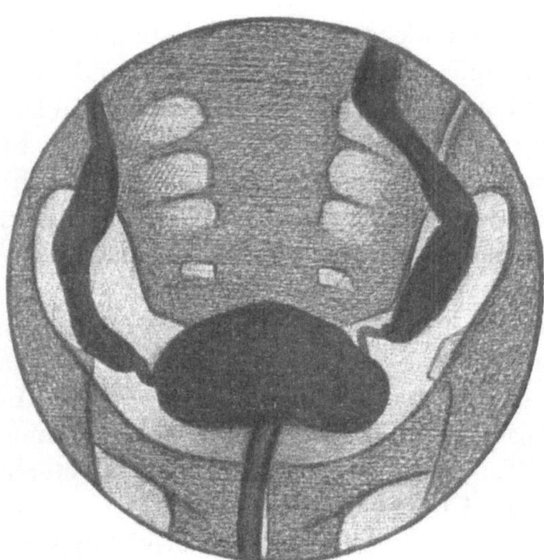

Abb. 120.   Erweiterung der Harnleiter bei chronischer Harnstauung.

der Nierenbecken und der Kelche durch erhöhten Druck, um Schwund und Degeneration des Parenchyms der Niere.

Klinisch äußern sich die diesen Veränderungen entsprechenden renalen Störungen
durch die Ausscheidung von Harn in größerer Menge (Polyurie), durch eine geringe
Variabilität des spezifischen Gewichtes und mangelnde Anpassung an erhöhte oder
verminderte Flüssigkeitszufuhr (Hyposthenurie) und endlich durch gestörte Stick-
stoffausscheidung bei fehlender Herzhypertrophie und Hypertonie.

Das genannte Symptomenbild tritt entweder nur vorübergehend in Erscheinung, indem es nach Herabsetzung des Druckes schwindet, oder es bleibt unabhängig von den Druckverhältnissen bestehen. Im ersteren Falle mag es sich um eine durch renale Harnstauung bedingte vaskuläre Störung gehandelt haben, während die anhaltenden Beschwerden auf einen chronisch degenerativen Prozeß der Niere weisen. In allen diesen Fällen ist der Harn farbstoffarm, gering konzentriert. Eiweiß kann gänzlich fehlen. Auch das Sediment zeigt keinerlei Besonderheiten. Die Polyurie ist deutlich ausgeprägt, erreicht aber kaum je besonders hohe Grade. Stets sind mit diesem Harnbilde die Zeichen chronischer Intoxikation in Form gastrointestinaler Störungen, trockener Zunge, Durst, Appetitlosigkeit usw. vergesellschaftet.

Die Diagnose hat zunächst zwischen funktionellen, resp. reparablen und degenerativen Nierenstörungen zu unterscheiden. Der Eindruck des Kranken, das Harnbild, die Reaktion auf Herabsetzung des Druckes durch Blasendrainage geben wertvolle Anhaltspunkte. Die objektive Untersuchung der Blase gibt, wie erwähnt, im Verhalten des Trigonum wie in der Lage der Harnleiterostien diesbezüglich weitere Behelfe.

Der Einfluß der Blasendrainage läßt sich nur in sehr prägnanten Fällen zu bindenden Schlüssen verwenden. Wenn beim Fehlen trigonaler Veränderungen durch Verweilkatheter die Polyurie schwindet, der Harn an Konzentration gewinnt, so ist eine Degeneration der Niere sicher nicht vorhanden. Umgekehrt besteht eine solche, wenn trotz Blasendrainage die Symptome am Harne auch bei längerer Beobachtung unverändert bleiben. Zwischen diesen unschwer zu deutenden markanten Fällen gibt es jedoch Übergangsformen, in welchen die Entscheidung schwer zu fällen ist. Von entscheidendem Wert diesbezüglich ist die funktionelle Untersuchung der Niere. Wir studieren die Arbeit der Niere, die Flüssigkeitsausscheidung und die Konzentrationsfähigkeit unter künstlich erhöhter oder verringerter Leistung. Die Art, wie die Niere auf Flüssigkeitszufuhr und -entziehung reagiert, die Untersuchung des Blutes auf Schlacken geben uns klinisch ausreichende Merkmale zur Beurteilung von Art und Grad der vorhandenen Nierenläsionen.

Die Hyposthenurie läßt sich durch den Verdünnungsversuch und die Konzentrationsprobe ermitteln. Diese wird nach VOLLHART ausgeführt und ist auch innerhalb 12 Stunden zu erledigen. Gesunde Nieren scheiden die Flüssigkeit rasch unter entsprechender Erniedrigung des spezifischen Gewichtes aus. In der zweiten Tageshälfte bei Trockenkost vermindern sich die Harnmengen bei Steigerung der Konzentration. Der Verdünnungsversuch soll beim Prostatiker nur an Harnen, die mit dem Katheter gefördert wurden, geprüft werden.

Bei schweren Graden der Nierendegeneration der Prostatiker wird der Harn unabhängig von gesteigerter und verringerter Zufuhr der Flüssigkeit in unveränderter Menge ausgeschieden.

In sehr exakter Weise gibt uns die Bestimmung des Reststickstoffes im Blute ein Maß für die ausreichende oder insuffiziente Arbeit der Nieren. Der Gehalt des Blutes an Stickstoff beträgt nach STRAUSS als Durchschnitt 20—40 mg auf 100 ccm. Werte, die 120 mg überschreiten, sind als bedrohliche Zeichen zu betrachten. Nach CHARNASS sind bei Prostatikern 70—80 % Reststickstoff eine mäßige, prognostisch noch nicht ungünstige Ziffer, während solche über 100 ernster zu werten sind. So läßt sich aus der Höhe der Reststickstoffziffer im Verein mit ihrer Beeinflußbarkeit durch Druckherabsetzung im Harnsysteme die vorübergehende von der bleibenden Nierenstörung unterscheiden und im letzteren Falle aus der Höhe der Ziffer der Grad des degenerativen Prozesses annäherungsweise erschließen. Verglichen mit diesen Methoden sind die von uns verwendeten Farbstoffinjektionen von Indigo oder Phenol-Phthalein zur Ermittelung der Nierenarbeit von minderem Werte. Wenn diese auch bei scharfen Differenzen in der Funktion der rechten und linken Seite, also bei einseitiger ausgeprägter Erkrankung der Niere gut verwendbare Resultate geben, so sind sie zur Bewertung der Gesamtarbeit der Nieren namentlich in leichteren Fällen weniger brauchbar und stehen den vorgenannten Proben weit nach.

Die bisher erwähnten Abweichungen von der Norm geben uns ein allgemeines Bild von der Störung der Nierenarbeit. Häufig sind neben den allgemeinen keinerlei örtliche renale Symptome vorhanden, anders, wenn es sich um plötzliche Steigerung des Druckes in den oberen Harnwegen, um komplette intermittierend oder dauernd vorhandene renale Harnverhaltung handelt. Klinisch haben wir es mit dem Bilde der intermittierenden Hydronephrose oder der geschlossenen Hydro- resp. Pyonephrose zu tun. Die Diagnose dieser Zustände ist bei den prägnanten örtlichen Veränderungen (schmerzhafte Nierenschwellung) und begleitenden Symptomen (Nierenkoliken, fieberhafte Zustände) im allgemeinen unschwer zu stellen. Außerdem erschließen wir die anatomischen Nierenveränderungen indirekt aus dem kystoskopischen Bild des Trigonum, direkt aus dem Schattenriß des Harnleiters resp. des Nierenbeckens.

Die Diagnose komplizierender Erkrankungen ist in der Klinik der Prostatahypertrophie von besonderer Bedeutung, denn oft sind es gerade die akzidentellen Prozesse, z. B. die Eiterungen der Harnwege, die dem Krankheitsbilde das Gepräge geben.

Die Komplikationen haben ihren Sitz in den Harnwegen, am Genitale, am Tumor selbst. Am Harnapparate sind an erster Stelle die Infektionen mit Eitererregern zu nennen, die spontan entstanden oder provoziert stets die Neigung haben, chronisch zu werden. Die durch Stauung gesetzten Formveränderungen der Harnwege sind an dieser Neigung schuldtragend, andererseits gewinnen gewisse angeborene Formveränderungen der Blase durch Infektion besondere Bedeutung.

In der Regel handelt es sich nicht um isolierte Lokalisationen, sondern es sind ganz verschiedene Teile der Harnwege betroffen. Aus dem bekannten Symptomenkomplexe erschließen wir die Zystitis, die wir durch die Untersuchung mit dem Kystoskope in ihren näheren Eigenschaften bestimmen. Die Veränderungen der oberen Harnwege werden nach den in den vorhergehenden Auseinandersetzungen gegebenen Eigenschaften stets zu erkennen sein. In vorgeschrittenen Fällen kommt eine chronische Eiterung der Blase bei anhaltender Harnstauung ohne Mitbeteiligung der oberen Harnwege kaum je vor. Die Hypertrophie des Trigonum, die Verlängerung des intramuralen Ureteranteiles, die Dehnung des supravesikalen Harnleiteranteiles und der Nierenbecken prädisponieren in solchem Grade zur aszendierenden Infektion, daß der Schluß berechtigt ist, jede chronische Eiterung der Harnwege bei renalen Symptomen bedeute auch eine Infektion der oberen Harnwege.

Andererseits hat die Entzündung die Neigung nach der Tiefe weiter zu greifen. Die Stagnation des Eiters in den Divertikelnischen führt die Entzündung auf kurzem Wege an das subperitoneale Zellgewebe und das Bauchfell.

Bei chronischem Verlaufe erfährt das paravesikale Gewebe eine schwielige Umwandlung und Verdickung; bei virulenter Infektion kann es zur Entwicklung paravesikaler Abszesse und zu umschriebener Bauchfellentzündung kommen, bei raschem

Fortschreiten der Entzündung selbst zur Blasenperforation mit den Symptomen der perforativen Peritonitis. Peritoneale Reizerscheinungen im Verlaufe chronischer Eiterungen der Blase sind in dem erwähnten Sinne diagnostisch zu bewerten.

Den angeborenen Divertikeln als Komplikation der Prostatahypertrophie kommt klinisch besondere Bedeutung insoferne zu, als sie im Verlaufe vesikaler Harnstauung an Größe rasch zunehmen und bei eiterigen Infektionen der Blase zu schweren unheilbaren Störungen Veranlassung geben. Die Divertikel in aseptischem Zustande sind oft ganz symptomlos und Störungen treten erst auf, wenn eine Infektion Platz gegriffen hat. Ihre Diagnose wird mit Kystoskopie und Röntgen zu stellen sein. Man sieht im kystoskopischen Bilde den Zugang zum Divertikel. Diese gewöhnlich kreisförmige Öffnung ist von radiären Falten begrenzt und ist von einem kräftigen Sphinkterapparat beherrscht (Abb. 121). Bewegungsphänomene, Verkleinerungen bis zum Verschluß der Öffnung sind von LEO BÜRGER zuerst beschrieben und seither vielfach bestätigt. Die Röntgenuntersuchung vervollständigt den kystoskopisch erhobenen

Abb. 121. Angeborenes Blasendivertikel. (Kystoskopisches Bild.)

Befund, indem bei Jodkalifüllung und Beleuchtung von verschiedenen Richtungen her übersichtliche Bilder über Größe, Form, Anzahl und Lage des Blasenanhanges, sowie seiner Verbindung mit der Blase zu gewinnen sind.

Von sonstigen Komplikationen wären die Steinbildungen in der Blase, in den Harnleitern und im Nierenbecken zu erwähnen. An allen Orten wird die Bildung von Steinen durch die anatomischen Ve änderungen und durch die gegebene Möglichkeit der Stagnation von Harn begünstigt. Die souveränen Methoden des Nachweises sind die Röntgenuntersuchung und für manche Steine der Blase die Kystoskopie. Für die oberen Harnwege ist Röntgen die Methode der Wahl. Auch an der Blase ist diese Untersuchung bei luftgefüllter Blase der Kystoskopie insoferne überlegen, als mit ihrer Hilfe Steine in Divertikeln oder hinter der stark vorragenden Prostata erkannt werden können; dagegen ist die Kystoskopie für kleine, in Nischen gelegene Steine unentbehrlich.

Am Genitale sind es vorwiegend entzündliche Prozesse, welche die Prostatahypertrophie komplizieren. Es handelt sich um akute und chronische, um eiterige oder schwielige Entzündungen, die von der Harnröhre oder von dem entzündlich veränderten Gewebe der neugebildeten Masse ihren Ausgang genommen haben. Es kommen eiterige Deferentitis, Spermatozystitis, Epididymitis, Orchitis in Betracht. Die charakteristischen örtlichen Symptome, Schwellung, Druckschmerzhaftigkeit, Ödem der angrenzenden Gewebe im Vereine mit Fieberbewegungen lassen die Diagnose dieser Zustände unschwer stellen.

Die chronisch-schwieligen Formen, die namentlich die Samenblasen, die Ductus deferentes betreffen, machen weniger markante örtliche Zeichen. Sie sind in der Regel nur ein mehr untergeordnetes Symptom chronischer Eiterungen der unteren Harnwege und sind pathologisch-anatomisch charakterisiert durch die Bildung von Schwielen, welche die Gebilde gleich wie die angrenzenden Teile der Blase in ein narbiges Gewebe einhüllen.

An der Prostatageschwulst selbst auftretende Veränderungen, entzündliche Prozesse am neugebildeten Adenomgewebe, die karzinomatöse Umwandlung der Prostatahypertrophie sind bereits ausführlich erörtert.